Werkstoffe im Bauwesen | Construction and Building Materials

Herausgegeben von
E.A.B. Koenders, Darmstadt, Deutschland

Die Reihe dient der Darstellung der Forschungstätigkeiten am Institut für Werkstoffe im Bauwesen (WiB) der Technischen Universität Darmstadt. Diese umfassen die aktuell relevanten Bereiche der Baustoffforschung im Spannungsfeld zwischen bauchemischen und bauphysikalischen Problemstellungen. Kernthemen sind die Herstellung, die Dauerhaftigkeit und die Umweltfreundlichkeit neuer Materialien. Die Reihe beschäftigt sich mit neuen wissenschaftlichen Fragestellungen, die den zentralen Anliegen unserer Generation entspringen, wie dem Bestreben nach einer Steigerung der Energieeffizienz, einer Wiederverwendung von Rohstoffen und der Reduzierung der CO_2-Emissionen. Die verfolgten wissenschaftlichen Lösungsansätze liegen auf einer experimentellen mikro- und meso-strukturellen Ebene, wobei die chemischen und physikalischen Zusammenhänge in fundamentalen Modellansätzen münden. Auf dieser Grundlage können hochwertige Innovationen erfolgen, die über einen multiskalaren Ansatz praktisch anwendbar werden.

With this series, the Institute of Construction and Building Materials of the Technical University of Darmstadt has the ambition to publish their current research results arising from synergetic effects among the following research directions: Building materials, building physics and building chemistry. Relevant key issues addressing the processing, durability, and environmental performance of our future materials will be reported. The series covers state-of-the-art progress originating from research questions that address urgent themes like energy efficiency, sustainable reuse of raw materials and reduction of CO_2 emissions. Advanced experimental facilities are used for studying structure-property relationships of building materials. Main objective is to develop cutting edge scientific solutions that comply with actual sustainability requirements. Mechanical-Chemical-Physical interrelationships are employed to develop advanced numerical methods for simulating material behaviour. Multi-scale modelling techniques are implemented to upscale results to a practical macro-scale level.

Albrecht Gilka-Bötzow

Stabilität von ultraleichten Schaumbetonen

Betrachtung instationärer Porenstrukturen

Springer Vieweg

Albrecht Gilka-Bötzow
Darmstadt, Deutschland

Zugl.: Dissertation, Technische Universität Darmstadt, 2016

D 17

Werkstoffe im Bauwesen I Construction and Building Materials
ISBN 978-3-658-16595-6   ISBN 978-3-658-16596-3   (eBook)
DOI 10.1007/978-3-658-16596-3

Die Deutsche Nationalbibliothek verzeichnet diese Publikation in der Deutschen National-
bibliografie; detaillierte bibliografische Daten sind im Internet über http://dnb.d-nb.de abrufbar.

Springer Vieweg
© Springer Fachmedien Wiesbaden GmbH 2016

Gedruckt auf säurefreiem und chlorfrei gebleichtem Papier

Springer Vieweg ist Teil von Springer Nature
Die eingetragene Gesellschaft ist Springer Fachmedien Wiesbaden GmbH
Die Anschrift der Gesellschaft ist: Abraham-Lincoln-Str. 46, 65189 Wiesbaden, Germany

Nichts ist erledigt
[Klaus Staek]

Vorwort

Die vorliegende Dissertationsschrift entstand während meiner Tätigkeit als wissenschaftlicher Mitarbeiter am Fachgebiet und später Institut für Werkstoffe im Bauwesen der Technische Universität Darmstadt. Meinem Referenten Herrn Prof. Dr.ir. Eduardus Aloysius Bernardus Koenders danke ich besonders herzlich für seine uneingeschränkte, kollegiale und wissenschaftlich methodische Unterstützung bei der Ausarbeitung dieser Arbeit. Er hat es verstanden, das wissenschaftliche Potential meiner mehrjährigen Forschungen zu erkennen und mir durch ergebnisoffene Diskussionen geholfen meine Erkenntnisse in konstruktiver Art zu kanalisieren.

Eine Promotion besteht aber nicht nur aus einer Dissertation, vielmehr ist sie ein Weg. Aufgrund der in den vergangenen Jahren bewegten Geschichte des Instituts für Werkstoffe im Bauwesen hatte die vorliegende Arbeit und damit ich selbst viele wertvolle Begleiter. Herrn Prof. Dr.-Ing. Harald Garrecht danke ich nicht nur für die Übernahme des Korreferats. Er hat mir während der Zeit seiner Fachgebietsleitung größtmögliche Freiheiten zugestanden, mich an verschiedenen Projekten und Aufgaben auszuprobieren. Seine von mir geteilte Begeisterung für innovative Lösungen von Problemen des Bauwesens hat mir viele Denkanstöße gegeben. Auch Herrn Prof. Dr.-Ing. Jens Schneider habe ich nicht nur für die Übernahme des Korreferats zu danken. Während der Vakanz des Lehrstuhls für Werkstoffe im Bauwesen hat er mich wissenschaftlich und kollegial in sein Institut für Werkstoffe und Mechanik eingebunden (jetzt Institut für Statik und Konstruktion). Gemeinsam mit ihm und der erweiterten Kollegenschaft war ich Teil eines der wohl interessantesten interdisziplinären Forschungs- und Entwicklungsprojekte im Bauwesen der letzten Jahre in Deutschland.

Die Vakanz der Fachgebietsleitung ist auch Grund für meine besondere Dankbarkeit gegenüber meinen Kollegen und unserer Sekretärin Aysen Cevik. Während dieser Zeit haben wir durch Zusammenarbeit und wahre Kollegialität gemeinsam ein Klima geschaffen, das neben den gewachsenen Aufgaben auch ein wissenschaftliches Arbeiten möglich machte. In diesem Zusammenhang danke ich auch dem Fachbereich Bau- und Umweltingenieurwissenschaften, der meinem Kollegen Dipl.-Wirtsch.-Ing. Frank Röser und mir die Freiheit und Möglichkeit gegeben hat, während einer Lehrstuhlvakanz ein vollständig neues Labor mit hochwertiger Geräteausstattung einzurichten, das einen Großteil der dieser Arbeit zugrunde liegenden Versuche erst möglich machte.

Namentlich bin ich Dr. Chem. Ing. Neven Ukrainczyk zu Dank verpflichtet, denn nur durch seine selbstlose Hilfsbereitschaft gepaart mit herausragender wissenschaftlicher Kompetenz und Neugier war insbesondere die Ausarbeitung des Kapitels zur Schematisierung erst in vorliegender Weise möglich. Ebenfalls einen großen Anteil an dem Erfolg dieser Arbeit hat mein Freund Dr.-Ing. André Klatt, der mich über Jahre an das Ziel meiner Forschung erinnert hat und dessen Beitrag zu dieser Arbeit aufgrund seines wissenschaftlichen Sachverstandes keinesfalls rein sprachlicher Natur war. Besonderen Dank auch den Labormitarbeitern und den zahlreichen Studenten, ohne deren Hilfe die praktische Umsetzung dieser Forschungsarbeit nicht möglich gewesen wäre.

Danken möchte ich auch dem BMWi als Förderer und meinen Unternehmenspartnern der von mir betreuten (Teil-)Projekte, in chronologischer Reihenfolge: Heinrich Helm GmbH & Co. KG: „Entwicklung von hochwärmedämmenden aber diffusionsoffenen, vorgefertigten Mauerwerkswänden aus Blähton", Kastell GmbH: „Innovatives Wärmedämmverbundsystems auf Basis mineralisch gebundener Schäume", Wilhelm Röser Söhne GmbH & Co. KG, „ETA-Fabrik – Energieeffiziente Fabrik für interdisziplinäre Technologie-und Anwendungsforschung" (BMWi) und „Handelbares, tragendes und dämmendes Schaumbetonelement". Dank auch der HeidelbergCement AG für die jahrelange kontinuierliche und kurzfristige Lieferung von Zement.

Von Herzen danke ich meinen Eltern und meinen drei großen Geschwistern für alles, was sie mir über die Jahre gegeben haben. Grazie di cuore al mio amore Cristina che mi ha supportato sempre.

Albrecht Gilka-Bötzow

Inhaltsübersicht

Inhaltsverzeichnis

1 Einleitung

1.1 Ausgangslage und Problemstellung

Motivation

Gedanken zu Umweltschutz und ökologischer Nachhaltigkeit durchdringen heute in Europa nahezu die ganze Gesellschaft. Die Wissenschaftlergeneration, die heute Forschungsarbeiten in einer naturwissenschaftlich technischen Ausrichtung vorlegt, wurde von Kindesbeinen an mit diesen Konzepten aufgezogen. Keine ingenieurwissenschaftliche Fachrichtung kann sich daher einer ernsthaften Auseinandersetzung mit diesem Themenkomplex entziehen. Die Forschung im Bereich der Werkstoffe im Bauwesen ist jedoch im besonderen Maße hiermit konfrontiert. Zum einen befasst sie sich mit der oft sehr energieintensiven Herstellung von Baumaterialien, zum anderen müssen in erster Linie diese Werkstoffe einen energieeffizienten Betrieb von Gebäuden im Sommer wie im Winter über die ganze Lebensdauer hinweg gewährleisten. Hinzu kommt der Aspekt, dass neben einer hohen Dauerhaftigkeit von Baumaterialien deren Recyclingfähigkeit oder gar Wiederverwendung gewünscht ist. Entsprechend liegen auch der vorliegenden Dissertation derart grundlegende Überlegungen zugrunde. Von Anfang an war es das Ziel ein nachhaltiges Konzept für ein massives und gleichzeitig dämmendes Hüllbauteil zu entwickeln, das es ermöglicht Gebäude in Bau, Betrieb und Rückbau energieeffizient und umweltfreundlich zu gestalten.

Rahmenbedingungen

Wie nahezu jede ingenieurwissenschaftliche Forschung erwächst auch die vorliegende aus Problemstellungen mit engem Praxisbezug. So standen noch vor Ende des ersten Jahrzehnts dieses Jahrhunderts in Deutschland zahlreiche Hersteller von Leichtbetonfertigteilwänden vor der Herausforderung, immer höhere Anforderungen der Energieeinsparverordnung an die Dämmeigenschaften ihrer Produkte zu erfüllen. Konventionelle Leichtzuschlagbetone mit geschlossenem und haufwerksporigem Gefüge haben eine zu hohe Wärmeleitfähigkeit, um die aktuell und vor allem zukünftig geforderten Wärmedurchlasswiderstände mit üblichen Wanddicken zu erreichen [1]. Eine zusätzliche Verbesserung des Wärmedämmverhaltens kann nur durch eine Erhöhung der Porigkeit gelingen. Dies wiederum ist, nach dem Ausschöpfen der Möglichkeiten im Einsatz bestimmter Leichtzuschläge, nur noch durch gezieltes Einbringen von Poren in den Zementstein möglich [1]. Die Hersteller in diesem bereits bis dahin stark geschrumpften Marktsegment konnten sich gegenüber Lösungen auf Grundlage von Wärmedämmverbundsystemen durch das Argument einer rein mineralisch gebundenen, homogenen Trag- und Dämmschicht behaupten. Ein weiteres positives Argument dieser Bauweise liegt in ihrer stofflichen Homogenität begründet, die eine große Dauerhaftigkeit und ein nachhaltiges Stoffrecycling gewährleistet. Um diese Vorteile zu bewahren, erfolgte im Rahmen der vorliegenden Arbeit durchgeführten Forschungsprojekte eine Konzentration auf die Möglichkeiten einer Porosierung von zementösen Stoffen. Aufgrund der flexiblen Einsetzbarkeit, der guten technischen Kontrollierbarkeit sowie der durch reine Zementhydratation ohne Autoklavierung erreichbaren Erhärtung wurde die Entscheidung getroffen, den klassischen Schaumbeton zu leichtesten mineralisierten Schäumen weiterzuentwickeln und Bindemittelleim durch Untermischen in vorgefertigten Schaum zu porosieren.

Auch wenn Schaumbeton schon ca. 100 Jahre Gegenstand von Forschungen ist, hat die Faszination eines besonders leichten zementgebundenen frei formbaren Materials nie abgenommen [2]. Erste intensive Betrachtungen von Schaumbetonen erfolgten in der Zwischenkriegszeit. Aufgrund der hohen Schwind- und Rissneigung wurde dessen Herstellung jedoch fast komplett eingestellt [2]. In den 70er Jahren des vergangenen Jahrhunderts wurden erneut Forschungen im Bereich des Schaumbetons betrieben, der seitdem in der damals entwickelten Art vor allem im außereuropäischen Ausland mit einer Rohdichte von ca. 1200 kg/m³ in monolithischer Bauweise Anwendung findet (Abb. 1) [2, 3].

Abb. 1:   Haus aus Schaumbeton in Valle Hermoso, Mexiko[1].

Bis Ende der 80er Jahre waren die bis dahin bestehenden Probleme bei der Herstellung von Schaumbeton, wie die mangelnde Beständigkeit der Luftporen und die relativ schlechten mechanischen und hygrischen Eigenschaften, weitgehend

---

1   Bildquelle: Firma Neopor, Nürtingen.

überwunden [4][2]. Erneute, tiefer gehende Untersuchungen hierzulande im Bereich aufgeschäumter Mörtel niedrigerer Rohdichten legte Jens Uwe Pott 2006 vor [6][3]. Aktuelle Entwicklungen zeigen wieder eine regere Forschungstätigkeit im Bereich von leichtesten mineralischen Schäumen [9–11]. International stehen jedoch schwerere Schäume für konstruktive Anwendungen im Vordergrund [12–14]. Hauptproblem bei der Anwendung leichter Schaumsysteme ist deren oft mangelhafte Robustheit im noch nicht abgebundenen Zustand. Entgegen dem in dieser Arbeit verfolgten Ansatz für einen diesbezüglichen Erkenntnisgewinn befassten sich bisherige Forschungsarbeiten mehrheitlich mit den rheologischen Eigenschaften der frischen zementösen Schäumen selbst. Systematische Untersuchungen zur Wirkung der Rheologie der Ausgangsleime auf die Struktur der flüssigen und abgebundenen Schäume haben bisher nicht ausreichend Aufmerksamkeit gefunden [7, 15, 16].

Problemstellung

Wie anfangs erwähnt, entspringt das vorliegende Forschungsinteresse praktischen Problemstellungen. Die erste Aufgabe bestand darin eine Leichtbetonfertigteilwand bestehend aus Hohlblocksteinen durch deren Verfüllung mit zementösen Schaum wärmetechnisch aufzuwerten (Abb. 2).

Abb. 2:   Mit mineralisiertem Schaum auf Zementbasis gefüllter Leichtbetonhohlkammerstein

Ein entsprechendes Forschungsprojekt wurde bis zur Beantragung einer allgemeinen bauaufsichtlichen Zulassung begleitet. Im Anschluss daran wurde gemeinsam mit einem Hersteller von Fertighauslösungen mineralisierter Schaum

---

2   In Deutschland ist jedoch der Einsatz von Schaumbeton für bauaufsichtlich relevante Zwecke aufgrund der erwähnten Schwind- und Rissprobleme ausdrücklich ausgeschlossen und entsprechend wird das Material nur als Verfüllung oder in Ausgleichsschichten verwendet [5].

3   Unter anderem haben in deutschsprachigen Raum auch Silvia Stürmer (1997) und Armin Just (2008) Dissertation zu verwandten Themenbereichen vorgelegt [4, 7, 8].

wärmetechnisch über eine Rezepturoptimierung verbessert und hinsichtlich seiner Schwindneigung untersucht. Der entwickelte Schaum ist heute Teil eines Wärmedämmverbundsystems[4] für eine allgemein bauaufsichtlich zugelassene Leichtbetonwandtafel und ermöglicht deren Einsatz ohne zusätzlich erforderliche Dämmschicht (Z 23.13-1946).

Im Anschluss daran wurde im Rahmen des Projektes „ETA-Fabrik" gemeinsam mit zahlreichen Partnern ein robustes Herstellungsverfahren eines weiter optimierten Schaumes für die industrielle Produktion von großformatigen Hüllbauteilen mit 30 cm und 40 cm außen liegenden Schaumdämmschichten entwickelt. Diese sind durch eine hinterlüftete Fassade vor Witterungseinflüssen geschützt (Abb. 3).

Abb. 3:   Herstellung und Aufstellen des Hüllbauteiles für die „ETA-Fabrik" auf dem Campus Lichtwiese der TU Darmstadt.

Grundsätzlich sind Schäume und Gas-Emulsionen nicht stabil, da aufgrund der unterschiedlichen Dichten von Gas und Flüssigkeit die Gasblasen nach oben steigen und entweichen [4]. Für eine sinnvolle Anwendung des leichten mineralisierten Schaumes in der Bautechnik steht zum einen die sichere zielgerichtete Herstellung, also die Frischmörtelstabilität, und zum anderen eine niedrige Wärmeleitfähigkeit des festen Materials im Vordergrund. Darüber hinaus ist mineralisierter Schaum auf Zementbasis immer noch mit Schwierigkeiten der Kontrolle des Schwindverhaltens behaftet. Neben Ansätzen zur Rezepturoptimierung ist ein vertieftes Verständnis des instationären Verhaltens zur Lösung der angeführten Probleme nötig. Nur durch Erkenntnisse hinsichtlich des komplexen Verhal-

---

4   Die Stärke der Schicht aus mineralisiertem Schaum ist hier ca. 10 cm.

tens von Schäumen auf Grundlage frischer zementöser Bindemittel kann eine zuverlässige Herstellung bei gleichbleibender Qualität gewährleistet werden.

Schaumbeton und zementös gebundene Schäume stellen aufgrund ihrer ungewöhnlich großen Dichtebandbreite (100 kg/m³ bis 2000 kg/m³), ihrer Wärmedämmeigenschaften, ihrer strukturellen Festigkeit und der Möglichkeit einer werks- sowie baustellenseitigen Herstellung eine sehr attraktive und flexible Materialgruppe für tragende und dämmende Zwecke dar [17]. Jedoch wirft die Variabilität in Ausprägung und Verwendung eine Vielzahl wissenschaftlicher und praktischer Fragen auf, deren Beantwortung große Herausforderungen birgt:

- Wie kann ein ausreichend robuster zementös gebundener Schaum mit gleichbleibender Qualität hergestellt werden?
- Wie kann die Wärmeleitfähigkeit von zementös gebundenen Schäumen minimiert werden, ohne ihre mechanischen Eigenschaften negativ zu beeinflussen?
- Welchen Einfluss hat der Feststoffanteil[5] bzw. der Porenanteil auf die instationäre Struktur von zementös gebundenen Schäumen?
- Welchen Einfluss haben die Konsistenz und das Abbindeverhalten des Bindemittelleimes auf die instationäre Struktur von zementös gebundenen Schäumen?

Zwar erfolgt auch im vorliegenden Zusammenhang eine Konzentration auf einen bestimmten Rohdichte- und Anwendungsbereich, jedoch wird versucht, die beobachteten Phänomenologien soweit grundsätzlich zu bearbeiten, dass im Anschluss eine Übertragung auf andere Bereiche möglich wird.

1.2 Zielsetzung und Lösungsansätze

Ein direkt aus den praktischen Fragen abgeleitetes Ziel der hier beschriebenen Forschung ist die Ausarbeitung möglicher Ansätze, um von den Eigenschaften des frischen zementösen Schaumes bzw. denen des ihm zugrunde liegenden nicht erhärteten Bindemittelleimes, auf die Eigenschaften des erhärteten Schaums schließen zu können. So soll über eine höhere Robustheit der flüssigen Schaumsysteme eine zuverlässige Herstellung definierter zementgebundener Schäume, deren Eigenschaften aus konkreten Anforderungen abgeleitet wurden, ermöglicht werden und diese damit leichter nutzbar gemacht werden (Abb. 4). Die materialtechnologischen Ziele der vorliegenden Arbeit sind daher folgende:

---

5   So wirkt der Bindemittelleim allein durch seine hohe Dichte auf die Blasenstruktur des frischen zementösen Schaumes.

– Zielsichere Herstellung von zementgebundenen Schäumen niedriger Rohdichte (ρ < 400 kg/m³, siehe Tab. 1, S. 13).
– Erforschung der Wechselwirkungen zwischen den messbaren materialtechnologischen Eigenschaften von frischen und festen zementösen Schäumen.
– Untersuchung schaumzerstörender und schaumerhaltender Phänomene, zur Verbesserung der robusten großtechnischen Herstellung und Verwendung von zementösen Schaumsystemen.

Abb. 4: Foto einer um ca. 1/3 der Höhe eingefallen Probe aus zementgebundenem Schaum.

Wissenschaftliches Forschungsziel ist es daher, ein grundlegenden Verständnis für die thermodynamisch induzierten instationäre Schaumstrukturen zu entwickeln, um auf diese Weise die im vorangegangen Kapitel formulierten Problemfelder lösen zu helfen. Der zementgebundene Schaum eignet sich, etwa im Vergleich zu Seifenschaum, hierzu im besonderen Maße. Verhindern sonst die quasi-metastabilen Eigenschaften von flüssigen Schäumen eine tiefer gehende Untersuchung ihrer dreidimensionalen Strukturen[6], so kann der erhärtete zementgebundene Schaum als das dreidimensionale Abbild einer Phase der zeitlichen veränderlichen Struktur des frischen zementösen Schaums zu einem definierten Zeitpunkt gesehen werden. Daneben handelt sich bei dem in der vorliegenden Arbeit untersuchten Schäumen um, im Verhältnis zur Stabilität des erzeugten Schaumes, langsam abbindende Systeme, deren Erhärtungsverlauf gezielt beeinflusst werden kann. Damit ergibt sich die Möglichkeit, die zeitliche Veränderung von Schaumstrukturen, bei normalen Umgebungsbedingungen, über eine längere Zeitspanne zu beobachten und analysieren.

---

6   In einem Großteil der Studien, die zur Strukturanalyse von Schäumen vorgelegt werden, wird nur eine Schicht von Schaumblasen mit der Stärke einer Schaumblase untersucht [17, 18].

Die allgemein formulierten Problemstellungen und Zielsetzungen streifen eine Vielzahl von Wissensgebieten und machen so eine grundlegende Herangehensweise zur Erforschung der Einflussgrößen und Wechselwirkungen in zementösen Schäumen erforderlich, um die resultierenden instationären Strukturen in ihrer Komplexität verstehen zu können. Dieser Ansatz soll, durch eine spätere umgekehrte Betrachtungsweise, einen Entwurf definierter funktionsgerechter Schäume und deren zuverlässiger Herstellung ermöglichen.

Die Erkenntnisse aus der in der vorliegenden Arbeit vorgestellten Forschung tragen hoffentlich im technischen Sinne zu einer besseren Beherrschbarkeit und höheren Qualität von mineralischem Schaum im Bauwesen bei. Es können jedoch naturgemäß nicht alle Aspekte dieses äußerst vielschichtigen Materials erschöpfend beleuchtet werden. Auch entwickeln sich aus wissenschaftlichen Betrachtungen stets neue Fragestellungen. Daher wird, um weitere Detailerkenntnisse leichter nutzbar zu machen, eine Schematisierung der instationären Struktur von zementösen Schäumen angestrebt. Dabei sollen insbesondere wertende Ansätze, die auf eine reine Materialoptimierung zielen, vermieden werden. Der Fokus der wissenschaftlichen Untersuchungen im Rahmen dieser Arbeit wird auf folgende Bereiche gelegt:

- Entwicklung von Rechenmethoden zur Beschreibung der Zusammensetzung zementöser Schäume.
- Untersuchung der Wechselwirkungen zwischen den rheologischen Eigenschaften des Bindemittelleimes im Schaum und der Robustheit zementöser Schäume.
- Analyse der instationären Strukturen von zementgebundenen Schäumen.
- Untersuchung der rheologischen Eigenschaften des Bindemittelleimes im Schaum und deren Auswirkungen auf die instationäre Struktur.
- Untersuchung des Abbindeverhaltens des Bindemittelleimes im Schaum und deren Auswirkungen auf die instationäre Struktur.
- Schematisierung der instationären Strukturen von zementösen Schäumen.

1.3 Aufbau der Arbeit

Dieses Kapitel bietet eine Übersicht über den Aufbau der vorliegenden Arbeit. Der mit den Grundlagen vertraute Leser kann ohne Weiteres seine Lektüre mit dem in Kapitel 3 dargestelltem Forschungsansatz fortsetzen. Die praktischen Ergebnisse der durchgeführten Forschungsarbeiten sind im Kapitel 5 beschrieben. Unter anderem auf deren Grundlagen erfolgt in Kapitel 6 eine mathematisch geometrische Schematisierung von mineralisierten Schaumstrukturen. Zusammengefasst baut sich die Arbeit wie folgt auf:

– Einleitung (Kap. 1, S. 1),
– Physikalische und werkstofftechnologische Grundlagen (Kap. 2, S. 11),
– Forschungsansatz (Kap. 3, S. 51),
– Experimente, Herstellungsmethode und Materialkomposition (Kap. 4, S. 57),
– Versuchsergebnisse und Abgleich mit dem Forschungsansatz (Kap. 5, S. 109),
– Schematisierung von mineralisierten Schaumstrukturen (Kap. 6, S. 159),
– Zusammenfassung und Ausblick (Kap. 7, S. 181).

Abbildung 5 bietet eine grafische Übersicht zur inhaltlich strukturellen Logik des vorliegenden Textes.

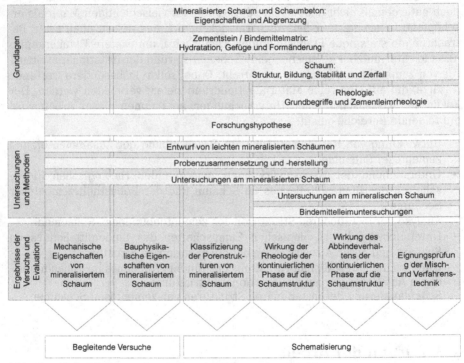

Abb. 5:   Inhaltlich logischer Aufbau der Dissertationsschrift.

Den in den vorangegangen Kapiteln 1.1 bzw. 1.2 formulierten Problem- bzw. Zielstellungen folgend, werden entsprechend im Kapitel 2 zunächst der Stand der Forschung dargestellt sowie die theoretischen Grundlagen im, für diese Arbeit unmittelbar notwendigen, Maß diskutiert. Zu Beginn wird zusammenfassend der derzeitige Kenntnisstand über die allgemeinen Eigenschaften von mineralisiertem Schaum sowie der Materialgruppe der Schaumbetone rezensiert

(Kap. 2.1, S. 11). Im Anschluss daran geht der Text speziell auf die beiden, für die Eigenschaften von mineralischem bzw. mineralisiertem Schaum, als entscheidend identifizierten Themenfelder ein. Zum einen werden die grundlegenden physikalischen Zusammenhänge in flüssigen Schäumen und Schaumstrukturen im Allgemeinen dargelegt (Kap. 2.2, S. 17), zum anderen werden die Materialcharakteristiken von Zementstein, insbesondere aus zementchemischer Sicht erörtert (Kap. 2.3, S. 31). Den Abschluss des zweiten Hauptkapitels bildet eine möglichst prägnant gehaltene Darstellung der Grundlagen der Rheologie sowie einiger im vorliegenden Zusammenhang wichtiger Eigenheiten der Zementrheologie und -rheometrie (Kap. 2.4, S. 40).

Aufbauend auf den in Kapitel 2 entwickelten Grundlagen sowie den zahlreichen, im vorliegenden Zusammenhang nicht im Detail dargestellten Vorversuchen wird in Kapitel 3 (S. 51) ein Forschungsansatz hergeleitet, der die im mineralischen Schaum wechselwirkenden Phasen grundlegend in Beziehung setzt und Wirkungen auf das mineralisierte Material ableitet. Aus diesen Forschungshypothesen werden die Grundzüge der im Weiteren praktizierten wissenschaftlichen Vorgehensweise entwickelt, die einen möglichst effizienten Weg zum Erkenntnisgewinn ermöglichen sollen.

Das im Wesentlichen nach dem gewählten Herstellungsprozess gegliederte vierte Hauptkapitel beginnt mit der Darstellung des rechnerischen Entwurfs für den mineralischen bzw. mineralisierten Schaum (Kap. 4.1, S. 57). Daraufhin wird nach der Charakterisierung der eingesetzten Inhaltsstoffe und des angewandten Herstellungsverfahrens (Kap.4.2, S. 59) im Detail auf die durchgeführten Untersuchungen eingegangen (Kap. 4.3, S. 73). In diesem Zusammenhang wird kein Unterschied zwischen den, für die behandelten Forschungsfragen zentralen, Versuche und dem ebenso durchgeführten, begleitenden Versuchsprogramm gemacht. Tabelle 11 (S. 107) bietet eine Übersicht hinsichtlich der Zuordnung der Versuchsergebnisse zu den Ergebniskapiteln.

Die Ergebnisse des begleitenden Versuchsprogramms sind in erster Linie im Kapitel 5.1 des fünften Hauptkapitels zusammengefasst (S. 109). Ergänzende Informationen finden sich in den Anhängen (ab S. 219). Nach einer rechnerischen Evaluation des gewählten Herstellungsverfahrens für den mineralisierten Schaum (Kap. 5.2, S. 122) folgt danach auf Grundlage der erlangten Versuchsergebnisse, unter Einbeziehung aktueller wissenschaftlicher Erkenntnisse, eine Diskussion der im Forschungsansatz postulierten Abhängigkeiten zwischen den Phasen des frischen sowie festen Schaumes (Kap. 5.3, S. 129). Besonderes Augenmerk liegt hierbei auf der Wirkung der Rheologie sowie des Abbindeverhaltens des verwendeten Bindemittelleimes auf die jeweiligen Schaumstrukturen.

Vor der inhaltlichen Zusammenfassung der Arbeit in Kapitel 7 (S. 181) werden im sechsten Hauptkapitel (S. 159) drei mathematisch geometrische Schematisie-

rungen der Strukturen des untersuchten mineralisierten Schaumes vorgeschlagen, diskutiert und in Bezug auf die Versuchsergebnisse evaluiert.

1.4 Formalia

Die Bezugnahme auf zitierte Literatur erfolgt unter Berücksichtigung der eigenen Fachkultur in Anlehnung an die im VDE-Verlag[7] publizierten Empfehlungen
von GRIEB & SLEMEYER (2008) für Dissertationen im ingenieurwissenschaftlichen
Bereich [19]. Befindet sich somit ein Zitationshinweis innerhalb eines Absatzes
vor dem Satzschlusszeichen, und enthält der Absatz sonst keine weiteren Zita-
tionen, bezieht sich dieser auch auf den inhaltlich verbundenen, vorangegangen
Satz bzw. den ganzen Absatz. Der Zitationsstil orientiert sich an der aktuell
durch die fib[8] für Artikel gemachten formalen Kriterien. Die Verwaltung der Lite-
raturdatenbanken erfolgte mit dem Programm Zotero[9].

Aufgrund der geänderten Natur von Normen, die heute insbesondere auf euro-
päischer Ebene nicht nur mehr reine Regelwerke sind, sondern immer mehr versuchen dem Ingenieur unterschiedliche Lösungswege aufzuzeigen und oft sogar
auf Sekundärliteratur verweisen, wird auf ein eigenes Normenverzeichnis verzichtet. Vielmehr sind die zitierten Normenwerke in das im Anhang befindliche
Literaturverzeichnis integriert.

Die Rechtschreibung orientiert sich an den Empfehlungen des Dudens[10]. Die Ein-
heitennotation folgt der DIN EN ISO 80000-1, derzufolge jeder erklärende Zusatz zu einem Einheitenzeichen[11] nicht erlaubt ist [20]. Aus diesem Grund wird
von Spezifizierungen wie Massenprozent (M.-%) oder Volumenprozent (V.-%) im
Rahmen der Einheit abgesehen, da sich diese Informationen aus dem Kontext ergeben. Anhang E (S. 233) bietet eine Übersicht der verwendeten Zeichen für
physikalische und werkstofftechnologische Kennwerte.

Für die vorliegende Forschungsarbeit zentrale Erkenntnisse sowie zusammen-
fassende Abschnitte sind am linken Textrand mit einem vertikalen Strich gekennzeichnet.

---

7 Verlag des Verbandes der Elektrotechnik Elektronik Informationstechnik e.V.
8 „The International Federation for Structural Concrete".
9 Zotero ist ein freies Open Source Literaturverwaltungswerkzeug des „Roy Rosenzweig
Center for History and New Media (CHNM)" an der George Mason University in Fair-
fax (Virginia, USA) und der „Corporation for Digital Scholarship" in Wien.
10 Software-Add-In: Duden Korrektor 5.0.
11 „Mit der Absicht, Information über die spezielle Eigenschaft der Größe oder den Kontext der betreffenden Messung zu geben [20]."

2 Grundlagen

Im Folgenden wird, im für die durchgeführte Forschung notwendigen Maß, auf die hier ausschlaggebenden grundlegenden Aspekte des jeweiligen wissenschaftlichen Feldes eingegangen. Beginnend mit den vielseitigen Eigenschaften der Materialgruppe der mineralisierten Schäume und Schaumbetone (Kap. 2.1), werden danach eingehend die Natur von flüssigen Schäumen sowie Schaumstrukturen im Allgemeinen diskutiert (Kap. 2.2, S. 17). Daraufhin werden im Text die Materialcharakteristiken von Zementstein dargestellt (Kap. 2.3, S. 31), um zum Ende des vorliegenden Hauptkapitels dessen rheologischen Eigenschaften im frischen Zustand zu erörtern (Kap. 2.4, S. 40). Im naturwissenschaftlich-technischen Bereich als allgemein bekannt vorauszusetzende Zusammenhänge werden, aus Gründen einer synthetischen Darstellung des Problemfeldes, nicht dargestellt. Für weitergehende Ausführungen wird auf die zitierte Literatur verwiesen.

2.1 Mineralisierter Schaum und Schaumbeton

Im weiteren Verlauf werden die unterschiedlichen bekannten Typen von mineralisiertem Schaum bzw. Schaumbeton bzw. Schaummörtel im technischen sowie im forschungsgeschichtlichen Zusammenhang rezensiert. Insbesondere werden die unterschiedlichen Herstellungsmethoden und die werkstofftechnologischen Grundlagen erläutert. In gewissen Umfang wird dabei ergänzend auch auf eigene Untersuchungen zurückgegriffen.

Der Begriff Schaumbeton oder Porenleichtbeton[12] beschreibt ein zementgebundenes Material ohne grobe Gesteinskörnung[13], dessen Bindemittelmatrix mit geeigneten Mitteln, in höherem Maße als bei Luftporenbeton[14], künstlich und gleichmäßig porosiert[15] wurde [1, 4, 5, 23, 25, 26]. Im Gegensatz zu dampfgehärteten Porenbeton verfestigt Schaumbeton durch Zementhydratation. Daneben weisen die beiden Materialtypen aufgrund von Unterschieden in der Mikrostruktur voneinander abweichende Festbetoneigenschaften auf [27]. Ver-

---

12 In älteren Veröffentlichungen wird das gleiche Material oft auch als Porenbeton oder Zellenleichtbeton bezeichnet [2, 21].

13 Aus diesem Grund kann korrekterweise hier nicht von einem „Beton" gesprochen werden. Angebrachter wäre daher der Begriff Schaummörtel [22]., auch wenn sie in der zurückgezogenen DIN 4164 als Feinkornbetone bezeichnet wurden [23].

14 Porengehalte von lediglich 4 % bis 5 %, wie für Luftporenbeton üblich, sind nicht Gegenstand der Untersuchungen [24].

schiedene Schaumbetontypen lassen sich am einfachsten nach ihrer Trockenrohdichte bzw. Mischungszusammensetzung unterscheiden. Dies kann mit sinkender Dichte nahezu parallel zur aufsteigend chronologischen bzw. forschungsgeschichtlichen Einordnung erfolgen. Darüber hinaus ist die angewandte Herstellungsmethode prägend für Typ und Eigenschaften von Schaumbeton [28, 29].

2.1.1 Dichte und Zusammensetzung

Die in dieser Arbeit analysierten Literaturquellen lassen, wie weiter unten dargestellt, eine gewisse Gleichförmigkeit hinsichtlich des jeweils behandelten Rohdichtebereichs erkennen. Dieser Umstand soll zu einer Kategorisierung der Tex-
te genutzt werden und im Weiteren zur Konzentration auf die, mit der vorliegenden Arbeit weitgehend übereinstimmenden, Materialtypen dienen. Die häufig
Begrenzung auf einen Bereich mit einer Variationsbreite zwischen 100 kg/m³
und 500 kg/m³ begründet sich, wie auch in dieser Arbeit geschehen, wahrscheinlich in der Fokussierung auf ein Optimierungsziel sowie in praktischen wie her-
stellungstechnologischen Randbedingungen (vgl. Abb. 7) [3, 28, 30]. So ist
selbst unter Laborbedingungen eine gewisse Schwankungsbreite der Materialeigenschaften unvermeidbar [31].

Dichtekategorisierung

Auch wenn eine exakte Abgrenzung nicht vollständig möglich ist, liegt die
höchste wissenschaftlich besprochene Trockenrohdichte bei ca. 1800 kg/m³.
Wenn auch normativ Leichtbeton bereits bei Dichten von unter 2000 kg/m³ als
solcher gelten kann [22], sind die Rohdichten zwischen 1800 kg/m³ und
2000 kg/m³ wohl wissenschaftlich wie wirtschaftlich für die Realisierung als
Schaumbeton weniger relevant. Die im Rohdichtebereich (Tab. 1) von
1400 kg/m³ und 1800 kg/m³ hergestellten Schaumbetone sind oft bewehrt und
finden im Hausbau bei Gründungen sowie im Wandbereich ihren Einsatz, werden aber auch für Kunstbauwerke verwendet. Diese Materialkategorie findet
aufgrund der Schwindproblematik fast ausschließlich außerhalb Europas Verwendung [3, 28, 30, 32–36]. Betreffende Rohdichten sind hierzulande durch, in
vielerlei Hinsicht leistungsfähigere, normierte gefügedichte und haufwerksporige Leichtbetone abgedeckt [25, 37].

In einer zweiten Kategorie von Forschungsarbeiten können, neben dem eben erwähnten Maximalwert, als untere Grenze des Rohdichtebereichs meist Werte

---

15 DIN EN 206:2017-07: Künstliche Luftporen (englisch: eintrained air) sind „mikrosko-
    pisch kleine Luftporen, die während des Mischens – im Allgemeinen unter Verwen-
    dung eines oberflächenaktiven Stoffes – absichtlich im Beton erzeugt werden". Sie
    sind „typischerweise kugelförmig oder nahezu kugelförmig und haben Durchmesser
    von 10 µm bis 300 µm". Im Gegensatz dazu sind Lufteinschlüsse (englisch: entrapped
    air) „Luftporen, die unbeabsichtigt in den Beton gelangen" [25].

von ca. 800 kg/m³ festgestellt werden (Tab. 1). Diese Werkstoffe finden ebenfalls im konstruktiven Bereich Verwendung, daneben werden sie aber auch zum Verfüllen, als sogenannter Dämmer, im Hoch-, Tief- und Bergbau eingesetzt [3, 7, 28, 38–40]. Im Folgenden werden Materialien, deren Trockenrohdichten im Bereich von 800 kg/m³ $\leq \rho_{dry} \leq$ 1400 kg/m³ liegen, als frische bzw. feste Schaummörtel bezeichnet und nur die darüber liegende als Schaumbetone (Tab. 1).

Eine dritte Kategorie von Veröffentlichungen beschäftigt sich vornehmlich mit Materialien deren Trockenrohdichten ρ_{dry} in etwa im Bereich 400 kg/m³ $\leq \rho_{dry} \leq$ 800 kg/m³ liegen (Tab. 1). Sie werden als Füllmaterialien, aber auch zu Dämmzwecken eingesetzt [3, 28, 41–43]. Materialien dieses Dichtebereiches werden hier als mineralische (frisch) bzw. mineralisierte (fest) Schäume eingeordnet (Tab. 1).

Tab. 1:   Rohdichtebereiche und verwendete Bezeichnungen für Materialien mit Schaumzusatz und Gesteinskörnung D < 2 mm.

Rohdichtebereich [kg/m³]	Bezeichnung
1400 – 1800	Schaumbeton
800 – 1400	Schaummörtel
400 – 800	Mineralisierter Schaum
< 400	Leichter mineralisierter Schaum

Alle bezüglich der Rohdichte darunter liegenden Materialien dieses Typs werden den leichten mineralisierten Schäumen zugerechnet (Tab. 1). Dieser in der vorliegenden Arbeit vornehmliche behandelte Rohdichtebereich wird erst in neueren Veröffentlichungen verstärkt verfolgt. Der Einsatz ist bisher auf füllende und dämmende Zwecke beschränkt [6, 44, 45]. Neben der Minimierung der Rohdichten konzentrieren sich aktuelle Forschungen im Bereich hochporöser Betone auf eine Festigkeitssteigerung sowie Sachwindreduzierung mittels granulometrischer Optimierung oder Fasereinsatz; dies gilt gleichermaßen für den weiter unten beschriebenen Infraleichtbeton [46–48].

Zusammensetzung

Die genannten Grenzen ergeben sich auch aus der jeweils typischen Zusammensetzung der Materialien. So werden, neben dem entsprechend der Materialdichte sich ändernden Porenanteil, feine Gesteinskörnungen typischerweise hinunter bis zu Trockenrohdichten von ca. 800 kg/m³ verwendet. Reine mineralisierte Schäume unter 800 kg/m³ verfügen oftmals zwar auch noch über einen Feinkornanteil, sind aber konstruktiv aufgrund ihrer niedrigen Festigkeit nur noch in Ausnahmefällen interessant. Im Bereich der leichten mineralisierten Schäume kommen meist nur noch Zement und Zusatzstoffe zum Einsatz.

Leichtzuschlagbeton mit schaummodifizierter bzw. porosierter Matrix

Daneben existiert die Mischform eines Leichtzuschlagbetons mit schaummodifizierter bzw. porosierter Matrix, letzter oft auch Infrabeton oder Leichtzuschlagschaumbeton genannt [1, 49, 50]. Ein wichtiger Unterschied bezüglich der Entwurfskriterien von Infrabeton und schaummodifizierten Leichtzuschlagbeton besteht hinsichtlich des Matrixanteils in Bezug auf das zur Verfügung stehende Zwickelvolumen zwischen den Gesteinskörnern. Wenn das Matrixvolumen dem Zwickelvolumen entspricht oder gar Selbiges unterschreitet, kann von einem modifizierten haufwerksporigem Leichtbeton (LAC) gesprochen werden[16], andernfalls entspricht die Struktur mehr einem konstruktiven Leichtbeton.

Die Materialdichten beider Leichtbetonarten sind stark von der Roh- und Schüttdichte sowie deren Verhältnis zueinander bzw. der Korngrößenverteilung der verwendeten Gesteinskörnung abhängig [51]. Ihr rechnerisches Trockenrohdichte-Minimum liegt bei ca. 300 kg/m³ (vgl. Formel 2.2). Infraleichtbeton wird in Dichten unter 800 kg/m³ hergestellt [49]. Unter Inkaufnahme von Festigkeitsminderungen können Rohdichten bis unter 450 kg/m³ erreicht werden.

Eine Entwurfsmöglichkeit für haufwerksporigen Leichtbeton mit schaummodifizierter Bindemittelmatrix und vollständig gefülltem Zwickelporenraum besteht auf Basis einer Zielrohdichte wie folgt (Formel 2.1 und 2.2) [52].

$$\phi_{MS} = \frac{\rho_{G,s}}{\rho_G} \qquad (2.1)$$

$$\rho_{MS} = \rho_{LZS} - \rho_{G,s} \qquad (2.2)$$

ϕ_{MS}:   Anteil der modifizierten Bindemittelmatrix bzw. des mineralisierten Schaumes.
$\rho_{G,s}$:   Trockenschüttdichte der verwendeten Gesteinskörnung.
ρ_G: Trockenrohdichte der verwendeten Gesteinskörnung.
ρ_{MS}:   Rohdichte der modifizierten Bindemittelmatrix als Eingangsgröße für einen gesonderten Entwurf eines mineralisierten Schaums (siehe dazu Kapitel 4.1).
ρ_{LZS}:   Entwurfsrohdichte des Leichtzuschlagbetons mit schaummodifizierter Bindemittelmatrix.

Wird kein vollständig gefüllter Zwickelporenraum angestrebt, so kann die Rohdichte des mineralisierten Schaums entsprechend der Reduzierung seiner Zugabe, unter Beibehaltung der Entwurfsrohdichte des Leichtzuschlagbetons, erhöht werden.

2.1.2 Herstellungsweisen

Es gibt verschiedene Möglichkeiten den geschlossenen Porenanteil im Zementstein signifikant zu erhöhen (Abb. 6). Weit verbreitet, wenn auch meist nicht in

---

16   Die DIN 1520 spricht von „LAC mit aufgeschäumter" Matrix, ohne den verschiedenen Arten von porosierter Matrix und den unterschiedlichen Schaumvolumina Rechnung zu tragen. Der LAC mit porosierter Matrix wird lediglich im Zusammenhang mit Grundwerten für den Feuchtegehalt erwähnt [37].

reiner Zementmatrix, ist die chemische Luftporenerzeugung im fertig gemischten Beton, etwa durch Aluminiumpartikel. So entstehen Poren zwischen 0,5 mm und 1,5 mm in der Bindemittelmatrix [4]. Der mit dieser Technik meist hergestellte, sogenannte Porenbeton erfordert einen hoch technisierten industriellen Prozess, im Zuge dessen das Material in einem Autoklav nachbehandelt wird. Dies hat eine Beschränkung der Bauteilgröße zur Folge [1, 4, 53]. Des Weiteren können unter Verwendung grenzflächenaktiver Stoffe Luftblasen auf mechanischem Wege in eine Leim- oder Mörtelmischung durch einen intensiven Mischprozess eingebracht werden. In der Regel werden bei diesem Verfahren Luftporenbildner nach DIN EN 934-2 eingesetzt [54, 55]. Die Obergrenze des auf diese Weise erreichbaren Porengehalts liegt bei etwa 20 % bis 30 % des Betonvolumens [2]. Die auf diese Weise erzeugten Luftporen sind relativ groß und vergleichsweise instabil [56]. Alternativ dazu können unter Bindemittelleime geschlossenzellige Schäume gemischt werden, die zuvor aus einer Dispersion von Wasser und grenzflächenaktiven Stoffen, sog. Schaumbildnern, vorgefertigte wurden (weiter dazu Kapitel 4.2.5, S. 67). Hier ist der Verlust von Luftporen während des Mischens vergleichsweise gering [57]. Daneben ist es möglich, unter Zuhilfenahme der gleichen Schaumbildner, einen Bindemittelleim in einem speziellen Schaumgenerator direkt aufzuschäumen [1, 6]. Der physikalisch aufgeschäumte Beton zeichnet sich im plastischen Zustand durch einen stabilen und gleichmäßig feinporigen Mörtel aus. Die mechanische Aufschäumung im Mischer produziert dagegen einen verhältnismäßig instabilen Schaum mit einer unregelmäßigen Porenstruktur [58]. Ebenfalls denkbar ist auch ein Einmischen von synthetischen Schaumstoffpartikeln oder vorgefertigten Hohlkugeln aus Kunststoff oder Glas [59–61].

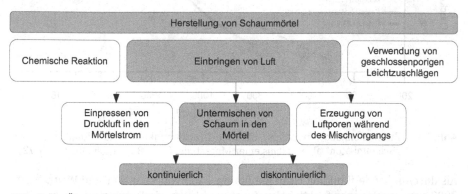

Abb. 6: Übersicht über die verfahrenstechnischen Möglichkeiten der Schaumbetonherstellung, sinngemäß nach [7][17].

---

17 In [7] finden sich zu den einzelnen Porosierungsmöglichkeiten von Beton, Mörtel bzw. Leim aufschlussreiche Systemskizzen aus [62].

2.1.3 Dichte, Druckfestigkeit und Wärmeleitfähigkeit

Viele Festkörpereigenschaften von porosierten und hochporosierten Betone lassen sich, wie beim Leichtbeton, auf seine Rohdichte zurückführen [37].
Abbildung 7 zeigt die Ergebnisse einer im Rahmen der vorliegenden Arbeit
durchgeführten Metastudie zum Zusammenhang zwischen Druckfestigkeit und
der Rohdichte von Schaumbeton. Im Diagramm sind rein zementöse Mischungen
gemeinsam mit mineralisierten Schäumen bzw. Schaumbetonen mit Zusatz-
stoffanteilen (meist Steinkohleflugasche) wiedergegeben. Höhere Dichten wurden zudem unter Einsatz von Sand erreicht. Die Daten der ausgewerteten Publi-
kationen werden jeweils als Einzelwert dargestellt, auch wenn diese in den aller-
meisten Fällen bereits auf statistischen Auswertungen mehrerer Ergebniswerte
basieren. Wenn eine Spannweite von Werten angegeben wurde, ist jeweils der
Mittelwert dargestellt. Nicht dargestellt sind hingegen Leichtbetone mit
schaummodifizierter Bindemittelmatrix oder Leichtzuschlagschaumbetone
(Kap. 2.1.1, S. 14) [51, 57].

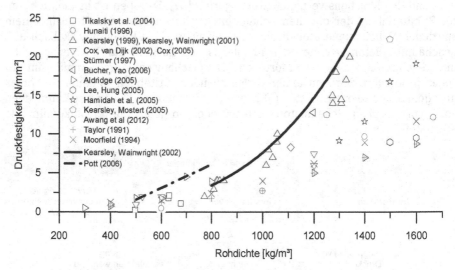

Abb. 7:   Zusammenhang zwischen 28-Tage-Druckfestigkeit und Rohdichte von
„Schaumbeton" als Ergebnis einer Metastudie [6, 7, 33, 34, 38, 40, 42, 63–72].

Als durchgehende Funktion ist in Abbildung 7 ein von KEARSLEY und WAINWRIGHT
2002 vorgeschlagener funktionaler Zusammenhang wiedergegeben (Formel 2.3)
[72]. Ihre Untersuchungen konzentrierten sich auf die Optimierung des Flug-
aschenanteils in Schaumbetonmischungen mit Rohdichten zwischen 800 kg/m³
und 1500 kg/m³ [72].

$$f_c = 39,6 (\ln(t))^{1,174} \cdot (1 - \varphi_t)^{3,6} \qquad\qquad (2.3)$$

f_c: Druckfestigkeit von Schaumbeton.

t: Zeit nach dem Ausschalen.

φ_t: Gesamtporosität nach 365 Tagen, hier rechnerische mit Formel 4.7 (S. 89) ermittelt.

Die im Rahmen der Metastudie errechnete mittlere Zunahme der Druckfestigkeit zwischen 7 Tagen und 28 Tagen ist 24 % [69, 73–75]. In neuere Forschungen zu sogenanntem „UHPC-Schaumbeton" unter Anwendung der aus der Hochleistungsbetontechnologie bekannten Methoden[18] konnten in den Rohdichtebereich über 800 kg/m³ weitere signifikante Festigkeitssteigerungen erreicht werden [76].

Auch die Wärmeleitfähigkeit steht in Abhängigkeit zur Rohdichte des mineralisierten Schaumes. Diesbezüglich sind in Abbildung 8 weitere Ergebnisse der genannten Metastudie dargestellt.

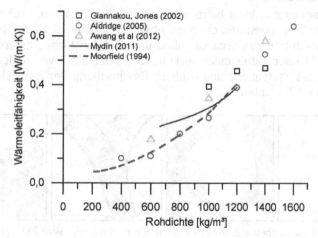

Abb. 8:   Zusammenhang zwischen Wärmeleitfähigkeit und Rohdichte von „Schaumbeton" als Ergebnis einer Metastudie [67, 69, 71, 77, 78].

2.2 Flüssiger Schaum

Schaum ist die Dispersion eines Gases in einer kontinuierlichen Phase, die im Allgemeinen flüssig oder fest sein kann [79, 80]. Die DIN EN ISO 862 definiert Schaum als Gesamtheit der Gaszellen, die durch dünne Flüssigkeitsfilme ge-

---

18   Wie reaktive Zusatzstoffe, Verringerung des Wasserzementwertes, optimierte Kornzusammensetzung.

trennt sind[19] und durch Aneinanderreihen von Blasen gebildet werden, wobei ein verhältnismäßig großes Gasvolumen[20] in einer Flüssigkeit dispergiert ist [82]. Thermodynamisch stellen flüssige Schäume instabile Mehrphasensysteme mit nur einer beschränkten Persistenzdauer dar, die sich nie in einem metastabilen Gleichgewichtszustand befinden. Aufgrund der unterschiedlicher gleichzeitig ablaufender Prozesse sind sie ständigen Formationsänderungen unterworfen (Kap. 2.2.3, S. 23) [17, 83, 84].

Dem in dieser Arbeit untersuchten mineralischen Schaum liegt ein wässriger Schaum[21] zugrunde (vgl. bzgl. der verwendeten Herstellungsmethodik Kapitel 2.1.2, S. 14 und 4.2.5, S. 67). Die hier aufgezeigten grundlegenden Zusammenhänge für flüssige Schäume gelten für beide der genannten Schaumsysteme.

2.2.1 Multiskalare Struktur

Schäume können multiskalar betrachtete werden. Sie bestehen zunächst aus der Summe ihrer Ausgangsstoffe, die dann etwa wie in Kapitel 4.2.5.2 beschrieben durch Energieeintrag zu durch Lamellen umgebenden Blasen geformt werden. Eine Vielzahl dieser miteinander verbundenen oder nicht verbundenen Blasen bilden dann das System Schaum (Abb. 9, Beschreibung der Entwicklungsdynamik in Kapitel 2.2.2, unten).

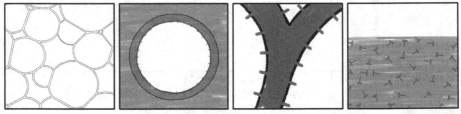

Abb. 9:   Multiskalenbetrachtung von wässrigem Schaum. Von links nach rechts: Schaum, Blase, Lamelle, Gemisch aus Wasser und oberflächenaktivem Stoff mit hydrophoben sowie -philen Resten (dargestellt als „T", Kapitel 2.2.4, S. 29).

Schäume sind makroskopisch homogen, bei auf Blasengröße aufgelöster Betrachtung sind sie jedoch strukturiert. MATTHES (2005) zufolge sollten sie daher

---

19   Offenporige poröse Materialien verfügen über keine disperse Phase und sind daher im engeren Sinne keine Schäume [81].

20   Allgemein werden Schäume mit hohem dispersen Gasanteil als kolloidal agglomerierte Gasdispersionen bezeichnet, im Gegensatz dazu Dispersionen mit geringem Gasvolumenanteil als Gasemulsionen [17].

21   Für eine Einführung in die Geschichte der Schaumtheorie wird die Einleitung der Publikation „Foam and foam films: theory, experiment, application" von Exerowa und Krugljakov empfohlen [85].

global als Dispersion betrachtet werden, in deren Inneren sich auf mikroskopischer Ebene Grenzflächenphänomene sowie mikrofluidische Vorgänge der kontinuierlichen oder in bestimmten Fällen[22] auch dispersen flüssigen Phase unterscheiden lassen. Das Verhalten des Gesamtsystems ist auf die Wechselwirkung der genannten und im Weiteren aufgegliedert beschriebenen Ebenen miteinander zurückzuführen [17].

Blasenebene

Schaumblasen sind von Flüssigkeitslamellen umhüllte Gaseinschlüsse. Die Lamellen haben auf beiden Seiten[23] eine Grenzfläche mit einem Oberflächenfilm [86]. Infolge der Grenzflächenspannungen herrscht im Inneren der Gasblase gegenüber dem Umgebungsdruck ein um den Laplace-Druck höherer Druck (Formel 2.5 und 2.6, S. 25) [83, 87]. Die Wanddicken der Blasen von wässrigem Schaum betragen ca. 4 nm bis 600 nm. Bei der Schaumbildung entstehen Blasenpopulationen verschiedener Größenverteilungen[24] [17, 88]. Die Blasengröße reichen bei feinen Schäumen von 0,1 mm bis 2,0 mm, sie können bei groben Schäumen bis zu zehnmal größer sein [83].

Schaumebene

Die Struktur des Schaumes wird durch die Balance zwischen dem Blaseninnendruck und der Oberflächenspannung der kontinuierlichen Phase nach dem thermodynamischen Minimalflächenprinzip bestimmt [89, 90]. Die Blasengröße selbst hat auf das physikalische Verhalten keinen direkten Einfluss und stellt lediglich das Maß der Strukturiertheit des wässrigen Schaums dar [91–93]. Besonders komplex und noch nicht vollständig verstanden sind hier insbesondere die Wechselbeziehungen der einzelnen dispersen Blasen zueinander sowie auch die Interaktion zwischen deren Grenzflächenstrukturen (eine Übersicht der Effekte: Kapitel 2.2.3, S. 23). Erschwerend kommt hinzu, dass weder eine explizite experimentelle Aufnahme sowie Auswertung dieser Phänomene im dreidimensionalen Raum bekannt sind [17, 94]. Die räumliche Verteilung der Phasengrenzflächen und die Schichtbreiten der kontinuierlichen Phase sind direkt von der Gasverteilung abhängig [17]. Sie bestimmen in komplexer Weise insbesondere die mechanische Stabilität die Haltbarkeit, das Fließverhalten von Schäumen [17].

---

22 Vgl. Abb. 9, zweites Bild von links.
23 Ein Hohlraum ist ein Gaseinschluss in einer Flüssigkeit und verfügt nur über eine Grenzfläche [17].
24 Sogenannte monodisperse Schäume mit nur einer Blasengröße und einer gleichmäßigen Verteilung der Phasen im Raum sind äußerst selten und treten meist nur bei geringen Gasanteilen auf. Ihre Herstellung ist aufgrund der vielen nichtlinearen dynamischen Faktoren, die zur Schaumbildung führen und sich einer vollständigen Kontrolle entziehen, sehr komplex [17].

Gasanteil und Schaumtypen

Wichtigstes Charakteristikum zur Beschreibung der Struktur eines Schaumes ist sein Gasanteil Φ (Formel 2.4) [6, 7, 95]:

$$\phi = \frac{V_g}{V_g + V_{fl}} \tag{2.4}$$

V_g: Volumenanteil der Gasphase.
V_{fl}:   Volumenanteil der flüssigen Phase.
ϕ: Gasanteil des Schaums (Porosität).

Bei einem Gasanteil von unter ca. 52 % (primitives Gitter einer monodispersen Kugelpackung) sind die einzelnen Blasen größtenteils voneinander unabhängig und interagieren nicht miteinander [6]. Bis zu einer Volumenkonzentration des Gases von ca. 74 % (dichteste monodisperse Kugelpackung), haben die Gasblasen ein kugelförmiges Aussehen und bilden einen sogenannten Kugelschaum in Form eines Haufens selbstständiger Blasen (Kap. 6, S. 159). Durch schaumzerstörende Prozesse (Kap. 2.2.3, S. 23) entstehen über die Zeit Polyeder verschiedener Flächenformen und Größen, die wesentlich stabiler und nicht mehr selbstständig sind (Abb. 10). Der Volumenanteil des Gases liegt dann bei mindestens 74 %. Aus geometrischen Gründen sind die Blasen dann nicht mehr kugelförmig und durch sehr dünne, fast ebene Flüssigkeitslamellen getrennt, die sich im Idealfall in einem Winkel von 120 ° treffen (Abb. 14) [83], aber in den Bereichen der verbindenden Flüssigkeitskanäle stärkere Krümmungen aufweisen (Abb. 14, S. 27) [17, 88, 96].

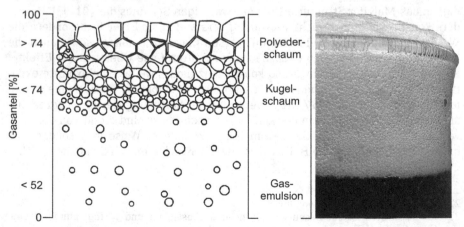

Abb. 10:   Schaumtypen nach Struktur und Gasanteil. Links: Schematische Darstellung nach [97]. Rechts: Schaumkrone eines Bieres[25] (vgl. Kapitel 2.2.2).

25   Originalfoto Alois Grundner.

Weisen Schäume eine breite Porengrößenverteilung auf, können diese auch bei Gasanteilen von über 74 % eine kugelförmige Struktur haben. Dabei werden kleinere Gaseinschlüsse in den Zwischenräumen der größeren Blasen möglich [80]. Oftmals ist also die Blasenverteilung nicht eindeutig bestimmbar, zudem sie einer starken örtlichen und zeitlichen Varianz unterliegt. In der Regel treten beide Formen innerhalb eines Schaumkörpers auf [17]. Im Falle von multidispersen Schäumen liegt eine polyedrische Struktur meist ab 90 % bis 95 % Gasanteil vor. Ihre Bildung beginnt jedoch schon bei einem Gasanteil wenig über 74 %. Diese sich daraus ergebende unregelmäßige Struktur wird auch zufällige Wabenstruktur genannt [85].

Blasensysteme sowie Kugelschäume werden aufgrund dickerer Lamellen, deren Zwischenräume mit der innerlamellaren Flüssigkeit gefüllt sind, zu den nassen Schäumen gezählt. Polyederschäume gehören zur Gruppe der trockenen Schäume und zeichnen sich durch einen hohen Gasvolumenanteil aus [6, 98].

Technische Relevanz des spezifischen Gewichts

Wie dargestellt, wird die Struktur eines Schaumes maßgeblich durch seinen Gasanteil bestimmt. Im Umkehrschluss lässt das, in der Praxis relativ einfach zu bestimmende, spezifische Gewicht Rückschlüsse über den Anteil der kontinuierlichen Schaumphase[26] zu, und kann als ein entscheidendes wie geeignetes Prüfkriterium für wässrigen Schaum zur Mineralisierung angesehen werden [99]. Die geeignete Dichte des wässrigen Schaums für die Mineralisierung ist häufig Gegenstand wissenschaftlicher und technischer Diskussionen [2, 6, 9]. Schwerere Schäume zeigen eine stärkere Neigung zur Drainage und sind fließfähiger [50]. Jedoch wird über sie relativ mehr Wasser in das Gesamtsystem des mineralisierten Schaums eingebracht, mit den entsprechenden Folgen für die Mikrostruktur der Bindemittelmatrix (Kap. 2.3, S. 31 und 5.2.3, S. 126). Leichtere Schäume sind dagegen steifer und neigen teils aufgrund der höheren Konzentration des Schaumbildners zu Nachschäumen, was eine Steuerung des Porengehaltes erschweren kann [50]. Sie sind zudem aufgrund ihres niedrigeren Wassergehaltes und damit dünneren Lamellen weniger robust gegenüber nicht schauminhärenten, den Zerfall begünstigenden Faktoren, wie etwa Partikelsaugen (Kap. 2.2.3, Abb. 16, S. 28). Schaumrohdichten für die Mineralisierung im Bauwesen liegen in fast allen Fällen zwischen 60 kg/m³ und 80 kg/m³ [2, 6].

---

26 Proportional dazu kann entsprechend die enthaltene Menge an Schaumbildner bestimmt werden.

2.2.2 Schaumbildung und Herstellungstechnik

a) Schaumbildung

Bevor sich ein grenzflächenaktiver Stoff (Detergens) bei ausreichend hoher Konzentration an der Grenzfläche einer Flüssigkeit anlagert, verteilen sich die Moleküle bei niedriger Konzentration zunächst vereinzelt und gleichmäßig (Abb. 9, S. 18, rechts). Bei stetiger Erhöhung der Konzentration bildet sich in einem dynamischen System eine einschichtige (monomolekulare) Grenzschicht von gleichmäßig ausgerichteten Molekülen mit nach außen gerichtetem hydrophoben Rest in Form eines Films an der Oberfläche des Stoffgemisches [100]. Die Moleküle mit hydrophilen und hydrophoben Molekülabschnitten stören die Bindungen zwischen den einzelnen Wassermolekülen und stabilisieren die Phasengrenze zwischen Flüssigkeit und umgebenden Gas. Bei Energieeintrag in das Flüssigkeitsgemisch kann die Phasengrenzfläche durch Überwindung der Oberflächenspannkraft mittels Lufteinschlüsse vergrößert werden [8, 83]. Sobald Gas die Grenzfläche des Fluids überwindet, bilden sich Adsorptionsschichten; dort sind die hydrophoben Reste der grenzflächenaktiven Stoffe der Luft und deren hydrophile Gruppe der Wasserphase zugekehrt (Abb. 9, S. 18, zweite v. r.). So formt sich eine kugelförmige Luftblase eingehüllt in eine doppelschichtige Lamelle. Zwischen den eigenständigen Blasen befindet sich zu diesem Zeitpunkt viel Wasser. In diesem instabilen Zustand werden die sich an der Oberfläche bereits befindlichen Gasblasen durch neu aufsteigende verdrängt (Abb. 10, oben) [62, 98]. Die Blasen verlieren dadurch mit der Zeit ihre kugelige Form und gehen in einen stabileren Zustand über, indem sie eine polyedrische zusammenhängende Struktur bilden. Wenn die Vergrößerung der Phasengrenzfläche schneller vonstattengeht, als der Austritt der entstandenen Gasblasen sowie deren Vereinigung zu instabilen größeren Blasen (Kap. 2.2.3, S. 23), kann der dispergierte Gasvolumenanteil soweit vergrößert werden, dass man von einem Schaum spricht [17]. Das Volumen dieses Zweiphasenmediums hängt unter anderem vom Flüssigkeitsvolumen, der eingetragenen Energie, der Art des Eintrags und der Temperatur ab [83].

Die Schaumbildungsfähigkeit einer grenzflächenaktiven Substanz wird über das gebildete Schaumvolumen unter definierten Bedingungen[27] bewertet [83]. Die Schaumbildung wird aus chemischer und physikalischer Sicht durch die Reinheit und die Konzentration des grenzflächenaktiven Stoffes beeinflusst [103]. Die optimale Konzentration zur Herstellung eines lange stabilen Schaums ist sowohl nach unten wie auch nach oben begrenzt und kann nicht durch einfache (additive) Konzentrationserhöhung verbessert werden. Es handelt sich hierbei um eine synergistische, aber auch teilweise antagonistische Wirkung[28] [104].

---

27   Messverfahren z. B. in [101, 102].

b) Herstellungstechnik

Die meisten Schäume werden aus Flüssigkeitsgemischen hergestellt, wobei das angewandte Verfahren die Eigenschaften des Schaumes ebenso beeinflusst wie die verwendeten Ausgangsstoffe. Die für die Blasenbildung erforderliche Energie kann über Erwärmung[29] durch chemische Reaktion[30] oder durch mechanisches Dispergieren der Gasphase in die flüssige Phase eingebracht werden [17]. Daneben kann im sogenannten Kondensationsverfahren (oder Aerosolverfahren) durch Kompression sowie anschließender Druckminderung einer mit Gas gesättigten Flüssigkeit das gelöste Gas in Blasenform zur Freisetzung gebracht werden[31] [83].

Bei der Schaumherstellung mit einem Schaumgenerator werden die drei Ausgangsstoffe Wasser, Luft und oberflächenaktiver Stoff in diesem zusammengeführt. Die Konzentration des Detergens kann durch Änderung des Verhältnisses von Wasser- und Luftstrom angepasst werden. In einer Belüftungsstrecke wird Druckluft unter die Oberfläche des Flüssigkeitsgemisches gebracht. Dies kann unter Verwendung eines Mischers geschehen sowie durch Einleiten des Gases in das aufzuschäumende Fluid über Kapillaren durch Gazen oder Lochplatten (Abb. 11).

Im Anschluss an die Belüftungsstrecke befindet sich eine, zumeist austauschbare, poröse Membran, mit deren Hilfe die Porengrößenverteilung homogenisiert wird (Abb. 12, unten) [50, 83, 105]. Über Hindernisse im Rohr oder eine Verkleinerung des Durchmessers wird in diesem Bereich die Flüssigkeit beschleunigt und die Schaumblasen durch die so eingetragenen Scherkräfte geteilt [106].

2.2.3 Stabilität und Zerfall

Die Schaumbildungsfähigkeit und Stabilität hervorgerufen durch grenzflächenaktive Stoffe sind nicht identische Eigenschaften, auch wenn sie eine gewisse gegenseitige Abhängigkeit voneinander aufweisen [100, 107]. Schäume sind, wie alle Stoffsysteme bestehend aus mehreren nicht mischbaren Phasen, thermodynamisch instabil und neigen zur Phasenseparation. Sie verändern ständig ihre innere Struktur, da das Oberflächenpotenzial einem Minimum zustrebt und bestrebt ist, die Grenzfläche zwischen diesen Phasen zu minimieren und die dort gespeicherte Energie abzugeben. Das daraus resultierende, quasi metasta-

---

28 So liegt ein synergistischer Effekt vor, wenn die Wirkung eines Stoffes innerhalb einer Mischung höher ist, als jene, die für eine gleiche Wirksamkeit, durch eine lineare Kombination voneinander getrennt betrachteter Komponenten entstehen würde. Im Gegensatz zeigt sich bei antagonistischer Wirkung, ein schwächerer Effekt, als jener, welche durch eine lineare Kombination entstehen würde [104].
29 Z. B. Blasenbildung beim Verdampfen.
30 Z. B. Wasserstoffreaktion von Aluminium in alkalischem Milieu.
31 Z. B. mit Kohlensäure angereichertes Mineralwasser.

bile[32], zweiphasige Gefüge wird zwar durch grenzflächenaktive Substanzen stabilisiert, die Zerstörung der Schaumstruktur beginnt dennoch sofort nach dessen Bildung [17, 108, 109].

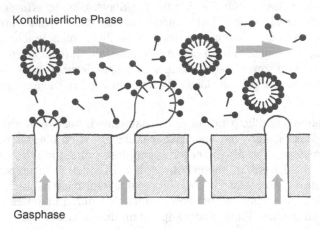

Abb. 11: Modellvorstellung der Blasen- und Schaumbildung mittels Lochplatte, nach
[105].

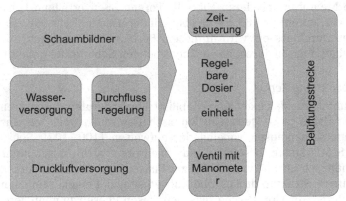

Abb. 12: Schema Schaumgenerator.

Der Zerfallsprozess von Schaum beruht auf einer Vielzahl von gleichzeitig auf-
tretenden und interagierenden Phänomenen, die in unterschiedlichen Modellen
abgebildet werden:

---

32 Bezeichnet einen Zustand, der stabil gegenüber kleinen Änderungen aber instabil gegenüber großen Änderungen ist.

1) Ostwald-Reifung:
Im Zuge der Ostwald-Reifung kommt es aufgrund der Unterschiede des Laplace-Druckes[33] (Formel 2.5 und 2.6 [110]) in verschieden großen, benachbarten Blasen zur Gasdiffusion[34] von kleinen hin zu großen Blasen. Dadurch werden die Größenunterschiede verstärkt bis zum Verschwinden der relativ kleineren Blasen (Disproportionierung) (Abb. 13, S. 26) [83, 106, 109, 111].

$$\Delta p = \sigma \cdot \left(\frac{1}{r_1} + \frac{1}{r_2} \right), \text{ wobei } \Delta = p_i - p_e \tag{2.5}$$

$$\Delta p = 2 \cdot \frac{\sigma}{r_k}, \text{ für eine Kugel} \tag{2.6}$$

Δp: Kapillarer Krümmungsdruck oder Laplace-Druck als Differenzdruck zwischen der Innen- und Außenseite einer gekrümmten Oberfläche.

$p_{i,e}$:   Druck innerhalb bzw. außerhalb eines durch eine gekrümmte Oberfläche eingeschlossenen Körpers.

σ: Oberflächenspannung.

$r_{1/2}$:   Hauptkrümmungsradien des Oberflächenelements.

r_k: Kugelradius.

2) Aufrahmen oder Cremen:
Durch das Cremen oder Aufrahmen vollzieht sich eine Trennung von Schaum und Flüssigkeit, sodass sich die Schaumkugeln auf der Oberfläche der sich unten absetzenden Flüssigkeit sammeln. Infolgedessen beginnen sich die Schaumporen, von einer kugeligen Form hin zu Polyedern zu transformieren (Abb. 10, S. 20). Nach STOKES [106] hängt die Aufstiegsgeschwindigkeit der Gasblasen (makroskopischen Kugeln) in der Flüssigkeit vom Auftrieb der Blasen selbst ab[35] sowie von der Gravitationskonstante und nicht zuletzt von der Viskosität der die Blasen umgebenden Flüssigkeit[36] (Formel 2.7).

$$v = \frac{2}{9} r^2 \frac{(\rho_P - \rho)}{\eta} g \tag{2.7}$$

v: Aufstiegsgeschwindigkeit.

g: Erdbeschleunigung.

ρ_P: Dichte des Porenvolumens.

r: Kugelradius.

ρ: Dichte der Flüssigkeit.

η: Viskosität der Flüssigkeit.

Während niedrig viskose Flüssigkeiten eher zu Kurzlebigkeit aufgrund von Koaleszenz (s. u.) neigen, können hochviskose Flüssigkeiten das Schäu-

---

33   Die Young-Laplace-Gleichung stellt einen Zusammenhang zwischen dem Innendruck einer Blase und deren Größe sowie Grenzflächenspannung her. Der Krümmungsdruck ist umso größer, je kleiner die Krümmungsradien [110].
34   Das Gas muss dazu in der kontinuierlichen Phase löslich sein.
35   Von deren Größe und Dichte.
36   Zur Stabilisierung des Schaumes können Additive zur Steigerung der Viskosität zugegeben werden [112].

mungsverhalten dahingehend negativ beeinflussen, dass ausschließlich Schaum mit, für die häufigsten Anwendungen, zu hoher Dichte hergestellt werden kann [95, 98, 106, 106, 111].

3) Drainage:
Die Bildung einer polyedrischen Struktur wird durch die Schaumdrainage verstärkt. Auf die interlamellare Flüssigkeit wirkende Gravitationskräfte lassen diese abhängig der kapillaren Kräfte zwischen den Lamellen nach unten abfließen. Die Auslaufgeschwindigkeit nimmt dem HAGEN-POISSEULLE'sche Gesetz[37] (Formel 2.8) [113] zufolge mit der Lamellendicke ab (Abb. 13) [106, 109, 111].

$$v(r) = v_{max} \left(1 - \frac{r^2}{R^2} \right) \qquad (2.8)$$

v: Fließgeschwindigkeit.
v_{max}:   Maximale Fließgeschwindigkeit.
R: Radius der Kapillare.
r: Abstand von der zentralen Kapillarachse.

4) Koaleszenz:
Aufgrund der saugenden Kräfte innerhalb der Lamelle infolge von Drainage und Kapillarwirkung buchtet diese ein, damit wächst die Oberfläche des die interlamellare Flüssigkeit einhüllenden Films lokal an und die Konzentration des oberflächenaktiven Stoffes sinkt. Wird eine gewisse Lamellendicke im Verhältnis zur Porengröße unterschritten, reißt diese. Auch dieser als Koaleszenz bezeichnete Vorgang führt zur Bildung von immer größeren Poren oder der Vereinigung mit dem umgebenden Gasraum, das Volumenverhältnis zwischen flüssiger und gasförmiger Phase verschiebt sich zugunsten Erstgenannter (Abb. 13 Und 14) [6, 81].

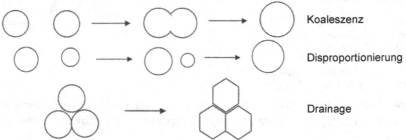

Abb. 13:   Schaumzerfallsprozesse, nach [83, 114].

---

[37] In einem durch zwei parallele Wände gebildeten kapillaren Raum proportional zur vierten Potenz der Wandentfernung.

5) Marangonieffekt

Gleichzeitig fließt in einem nach MARANGONI [106] benanntem gegenläufigen Effekt die oberflächenaktive Substanz aufgrund der veränderten Oberflächenspannungsdifferenz in Richtung der Einbuchtung und verzögert damit die Zerstörung der Blase [81].

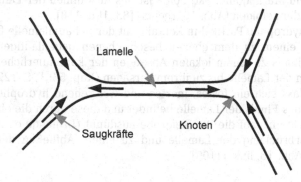

Abb. 14: Saugspannungen innerhalb der Lamellen eines Polyederschaumes, nach [115].

GLAZIER ET. AL. (1987) haben in besonders anschaulicher Weise den dynamischen Zerfallsprozess von Seifenschäumen untersucht und fotografisch festgehalten (Abb. 15). Der Ausgangsschaum lag nahezu vollständig monodispers vor. Schäume mit polydisperser Blasenverteilung wiesen einen schnelleren Zerfallsprozess auf [18].

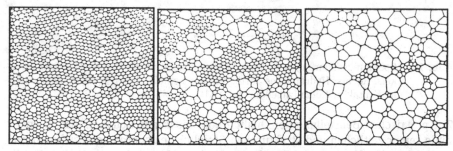

Abb. 15: Fotografisch dokumentierter Zerfallsprozess eines Seifenschaumes (Auszug), Kantenlänge der Quadrate ca. 7 cm, zeitlicher Ablauf in Bezug auf Schaumherstellung von links nach rechts: $t_1 = 2{,}25$ h, $t_2 = 4{,}82$ h, $t_3 = 8{,}63$ h [18].

Neben diesen schauminhärenten, den Zerfall bedingenden Effekten kann es durch Zugabe anderer Stoffe sowie chemischer Verbindungen oder durch Kontakt mit selbigen zur lokalen und durch die Ostwald-Reifung und Koaleszenz zur weiter fortschreitenden globalen Zerstörung des Schaums kommen:

1) In Proteinschäume wird der vorherrschende oberflächenaktive Stoff teilweise durch andere Detergenzien (z. B. Polyoxyethylene) von den Positionen an den Grenzflächen verdrängt [83, 116, 117].
2) Spreitende Partikel (z. B. Öl) sind ebenfalls grenzflächenaktiv und führen im Kontakt mit dem Lamellenfilm zu einem Abfließen der stabilisierenden Stoffe ähnlich dem Marangonieffekt. Folge ist das Ausdünnen der Lamelle und das Einreißen der selbigen (Abb. 16, rechts) [83, 106, 118].
3) Kommen hydrophile Partikel in Kontakt mit der Schaumlamelle führt dies zunächst zu einem zu dem ebenen beschriebenen gegenläufigen Effekt und darüber hinaus zu einem lokalen Absaugen der kontinuierlichen Phase und Ausdünnen der Lamelle bis zu ihrem Versagen (Kap. 5.2.1, S. 122).
4) Im Falle dass sich ein festes, inertes und weitgehend hydrophobes Partikel innerhalb des Fluids der Lamelle befindet und diese durch die oben beschriebenen Effekte bis auf die Partikelgröße ausdünnt (Drainage etc.), kann es zu einer Überbrückung der Lamelle und zu einem Abfließen der Flüssigkeit kommen (Abb. 16, links) [106].

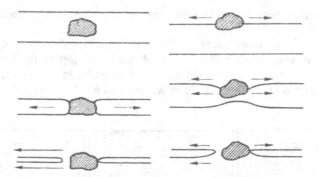

Abb. 16:   Spannungsänderungen in einer Schaumlamelle durch Gegenwart eines Partikels. Rechts: Hydrophobes Partikel in der Lamelle, links: Spreitendes Partikel im Kontakt mit dem Lamellenfilm [106].

Zur praktischen Beurteilung der Qualität von wässrigem Schaum, also in erster Linie seiner zeitlichen und strukturellen Stabilität, existieren zahlreiche anwendungsbezogene Normen und Regeln [82, 103, 119], jedoch vornehmlich für die Bereiche der Lebensmittel- [108, 120], Reinigungs- [121], und Feuerlöschtechnik [101, 122, 123]. Wie soeben diskutiert, ist die Qualität und Struktur eines flüssigen Schaumes aber nicht nur von den Umgebungs- und Herstellungsbedingungen abhängig, sondern auch von der Art des verwendeten grenzflächenaktiven Stoffes sowie von den rheologischen Eigenschaften der kontinuierlichen Schaumphase. Dies konnte u. a. in eigenen Versuchen speziell für mineralischen Schaum nachgewiesen werden (Kap. 5.3.2, S. 140) [1, 2, 50]. Für die im vorliegenden Zusammenhang untersuchten Problemstellungen hat demzufolge die Beurteilung der Eigenschaften des wässrigen Schaumes nur begrenztes Potential, um auf die spätere Qualität der mineralischen sowie mineralisierten Schäume rückschließen zu können[38].

2.2.4 Grenzflächenaktive Stoffe im Bauwesen

In Flüssigkeiten mit großer Oberflächenspannung wie etwa Wasser sind gebildete Blasen nicht von dauerhafter Natur [17]. Die Grenzflächen solcher Fluide können, wie in Kapitel 2.2.2 (S. 22) beschrieben, mit grenzflächenaktiven, insbesondere der Koaleszenz entgegenwirkenden Stoffen stabilisiert werden. Diese Stoffe verfügen über eine hydrophile Kopfgruppe und einen hydrophoben Rest. Sie können nach ihrer Herkunft (synthetisch oder natürlich), ihrer hydrophilen Gruppe (ionisch, nichtionisch oder zwitterionisch) sowie dem Molekülaufbau ihrer hydrophoben Reste[39] (Silikon, Keratin etc.) unterschieden werden [104].

Die im Baubereich eingesetzten grenzflächenaktiven Stoffe sind pH-neutral, frei von Stoffen, die negativ auf Metall, Putze oder andere dort verwendete Materialien wirken. Außerdem enthalten sie keine giftigen oder auch brennbaren Stoffen [124]. Die Detergenzien können ganz oder nur teilweise[40] auf Basis von petrochemischen Produkten oder aus nachwachsenden Rohstoffen als sogenannte „Biotenside" [125] hergestellt werden. Neben rein synthetischen Tensiden sind im Bau grenzflächenaktive Stoffe auf Basis von Keratinhydrolysaten etabliert [125]. Sie sind aufgrund der erforderlichen, jedoch komplexen mikrobiellen Prozesse zu ihrer Herstellung (s. u.) relativ teuer und nur etwa ein Jahr lagerfähig [83][41]. Das werkstofftechnologische Hauptaugenmerk liegt in der vorliegenden Arbeit auf diesen oberflächenaktiven Stoffen auf Basis von Proteinen aus der Keratinhydrolyse.

Keratine sind hochspezialisierter Mischungen aus Proteinen tierischer Herkunft mit unterschiedlicher dreidimensionaler Struktur und Zusammensetzung. Der Hauptunterschied zu anderen Struktur-Proteinen[42] liegt im Vorhandensein der

---

38 Daher wurden anfänglich durchgeführte Vergleichstests zwischen flüssigen Schäumen mit kontinuierlichen Phasen unterschiedlicher Viskositäten nicht systematisch weiter verfolgt (alternativer Versuch beschrieben in Kapitel 4.3.3.3, S. 84 und 5.3.3.1, S. 147).

39 Die hydrophoben Reste sind ein- oder mehrwertige Gegenionen, wobei die mehrw. Ionen meist wasserunlöslich sind [104].

40 Der hydrophobe und der hydrophile Molekülteil eines Tensids können jeweils unterschiedlicher Herkunft sein [125].

41 Jedoch sind sie in jüngster Zeit im Gegensatz zu den 90er Jahren und zum Anfang des neuen Jahrhunderts, wohl aufgrund gestiegener Nachfrage, für Bauanwendung hoch verfügbar [125].

42 Z. B. Kollagen, Elastin [83].

Aminosäure Cystein. Diese Aminosäuren sind durch Peptidbindungen[43] miteinander verknüpft. Keratine sind durch ihren hohen Vernetzungsgrad mit Disulfidbrücken unlöslich sowie unreaktiv und bilden den Hauptbaustein haltbarer wie auch biegsamer epidermaler Anhangsgebilde[44] [127]. Diese Disulfidbrücken können durch Reduktion gespalten und infolgedessen die Keratin-Proteine enzymatisch hydrolysiert[45] werden. Das Hydrolysat wird unter Verwendung von Ammoniak neutralisiert. Die wirksamen proteinogenen Aminosäuren werden unter Nutzung unterschiedlicher Löslichkeiten getrennt oder mit der Ionenaustausch-Chromatographie isoliert [83, 126, 129, 130].

Die auf diese Weise hergestellten sogenannten Proteinschaumbildner setzen, wie niedrigmolekulare oberflächenaktive synthetische Tenside, die Oberflächenspannung von Wasser herab [83, 131]. Im Zuge der Adsorption an der Grenzfläche kommt es zu einer Konformationsänderung[46] des Proteins[47], das diese so selbstorganisierend bedeckt und deren Eigenschaften ändert. Das Ausmaß der Konformation ist von der verfügbaren Oberfläche im Verhältnis zur Konzentration des Proteins abhängig [83, 132].

Die mit diesem Schaumbildnertypus hergestellten wässrigen Schäume sind fest mit elastischen Eigenschaften [27]. Tenside rein synthetischer Herkunft lassen sich zwar meist bei etwas höherer Konzentration leichter aufschäumen [6, 7], jedoch haben viele Biotenside insgesamt bessere grenzflächenstabilisierende Eigenschaften (mehr zum Stabilitätsbegriff in diesem Zusammenhang siehe Kapitel 2.2.3, S. 23). Dies ist u. a. durch den Umstand begründet, dass die Proteine über die Zeit in kleinere hydrophobe Moleküle zerfallen, die wiederum untereinander Wasserstoffbrückenbindungen etablieren [13, 125].

---

43 Carbonsäureamid-Gruppierung – CO – NH –, die bei der Kondensation von Aminocarbonsäuren entsteht, wenn die Carboxy-Gruppe – COOH einer Aminosäure mit der Aminogruppe – NH_2 einer anderen Aminosäure unter Abspaltung von HO_2 reagiert [126].
44 Z. B. Haare, Nägel, Klauen, Schuppen und Federn [83].
45 Proteine können unter Katalyse, also bei veränderter chemischer Kinematik durch die Gegenwart eines Katalysators, durch ein Enzym gespalten werden. Dies nennt man dann Hydrolase [126, 128]. Das heißt, sie können mithilfe von Enzymen in wasserlöslich gemacht werden.
46 Funktionsbedingende oder -ändernde räumlich strukturelle Änderung eines Proteins [129].
47 Proteine (Eiweiße) sind „natürlich vorkommende Copolymere, die sich in der Regel aus 20 verschiedenen Aminosäuren als Monomeren zusammensetzen. Von den nahe verwandten Polypeptiden werden sie aufgrund ihrer molarer Größe unterschieden, wenn auch nicht immer streng abgegrenzt [126]."

2.3 Bindemittelmatrix

Mineralisierter Schaum ist ein Material bestehend aus einer kontinuierlichen, festen Phase und einer diskontinuierlichen, gasförmigen Phase. Die in einem Schaumsystem vorherrschenden Eigenschaften sind jedoch, neben dem bloßen Anteil der diskontinuierlichen Phase, vor allem durch die Charakteristiken der festen kontinuierlichen Matrix bestimmt [17]. Somit ist im vorliegenden Fall die gewählte Zusammensetzung des Zementsteins maßgeblich (Kap. 4.2, S. 59), dessen generellen Merkmale daher Gegenstand des folgenden Kapitels sind.

2.3.1 Hydratation von Zement und Festigkeitsentwicklung

a) Hauptklinkerphasen von Portlandzementen

Zement reagiert unter Zugabe von Wasser zu einer gesteinsähnlichen festen Matrix. Die Hauptklinkerphasen von Portlandzementklinker sind Tricalciumsilicat (C_3S/Alit), Dicalciumsilicat (C_2S/Belit), Tricalciumaluminat (C_3A/Aluminat) und Dicalciumaluminatferrite ($C_4(A,F)$). Sie entstehen beim Brennen der Ausgangsstoffe. Darüber hinaus wird zur Regelung des Hydratationsverlaufs dem Zement Calciumsulfat (Cs) und Calciumhydroxid (CH) zugemalen.

Die verschiedenen Klinkerphasen haben unterschiedlichen Anteil an der Zementzusammensetzung[48], am Reaktionsverlauf sowie an den zeitlich variablen mechanischen Eigenschaften des Endproduktes [133, 134]. Tricalciumsilicat zeichnet sich durch eine hohe Reaktionsgeschwindigkeit aus, die eine schnelle Erhärtung und hohe Endfestigkeit bedingt; dies geht mit einer starken Hydratationswärmeentwicklung einher [135]. Dicalciumsilicat verursacht eine langsamere und stetigere Festigkeitsentwicklung und erzeugt geringere Hydratationswärme [136]. Dicalciumaluminatferrite reagieren ebenfalls langsamer und haben einen geringen Anteil an der Endfestigkeit, entsprechend ist ihr Beitrag an der freigesetzten Wärme [137, 138].

---

48 Durchschnittliche Anteile der Klinkerphasen in einem Portlandzement: C_3S 65 %, C_2S 13 %, C_3A 11 % und C_4AF 8 %.

b) Hydratationsverlauf

Der Hydratationsverlauf von Zement ist vielschichtig[49] und noch nicht vollständig verstanden. Bautechnisch wird er in drei die Festigkeit bildende Schritte unterteilt. Nach dem Anmachen folgt bei Erreichen einer nach DIN EN 196-3 definierten Konsistenz, das Erstarren bzw. das Ansteifen und zum Schluss die Erhärtung [140, 141]. Aus chemischer Sicht wird der Prozess hingegen meist vereinfacht in fünf Perioden unterteilt. Die Notation erfolgt hier gestützt auf Stark & Wicht (2000) und YE (2003) bzw. auf MINDESS & YOUNG (1981) sowie ODLER (1998) [139, 142–144].

Unmittelbar nach Wasserzugabe zum Zement beginnt der Prozess des Ansteifens[50], wobei die Zementpartikel bis in die darauf folgende Ruheperiode[51] weiterhin gegeneinander beweglich bleiben. In dieser ersten Hydratationsperiode bilden sich strukturstabilisierende nadelige Ettringitkristalle aus der Reaktion von Calciumsulfationen mit Tricalciumaluminat (Formel 2.9.1) [145] und ausgehend vom Tricalciumsilicat u. a.[52] erste Calciumsilicathydrate variabler Zusammensetzung sogenannter CSH-Phasen (z. B. $C_3S_2H_3$) (Formel 2.11) [135]. Nach geltender Meinung bilden beide Reaktionsprodukte eine dünne Gelhaut um die Zementkörner und erschweren damit einen Kontakt mit Wasser [146]. Der daraus resultierende behinderte Transport von H_2O und SO_4^{2-} kennzeichnet die Ruheperiode (Formel 2.9.2), deren Dauer unter anderem von der Mahlfeinheit des Zementes abhängt [139, 140].

Reaktion des Tricalciumaluminats bei Anwesenheit von Sulfat:

$$C_3A + 3\ C\overline{S}H_2 + 26\ H \rightarrow C_6A\overline{S}_3H_{32} \tag{2.9.1}$$

und in der Sekundärreaktion mit Ettringit:

$$2\ C_3A + C_6A\overline{S}_3H_{32} + 4\ H \rightarrow 3\ C_4A\overline{S}H_{12} \tag{2.9.2}$$

Nach Abbau des Calciumsulfats und erreichen einer Ionensättigungskonzentration können die CSH-Phasen kristallisieren, sodass mit der sogenannten Beschleunigungsperiode[53] das Erstarren des Zementleims beginnt. Sie ist durch eine intensive Reaktion der Klinkerphasen gekennzeichnet (Formeln 2.11 und dann 2.12). Die dann entstehenden größeren Kristalle, bestehend aus länglichen Ett-

---

49 So wurden die meisten Untersuchungen zum Erhärtungsverhalten von Portlandzement an den reinen Klinkerphasen durchgeführt. Dabei wurde von deren voneinander unabhängigen chemischen Reaktionen ausgegangen, was jedoch nur teilweise der Fall ist [139].

50 Phase I, auch Induktionsperiode Dauer: 15 min – 1 h.

51 Phase II, auch dormante Periode (engl. dormant stage), Beginn: 15 min – 1 h nach Wasserzugabe, Dauer: 1 h bis 2 h.

52 Es bilden sich u. a. folgende Ionen: Ca^{2+} OH^-, SO^{2-}_4, K^+ und Na^+.

53 Phase III, auch Accelerationsperiode, Beginn: ca. 3 h nach Wasserzugabe, Dauer 1 h bis 10 h.

ringitkristallen und plattigen CSH-Phasen, überbrücken die Räume zwischen den Zementpartikeln [133, 144].

In der darauf folgenden Retardationsperiode[54] des Erhärtens, gekennzeichnet durch Abnahme der Reaktionsgeschwindigkeit, wird das Gefüge durch weitere Bildung von CSH-Phasen verfestigt und die Poren u. a. durch Aluminat- und Aluminatsulfathydrate (Formel 2.10) sowie Calciumhydroxid immer mehr gefüllt[55]. Die Hydratation von C_4AF wird ebenfalls durch einen Sulfatträger verzögert. Im Rahmen dieser Phase wird die Frühfestigkeit des Zementsteins gebildet [139, 144].

$$C_4AF + 3\ C\bar{S}H_2 + 30\ H \rightarrow C_6(A,F)\bar{S}_3H_{32} + (A,F)H_3 + CH \qquad (2.10.1)$$

und in der Sekundärreaktion mit Ettringit:

$$C_4AF + C_6(A,F)\bar{S}_3H_{32} + 2\ CH + 23\ H \rightarrow 3\ C_4(A,F)\bar{S}H_{18} + (A,F)H_3 \qquad (2.10.2)$$

Während anfänglich das C_3A die bestimmende Phase ist, gewinnt bei fortschreitender Hydratation das C_3S und später das C_2S (Formel 2.12) für die Festigkeitsausbildung stetig an Bedeutung [133, 144].

Reaktion der Calciumsilicate zu Calciumsilicathydraten:

$$2\ C_3S + 5.6\ H \rightarrow CSH + 2.6\ CH \qquad (2.11)$$

$$2\ C_2S + 3.6\ H \rightarrow CSH + 0.6\ CH \qquad (2.12)$$

Die letzte Phase der Hydratation bildet die diffusionskontrollierte Finalperiode[56], in der sich die sogenannte „Endfestigkeit" bzw. 28-Tage-Festigkeit nach DIN EN 196 einstellt [133, 134, 144, 147].

c) Verzögernde Faktoren

Im Rahmen dieser Arbeit wird unter anderem der Einfluss der Abbindegeschwindigkeit des Bindemittelleims als kontinuierliche Phase auf die Verteilung der dispersen Phase im Schaum untersucht. Teil dieser Überlegung sind eventuelle hydratationsverzögernde Effekte resultierend aus den gewählten Randbedingungen (Kap. 4.2, S. 59 und Kapitel 5.3.3, S. 147).

Während der Zementhydratation wird abhängig der Klinkerzusammensetzung, des Klinkeranteils und der Mahlfeinheit des Zements unterschiedlich schnell und in verschiedener Höhe Wärme freigesetzt (s. o. und Kapitel 4.3.2.3, S. 80) [133]. Wie jede exotherme Reaktion ist die Kinetik der Zementhydratation zudem von der Umgebungstemperatur abhängig. In gewissen Grenzen läuft die

---

54 Phase IV., Dauer 5 h bis 24 h.
55 Die Reaktion vollzieht sich im Randbereich der Zementpartikel, sodass sich dort nach 12 h 0,5 µm bis 1,0 µm starke Schichten aus den Hydratationsprodukten bilden [146].
56 Phase V, Dauer: Monate bis Jahre.

Reaktion bei höheren Temperaturen schneller und bei niedrigeren Temperaturen langsamer ab[57] [144].

Wird das Abbinden durch inhibierende Zusätze gestört, kann dies signifikante Auswirkung auf den Verlauf der Hydratationswärmeentwicklung[58] haben und Verzögerungen von Erstarrungsbeginn und -ende bedingen [138]. Als Betonzusatzmittel zur Verzögerung sind anorganische Stoffverbindungen wie Tetrakaliumpyrophosphat und Trinatriumpolyphosphat üblich [149]. Sie bilden auf der Zementkornoberfläche in der Frühphase der Hydratation schwer lösliches Calciumphosphat. Dies behindert, zusätzlich zur Gelhaut die Reaktion der Calciumaluminate und -silikate [150]. Daneben wird die Konzentration von Ca^{2+} und OH^--Ionen gesenkt, was zu einer verzögerten Bildung von CSH-Phasen führt [151]. Andere Stoffverbindungen üben durch Adsorption auf bestimmte Kristallflächen Einfluss auf die Menge und Ausmaß Ettringitbildung sowie auf die Kristallisation selbst aus [152, 153]. Auch eine Vielzahl von organischen Verbindungen[59] hat verzögernde Wirkung. [150], so werden auch Proteine wie Casein gezielt für diese Zwecke eingesetzt [151].

2.3.2 Wasseranteil, Gefüge und Poren

Das Zementsteingefüge bzw. dessen Porosität ist maßgeblich vom Wasserzementwert beeinflusst (Tab. 2). Nach gängiger Theorie wird bei Wasserzementwerten signifikant über 0,4 der Zement mit einem Teil des Wassers vollständig zu Zementgel umgesetzt. Dies ist dann von wassergefüllten Kapillarporen durchzogen. Bei Wasserzementwerten um 0,4 weist das Zementgel hingegen ausschließlich Gelporen auf. Niedrigere Wasserzementwerte lassen im Inneren nicht hydratisierte Zementkörner zurück, die nur an der Oberfläche mit Wasser zu Zementgel umgesetzt wurden. Aufgrund der unterschiedlichen spezifischen Oberfläche hat die Mahlfeinheit auf das beschriebene Verhalten signifikanten Einfluss. Nach Ablauf der Hydratation macht das gebundene Wasser ca. 38 % der Zementmasse aus; ungefähr ein Viertel ist chemisch gebunden, die Gelporen enthalten ca. 15 % des Wassers [133, 144].

Wie soeben diskutiert ist die Gelporosität im hydratisierten Zement unabhängig vom Wasserzementwert. Es handelt sich dabei um ca. 0,5 nm bis 30 nm große, mit physikalisch gebundenem Wasser[60] gefüllte Räume, die entstehen, da das Vo-

---

57 Dieser Umstand wird u. a. in der Zementchemie häufig mit der Arrhenius-Gleichung (1889) beschrieben. Derzufolge sich die Reaktionsgeschwindigkeit pro +10 K ungefähr verdoppelt [148].

58 Auch die chemische Zusammensetzung des Wassers und die darin enthaltenen Fremdstoffe können den Hydratationsablauf beeinflussen [140].

59 Z. B. Hydroxycarbonsäuren, Saccharosen, Gluconate, Lignosulfonate, Organophosphate, Methylcellulose, Dextrin und Casein.

60 „Ein Wassermolekül ist näherungsweise eine Kugel mit einem Durchmesser von 0,3 nm [144]."

lumen des Hydratationsproduktes kleiner ist als die Summe der Volumina der Ausgangsstoffe. Die unmittelbar aus diesen das Volumen mindernden Umsetzung entstehenden, unvermeidbaren Spannungen führen zu ca. 10 nm großen sogenannten Schrumpfporen, die ob ihrer Größe oftmals den Gelporen zugerechnet werden (Schwinden und Schrumpfen siehe weiterhin Kapitel 2.3.3, 35).

Tab. 2: Poren im Zementsteingefüge [133, 154].

Porenart	Porendurchmesser
Gelporen	0,5 nm bis 30 nm
Mikro-Kapillarporen	30 nm bis 1 µm
Meso-Kapillarporen	1 µm bis 30 µm
Luftporen/Makro-Kapillarporen	30 µm bis 1 mm

Das während der Hydratation teilweise austretende, überschüssige Wasser hinterlässt ein Kapillarporennetz, dessen Volumen bei Wasserzementwerten größer 0,4 annähernd direkt proportional zum steigenden Wasseranteil ist. Es ist durch seine in direkten Umgebungskontakt stehenden, zwischen 10 nm bis 100 µm im Durchmesser großen Poren maßgeblich für die Transportphänomene im Zementstein verantwortlich [144, 155].

2.3.3 Formänderung

Im Allgemeinen werden Formänderungen des Zementsteins auf folgende Ursachen zurückgeführt: Elastische und bleibende Verformungen aufgrund äußerer mechanischer Spannungen (Kriechen), Schwinden und Quellen hervorgerufen durch Änderungen des Wasseranteils im Zementstein, Verformungen infolge von Temperaturänderungen sowie Dehnungen durch chemische Reaktionen. In Bezug auf die werkstoffspezifischen Formänderungen von Zement wird, da der hier behandelte mineralisierte Schaum nur schwerlich zu konstruktiven Zwecken eingesetzt werden kann, vornehmlich auf die spannungsunabhängigen Phänomene eingegangen [135].

a) Thermische Verformung

Der Wassergehalt von Zementsteins ist in erster Linie von der Umgebungsfeuchte und der Porosität desselben abhängig. Das in ihm physikalisch gebundene und über den Feuchteausgleich enthaltene Wasser beeinflusst maßgeblich seine thermische Verformung. Bei vollständiger Trocknung[61] und bei Wassersättigung variiert der thermische Ausdehnungskoeffizient α für Zementstein zwischen etwa $10 \cdot 10^{-6}$ /K und $12 \cdot 10^{-6}$ /K. Sein Maximum erreicht α bei einer Gleichgewichtsfeuchte von 70 % mit $24 \cdot 10^{-6}$ /K [157, 158]. Der Zusammenhang zwischen der Größe des Koeffizienten und dem Wassergehalt ist jedoch nicht direkt proportional. Ursachen dafür sind zum einen in der zeitlich verzögerten Bewegung des Wassers im nur begrenzt durchlässigen Porengefüge des Zementsteins zu suchen [135, 159]. Zum anderen dehnt sich Wasser im Temperaturbereich von 5 °C bis 20 °C etwa drei- bis viermal so stark aus wie der Zementstein selbst. Folge beider Phänomene kombiniert sind Sorptionseffekte durch entstehende Unterdrücke beim Abkühlen bzw. Überdrücke beim Erwärmen [135, 160]. Im Allgemeinen werden bei Temperaturänderungen die Wärmedehnungen durch Feuchtedehnungen überlagert [144].

b) Schwinden

Formänderungen zementgebundener Baustoffe sind vor allem auf die Eigenschaften des Zementsteins selbst zurückzuführen. Schwinden beschreibt das langfristige Phänomen isotroper Volumenverkleinerung von Zementstein. Es ist auf eine Kombination verschiedener Ursachen zurückzuführen, die alle auf Veränderungen des Feuchtezustandes im Gefüge beruhen. Der bautechnisch weniger bedeutende gegenläufige Effekt wird als Quellen bezeichnet [144].

Chemisches Schwinden

Das gemeinsame Volumen des umgesetzten Zements und des bei vollständiger Hydratation chemisch gebundenen Wasseranteils ist um ca. 6 cm³ / 100 g Zement kleiner ist als die Summe der Volumina der Ausgangsprodukte. Der Grund dafür liegt im ca. 25 %igen volumeneffizienteren Einbau der Wassermoleküle bei der chemischen Bindung in das kristalline Gitter der Hydratationsprodukte [144]. Eine Folge ist das sog. chemische Schwinden ε_c, das sich jedoch bei weitem nicht vollständig in einem externen Schwindmaß äußerst. Vielmehr bildet sich während der Erhärtung ein stützendes Skelett aus hydratisiertem Zementstein, das einer messbaren Schwindverformung immer stärkeren Widerstand entgegensetzt (vgl. Abb. 17) [161].

---

61 Wobei die Abgrenzung von „verdampfbarem" und „nicht verdampfbarem" Wasser nicht trivial ist und je nach Modell variieren kann [133]. In diesem Zusammenhang wird Trocknen im Sinne der DIN EN ISO 12570 gebraucht [156]. Somit kann eventuell nach dem Trocknungsvorgang auch ein kleiner Teil des Gelporenwassers ausgetrieben sein [133].

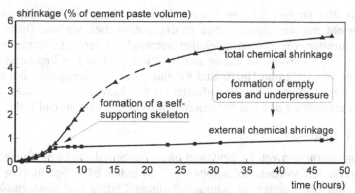

Abb. 17: Zeitlicher Verlauf des gesamten und äußerlich messbaren Schwindmaßes von Zementleim (w/z = 0,4) [161, 162].

Karbonatisierungsschwinden

Das Karbonatisieren (Formel 2.13) ruft Änderungen im Aufbau der Calciumsilicat- und Calciumaluminathydrate hervor, die ebenfalls für eine Art chemischen Schwindens verantwortlich sind. Die Geschwindigkeit des sogenannten Karbonatisierungsschwindens ε_k verhält sich analog zum Karbonatisierungsfortschritt und ist damit abhängig von der Porigkeit des Zementsteins, welche wiederum bestimmend für den CO_2-Zutritt und die Feuchtigkeitsbedingungen ist. Das mit Kohlendioxid reagierende Calciumhydroxid muss zunächst in Lösung gehen, daher läuft die Karbonatisierung in einer wechselnden trockenen und feuchten Umgebung bei Wasserzementwerten von über 0,5 beschleunigt ab. Der Maximalwert der Karbonatisierungsgeschwindigkeit wird bei ca. 50 % rel. F. erreicht. Das Karbonatisierungsschwinden von Zementstein kann das Trocknungsschwinden übersteigen [135, 144, 163, 164].

$$Ca(OH)_2 + CO_2 \rightarrow CaCO_3 + H_2O \tag{2.13}$$

Es tritt bei Zementleim das Phänomen des frühen Schrumpfens oder Blutens aufgrund einer unzureichenden Wasserbindung zu grober Zementkörnung oder eines Wasserüberangebotes auf [144].

Trocknungsschwinden

Trocknungsschwinden oder kapillares Schwinden ε_{tr} ist, solange dadurch keine Gefügeänderungen induziert werden, durch anschließendes Quellen reversibel. Es handelt sich um einen rein physikalischen Schwindvorgang. Ab Wasserzementwerten größer als 0,4 durchzieht den Zementstein ein Netz von Kapillarporen (Kap. 2.3.2, oben), die Wasser bei Luftfeuchten zwischen 40 % und 100 % aufnehmen und abgeben. Die Hauptursache für das Trocknungsschwinden sieht man heute in der Änderung der freien Oberflächenenergie, das heißt der freien

Bindungskräfte an den inneren Oberflächen des Zementsteins, die im Kräfte-
gleichgewicht mit den Spannungen in den Gelteilchen stehen. Diese werden
durch Adsorption von Wassermolekülen vermindert, deren Desorption bewirkt
das Gegenteil. Die Folge ist Expansion bzw. Kontraktion des Zementsteins. Bei
Luftfeuchte von 40 % und 100 % sind Kapillarporen spannungsfrei. Bei zu hohen
Spannungen, in Relation zur Eigenfestigkeit des beanspruchten Materials, bre-
chen die Porenwände und das Schwinden ist teilweise irreversibel [135, 144].

Autogenes Schwinden

Volumenminderungen von Zementstein ohne Feuchteabgabe bei Wasserzementwerten unter 0,5 werden als autogenes Schwinden oder Schrumpfen[62] ε_a bezeichnet. Der oben genannte volumeneffiziente Einbau der Wassermoleküle in
die Hydratationsprodukte kann in diesem Fall vor allem im frühen Stadium der
Erhärtung zu Rissbildung führen. Bei geringem Angebot freien Wassers wird das
physikalisch absorbierte Wasser in Poren und Kapillaren verbraucht. Dadurch
sinkt die innere relative Feuchte, was zu kapillaren Zugkräften und äußerer Vo-
lumenkontraktion führt (Abb. 18) [133]. Somit ist autogenes Schwinden zwar
chemisch induziert, aber es handelt sich aufgrund seiner Wirkungsweise um
eine Art des physikalischen Schwindens.

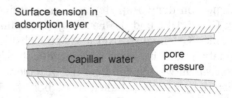

Abb. 18:   Schematische Darstellung der Mechanismen im Zementstein infolge autogenen
Schwindens [161].

c)   Schwindmaß und Einflussfaktoren

Das Schwindmaß von Zementstein strebt asymptotisch, über mehrere Jahre hinweg, einem Endwert zu. Für reinen Zementstein liegt dieser durchschnittlich bei
etwa 7 mm/m[63] [144]. Maximale Schwindmaße von reinem Zementstein können
bei erstmaligem Trocknen bei einer relativen Feuchte von 11 % bis zu 10 mm/m

62   Powers bezeichnete seine Beobachtungen des Austrocknens einer abgedichteten Ze-
     mentsteinprobe als Selbstaustrocknung (engl. „self-desiccation") [165].
63   Für Zementmörtel liegt der Wert zwischen 1 mm/m und 2,5 mm/m und für Normal-
     beton bei 0,5 mm/m. Bei langsamem Austrocknen beträgt das Schwindmaß von Mör-
     tel 1 mm/m bis 2 mm/m und von Normalbeton 0,2 mm/m bis 0,5 mm/m [166]. Das
     Schwinden von Leichtbeton ist meist ausgeprägter [144, 167].

betragen[64]. Durch anschließende Wiederbefeuchtung und Trocknung konnten die reversiblen Anteile des Schwindens zu 3 mm/m bis 4 mm/m ermittelt werden. Sie entsprechen den irreversiblen und reversiblen Anteilen der Wasseraufnahme und -abgabe [135, 168]. Real bewegen sich die Werte für das Schwinden im oben genannten Bereich, ohne die Maxima zu erreichen und rufen somit nur mittlere Dehnungen und Spannungen hervor [144].

Unabhängig von der Kapillarität eines Zementsteins ist das Schwinden eine Eigenschaft des Zementgels[65]. Somit ist das Schwindmaß eines Materials mit hohem Anteil an hydratisiertem Zement und somit größerem Gelanteil ausgeprägter. Bei höherer Mahlfeinheit und ausreichendem Wasserangebot hydratisiert ein größerer Anteil des vorliegenden Zements. Die Zementzusammensetzung, mit Ausnahme hoher CSA-Gehalte, hat dagegen geringere Auswirkungen auf das Schwinden [135, 144].

Bautechnisch entscheidend ist in erster Linie das Endschwindmaß bzw. der irreversible Anteil des Schwindmaßes. Beide sind stark vom Grad der Porosität abhängig, unabhängig davon ob autogenes oder kapillares Schwinden [135, 169]. Dabei ist Geschwindigkeit und absolute Größe des Schwindens höher, je trockener die Umgebungsluft ist [144]. Die Auswirkungen des autogenen Schwindens lassen sich dauerhaft durch ein zeitweise höheres äußeres Wasserangebot beeinflussen[66]. So wird zwar durch fortschreitende Hydratation Wasser im Inneren des Zementsteins umgesetzt, ohne aber zu Spannungen durch inneres Austrocknen zu führen [133].

Das Endmaß des Schwindens und damit auch der maximal erreichbare irreversible Anteil sind, nach herrschender Meinung, von einer dauerhaft stärkeren Ausbildung der chemischen und physikalischen Bindungen im Zementsteingefüge abhängig [135]. Schwindet der Zementstein aufgrund der Randbedingungen nur langsam, wird somit auch sehr wahrscheinlich sein Endschwindmaß relativ gering ausfallen. Somit haben auch die Geometrie des untersuchten Körpers und die davon teils abhängigen Trocknungsbedingungen Einfluss auf das mittlere Schwindmaß [144].

Auch findet im Zementstein, der unter etwa 30 % rel. F. gelagert wird, keine Karbonatisierung statt (Formel 2.13). Unter diesen Umgebungsbedingungen geht das in ihm befindliche Calciumhydrat nicht in Lösung. Dementsprechend erfährt der Zementstein kein Karbonatisierungsschwinden [135].

---

64 Die Tendenz zum reinen Quellen von Zementstein, der nach dem Ausschalen unter Wasser gelagert wurde, liegt bei ca. 1 mm/m [166].

65 „Für das Schwinden von Mörtel und Beton ist in erster Linie der Zementstein maßgebend. Die Zuschlagkörner behindern das Schwinden des Zementsteins [135]."

66 „Weiteren Einfluss auf den Grad der „Selbstaustrocknung" haben der Zementtyp, die Nachbehandlung (Temperatur und relative Feuchte) sowie der Gehalt an Microsilica [144]."

2.4 Rheologie und Rheometrie von Zementleimen

2.4.1 Grundbegriffe der Rheologie

Die Rheologie[67] beschreibt als die Lehre vom Fließen die Verformung von Körpern (Festkörpern, Flüssigkeiten oder auch Gasen) als Reaktion auf eine von außen einwirkende Kraft [100]. Festkörper werden dabei von Flüssigkeiten oder Gasen durch die Art der möglichen Beanspruchung unterschieden. Erstere lassen sich, im Gegensatz zu den anderen beiden Materialtypen, dehnen und können neben Schubspannungen[68] τ somit auch Normalspannungen σ aufnehmen [170].

Ideales Fließverhalten

Ein idealer Festkörper, auch Hookescher Körper genannt, verhält sich ideal-elastisch (Formel 2.14). Das heißt, die Energie der Deformation wird nach Entlastung des Körpers wieder vollständig zurückgewonnen. Ideale Fluide hingegen, die ein sogenanntes idealviskoses oder Newtonsches Fließverhalten aufweisen (Abb. 20), fließen sofort bei Beanspruchung und erfahren eine irreversible Verformung. Die Deformationsenergie in der Flüssigkeit (oder auch im Gas) wird vollständig in Wärme umgewandelt [87].

$$\tau = G \cdot \gamma \tag{2.14}$$

τ: Schubspannung.
G: Schubmodul.
γ: Scherung.

Scherrate

Die Scherrate $\dot{\gamma}$ (auch Schergeschwindigkeit oder Schergefälle, engl. shear rate) [172], ist die "Scherkomponente des Tensors der Verformungsgeschwindigkeit" [170]. Sie beschreibt das Gefälle der Verformung innerhalb eines Stoffes in Abhängigkeit vom Abstand zur aufgebrachten äußeren Last (Gleichung 2.15, Abb. 19).

$$\dot{\gamma} = \frac{dv}{dh} \tag{2.15}$$

$\dot{\gamma}$:   Scherrate.
v: Geschwindigkeit.
h: Abstand zur aufgebrachten Last.

---

67 Griechisch: rhéos = das Fließen, logos = die Wissenschaft
68 Die Schubspannung (auch Scherspannung, engl. shear stress) ist eine auf die Fläche bezogene Kraft, mit einer parallel zur Angriffsfläche liegenden Richtung [170]. Sie kann als Scherwiderstand gesehen werden, welchen eine Substanz aufgrund inneren Widerstandes, einer Bewegung entgegensetzt [171].

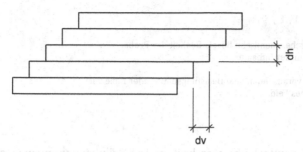

Abb. 19: Vorstellung einer ebenen schichtförmigen, laminaren Strömung, nach [100].

Viskosität

Die Viskosität η eines Materials resultiert aus den inneren Reibungskräften zwischen den Molekülen, welche beim Fließvorgang gegeneinander verschoben werden. Sie ist Maß für den inneren Widerstand eines Stoffes gegen Fließen. Diese kann nicht direkt gemessen werden und wird mit dem newtonschen Gesetz (Gleichungen 2.16 und 2.17) beschrieben [100, 170, 173].

$$\tau = \eta \cdot \dot{\gamma} \tag{2.16}$$

$$\eta = \frac{\tau}{\dot{\gamma}} \tag{2.17}$$

η: Viskosität.
τ: Scherspannung.
$\dot{\gamma}$:   Scherrate.

Im Falle einer völligen Unabhängigkeit der Viskosität eines Stoffes von der Scherrate ist der Fließwiderstand direkt proportional zur Fließgeschwindigkeit; die Schubspannung steigt linear mit der Scherrate (Abb. 20). Die Viskosität eines newtonschen Fluids ist nur vom Druck und der Temperatur abhängig. Substanzen, die annähernd das beschriebene Verhalten aufweisen, sind durch sehr geringe intermolekulare Wechselwirkungen gekennzeichnet [100, 174].

Nicht-Newtonsches Fließverhalten

Tatsächlich besitzen nahezu alle Substanzen einen viskosen sowie einen elastischen Anteil und werden daher als viskoelastisch bezeichnet. Dieses Nicht-Newtonsche Fließverhalten ist durch eine nicht lineare Abhängigkeit zwischen Scherrate und Schubspannung charakterisiert [174]. Bei Nicht-Newtonschen Stoffen spricht man von scheinbarer Viskosität (Formel 2.18), um auszudrücken, dass bei unterschiedlichen Scherraten aufgrund zahlreicher möglicher Abhängigkeiten unterschiedliche Viskositätswerte auftreten können [100, 172, 175, 176].

$$\eta = f(N, T, p, t, E, \dot{\gamma}) \tag{2.18}$$

η: Viskosität.
N: physikalische, chemische Beschaffenheit der Probe.
T: Temperatur der Substanz.
p: Druck.
t: Zeit (z.B. vorausgegangene Belastungsdauer oder Ruhezeit).
E: elektrisches Feld.
$\dot{\gamma}$:   Scherrate.

Fließgrenze

Materialien, die unterhalb eines bestimmten Schubspannungswertes infolge einer äußeren Kraft keine Verformung oder nur elastisches Verhalten zeigen, sich aber oberhalb dieser Grenze irreversibel also plastisch verformen, werden als viskoplastische Stoffe bezeichnet. Der Schubspannungswert, der den Übergang von elastischem bzw. reversiblem zu irreversiblem Deformationsverhalten markiert ist als Fließgrenze τ_y (engl. yield-point) definiert [177]. Bei einer kleinen äußeren Kraft, bei der die Fließgrenze nicht erreicht wird, kann sich auch ein eigentlich flüssiges Material aufgrund seiner internen Strukturkräfte wie ein Festkörper verhalten[69]; kleine Deformationen können sich nach einer Entlastung vollständig zurückbilden [100]. Die Fließgrenze ist "die kleinste Schubspannung, oberhalb derer ein plastischer Stoff sich rheologisch wie eine Flüssigkeit verhält" [170]. Die Fließkurve (Abb. 20) beginnt in diesem Fall nicht im Koordinatenursprung, sondern ist auf der Ordinate in den Punkt τ_y verschoben. Neben den in Formel 2.18 aufgezeigten Abhängigkeiten, ist insbesondere die Fließgrenze von der Beanspruchungsgeschichte der Messflüssigkeit abhängig [178, 179].

2.4.2 Belastungsabhängiges Fließverhalten

Die Beschreibung von rheologischen Verhaltensweisen kann belastungsabhängig und zeitabhängig erfolgen. So ist idealviskose Verformung linear von der äußeren Belastung abhängig. Nimmt jedoch die Viskosität eines Stoffes mit steigender Scherbeanspruchung bzw. Scherrate zu, kommt es also zu einer Fließverfestigung, wird dies als scherverdickendes oder dilatantes Fließverhalten bezeichnet (Abb. 20, Formel 2.19) [100].

$$\eta_{St} = \frac{\eta}{\dot{\gamma}} \tag{2.19}$$

η_{St}:   Strukturviskosität.
η: Scheinbare Viskosität.
$\dot{\gamma}$:   Scherrate.

---

69   Materialien mit plastischem Fließverhalten, also mit einer Fließgrenze, bauen im Ruhezustand ein intermolekulares Netz von Bindungskräften (z.B. polare Bindungen, molekulare Wechselwirkungskräfte) auf, welches eine Verschiebung von Volumenelementen verhindert [176].

Im Falle von scherverdünnendem oder strukturviskosem Fließverhalten nimmt die Viskosität bei steigender Scherbelastung ab (Abb. 20). Scherverdünnendes Verhalten ist meist auf eine sogenannte Strukturviskosität (auch: scheinbare Viskosität) zurückzuführen [100, 172].

2.4.3 Zeitabhängiges Fließverhalten

In der DIN 1342-1 wird eine Abnahme der Viskosität über die Zeit bei konstanter Scherbeanspruchung von einem ursprünglichen Wert im Ruhezustand als thixotropes Fließverhalten definiert, wenn nach dem Ende der Belastung die Viskosität wieder auf den ursprünglichen Wert ansteigt. Dieses Verhalten ist auf einen inneren Strukturabbau unter Belastung zurückzuführen. Thixotrope Stoffe haben daher eine deutliche Fließgrenze, jedoch sind nicht alle Substanzen mit einer Fließgrenze thixotrop. Diese Materialien zeigen somit auch immer strukturviskoses oder scherentzähendes Verhalten [170, 173, 181].

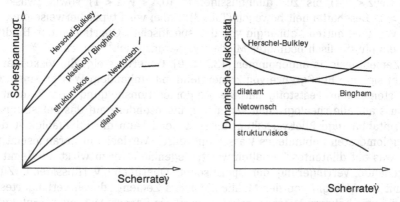

Abb. 20: Übersicht wichtiger modellhafter Fließ- (links) und Viskositätskurven (rechts), eigene Darstellung nach [100, 180].

Wird die Fließgrenze nach dem Strukturaufbau auf Grundlage der nach einer bereits erfolgten Belastung ermittelten Fließkurve bestimmt, bezeichnet man sie als dynamische Fließgrenze [170, 175, 182]. Da das Fließen des Materials zu diesem Zeitpunkt meist noch nicht beendet ist, fällt die dynamische Fließgrenze oftmals um ein Vielfaches kleiner aus als die statische, an einem ungestörten Material ermittelte, Fließgrenze [180]. Tritt der seltene Fall auf, dass bei steigender Scherbeanspruchung die Viskosität eines Stoffes zunimmt und bei Entlastung wieder auf einen Ausgangswert zurückfällt, wird dies als rheopexes Fließverhalten eines Stoffes bezeichnet [100].

2.4.4 Konsistenz und beeinflussende Faktoren

Zementleim ist im allgemeinen Verständnis eine Suspension von in Wasser gleichmäßig dispergierten Zementpartikeln. Das Fließverhalten von frischen Zementsuspensionen ist zweifelsfrei viskoelastischer Natur. Ihr komplexes Verformungsverhalten weist zudem zeit- und belastungsabhängige Strukturveränderungen auf und ist somit nicht-linear [183–185]. Diese nicht-lineare Viskoelastizität[70] liegt neben der Größenverteilung der Zementkörner[71] und deren volumenbezogenen Feststoffgehalt, in den chemischen und physikalischen Wechselwirkungen zwischen den Feststoffpartikeln der Suspension begründet, die zu einer netzartigen, bis zu einem gewissen Grad widerstandsfähigen Struktur führen [175, 185]. Dies schlägt sich in einer messbaren Fließgrenze[72] nieder.

Die Konsistenz von unter Normbedingungen hergestelltem Zementleim kann sich abhängig vom Wasserzementwert[73] von „krümelig" (w/z < 0,2) über „erdfeucht" (w/z ≈ 0,2), „pastös/steifplastisch" (0,2 < w/z < 0,3), „zähflüssig" (0,3 < w/z < 0,4) bis zu „dünnflüssigerer" (0,4 < w/z < 1) sowie „wässriger" (w/z > 1) Beschaffenheit bewegen (Tab. 3). Dabei wird typischerweise ohne Einsatz von Fließmitteln, abhängig von der spezifischen Oberfläche des Bindemittels, ein physikalisch bedingter Mindestwasseranspruch[74] von ca. 25 % bis 30 % des Zementgesichts angenommen [133, 190]. Generell steigt die Viskosität und erhöht sich die Fließgrenze von Zementleim mit sinkendem Wasserzementwert, also steigendem Feststoffgehalt. Die Agglomerationsneigung von Zement hat Einfluss auf alle rheologischen Parameter, insbesondere auf das belastungs- sowie zeitabhängige Fließverhalten. Entsprechend kann die Fließfähigkeit durch in Agglomeraten gebundenes Wasser und durch Verflockung herabgesetzt werden, was auf dilatantes Verhalten weist. Gegenläufig dazu wirkt die damit einhergehende Verringerung der spezifischen Oberfläche verflüssigend. Zudem kommt es abhängig von der Mahlfeinheit des Zements durch verlängertes Mischen sowie höherer Mischenergie bzw. größere Scherbelastungen[75] infolge des Aufbrechens von Agglomeraten zu einem erhöhten Wasseranspruch und bezogen

---

70 Die (plastische) Viskosität von Frischbeton ist nach DIN EN 206 der Fließwiderstand nach Beginn des Fließens [25, 186]. Sie kann nur indirekt bestimmt werden und ist u. a. von der genutzten Messmethode abhängig [126].

71 In etwa zwischen 0,1 µm bis 100 µm [133]

72 Unberücksichtigt bleiben hier die viskoelastischen Reaktionen von Zementsuspensionen bei geringen Spannungen unterhalb der Fließgrenze, die dazu führten, dass die Existenz der Fließgrenze bereits vollständig bezweifelt und auf nur ungenaue Messmethoden zurückgeführt wurde [187, 188]. Es ist umstritten, ob es sich bei der Fließgrenze nicht um eine zeitabhängige Eigenschaft handelt, da die Beobachtungsspanne immer an den betrachteten Stoff angepasst sein sollte [179, 189].

73 Das Wasser bestimmt je nach Menge den Abstand zwischen den Zementpartikeln.

74 Erforderliche Wassermenge zur Benetzung der Partikeloberflächen sowie zum Füllen der Partikelzwischenräume [133].

75 Etwa durch den Einsatz von kolloidaler Mischtechnik (Kap. 4.2.5.1).

auf Tabelle 3 zu dann geänderten Konsistenzen. Dies deutet auf das strukturviskose Fließverhalten von Zementleim hin [175, 185, 191, 192].

Aufgrund der fortschreitenden Hydratation ist das Fließverhalten von Zementleim ständiger Änderung unterworfen [193]. Die Strukturbildung erfolgt bereits in der frühen Ruhephase (Kap. 2.3.1.1.1 b). Daher müssen rheologische Messungen entsprechend frühzeitig und vor allem zum jeweils gleichen Zeitpunkt im Verfahrensablauf durchgeführt werden (Kap. 4.3.2.2). Nach GREIM & TEUBERT (2001) weist der Verlauf des Widerstandsmomentes bei gleichbleibender Scherbelastung über die Zeit hydratationsbedingt auf eine sich abschwächendes thixotropes bzw. sich verstärkendes rheopexes Fließverhalten hin [177].

Tab. 3: Konsistenz von Zementleim abhängig vom Wasserzementwert [133].

Konsistenz	Wasserzementwert
krümelig	w/z < 0,2
erdfeucht	w/z ≈ 0,2
pastös/steifplastisch	0,2 < w/z < 0,3
zähflüssig	0,3 < w/z < 0,4
dünnflüssig	0,4< w/z < 1
wässrig	1 < w/z

2.4.5 Zwei-Platten-Modell

Die grundlegenden rheologischen Kennwerte (Kap. 2.4.1) können im Zwei-Platten-Modell beschrieben werden. Eine Platte mit bekannter Scherfläche A wird durch eine definierte Scherkraft F mit einer daraus resultierenden Geschwindigkeit v parallel zu einer unbeweglichen Platte bewegt. Zwischen den beiden Platten wird dadurch die dort im Scherspalt mit der Höhe h befindliche Flüssigkeit geschert (Abb. 21). Die exakte Berechnung der rheologischen Parameter ist nur unter folgenden Randbedingungen möglich [100, 171, 176]:

- Die zu scherende Substanz hat an beiden Platten Wandhaftung, d. h., sie darf weder rutschen noch gleiten.
- Im Scherspalt herrschen laminare[76] Fließbedingungen in Form von Schichtenströmung[77] (Abb. 19).

---

76 Strömung ohne Turbulenzen, bei der keine nennenswerte Querdurchmischung in der Flüssigkeit stattfindet [170].
77 Verschiebung dünnster Flüssigkeitsschichten.

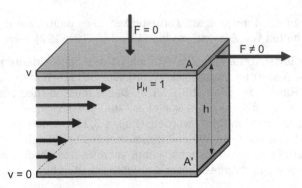

Abb. 21: Zwei-Platten-Modell zur Beschreibung der rheologischen Messgrößen, nach [100, 194].

2.4.6 Rotationsrheometrie

Für die hier relevanten phänomenologischen Messungen rheologischer Material-parameter wird versucht das Zwei-Platten-Modell, unter Berücksichtigung der genannten Randbedingungen, in unterschiedliche Weise auf Rheometer zu über-tragen. Dabei wird das Fließ- und Deformationsverhalten von Flüssigkeiten über die Messung des mechanischen Widerstandes, der Verformung und der Verfor-mungsgeschwindigkeit ermittelt.

Die Messergebnisse werden in Form von Fließkurven als Relation aus der Schubspannung τ und der Schergeschwindigkeit $\dot{\gamma}$ aufgetragen (Abb. 20, S. 43). Daneben erfolgt die Darstellung des Zusammenhangs zwischen der Viskosität η und der Scherrate $\dot{\gamma}$ in Form von Viskositätskurven. Um diese zu erstellen, wird für jeden Punkt einer Fließkurve ein Wert für die Viskosität ermittelt (Glei-chung 2.17, S. 41) [176].

Bei einem, wie im vorliegenden Fall verwendeten, Rotationsrheometer wird in einem definiert breiten Scherspalt zwischen drehendem Rotor und unbewegtem Becher in der Testflüssigkeit eine Scherspannung aufgebracht und so eine lami-nare Strömung hergestellt (Abb. 22). Abhängig von der Messgeometrie können, über die bereits aufgezeigten rechnerischen Wege (Kap. 2.4.1), Zusammenhänge auf Grundlage der vorgegebenen Drehzahl und der Messgröße Drehmoment, ausgehend von der Scherrate Rückschlüsse auf Scherspannung und Viskosität hergestellt werden.

Abhängig von der Dauer und Größe der aufgebrachten Spannung wird ein Struk-turbruch unterschiedlicher Intensität in der Messflüssigkeit erzeugt. Dies lässt u. a. Rückschlüsse auf die Dispergierverhalten und -qualität zu [185].

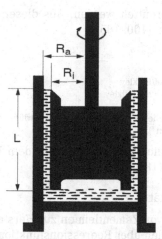

Abb. 22: Schematische Darstellung von Rotor und gefülltem Messbecher des verwendeten Viskosimeters (R_a = 21 mm, R_i = 20,04 mm, L = 60 mm) [195].

a) Bestimmung der Fließgrenze

Da das Fließverhalten von Zementleimen bei geringen Scherbelastungen mithilfe der hier angewandten Technik nur unzureichend abgebildete wird, müssen in diesem Bereich für den Verlauf der Fließkurve Annahmen getroffen werden. So kann die, u. a. von der aufgebrachten Scherbelastung abhängige, Fließgrenze durch eine Anpassungsfunktion etwa nach Herschel/Bulkley oder Bingham vereinfachend auf einen Einzelwert reduziert werden (Abb. 20) [100, 175, 185]. Die ermittelten Werte sind je nach ausgewähltem Modell verschieden. Nach Bingham wird die Fließkurve auf die Scherrate $\dot{\gamma}$ = 0 extrapoliert (Formel 2.20 und 2.21). Der Schnittpunkt der Regressionskurve mit der Ordinate wird als die Fließgrenze des untersuchten Materials gewertet[78] [100, 196].

$$\tau = \tau_B + \eta_B \cdot \dot{\gamma} \tag{2.20}$$

$$\eta = \frac{\tau - \tau_B}{\dot{\gamma}} \tag{2.21}$$

τ: Schubspannung.
τ_B: Fließgrenze nach Bingham.
η_B: Fließkoeffizient nach Bingham.
$\dot{\gamma}$:   Scherrate (Steuergröße).

Die Anpassungsfunktion nach Herschel/Bulkley (Formel 2.22) kann bei nichtlinearem Verlauf von Fließkurven Anwendung finden. Sie ist jedoch nicht dimensionsrein oder physikalisch hinterlegt, die benötigten Konstanten können über-

---

78 Diese Methode überschätzt tendenziell den unterstellten tatsächlichen Wert [175, 185].

schlägig oder empirisch ermittelt werden. Aus diesem Grund wird von dessen
Nutzung vielfach abgeraten [100, 185].

$$\tau = \tau_{HB} + C \cdot \dot{\gamma}^p \tag{2.22}$$

τ: Schubspannung.
τ_{HB}:   Fließgrenze nach Herschel/Bulkley.
C: Fließkoeffizient nach Herschel/Bulkley.
$\dot{\gamma}$:   Scherrate.
p: Herschel/Bulkley-Index (Fließverhalten: p < 1, scherverdünnend; p > 1, scherverdickend;
          p = 1, "Bingham-Verhalten").

Daneben ist es auch möglich in Versuchen mit dem Haegermann-Trichter die
Fließgrenze zu errechnen [186, 197].

b) Bewertung der Viskosität

Es ist üblich, Fließkurven von Zementleimen zur Herstellung einer Vergleichbarkeit mit Kontinuumsmodellen über Regressionsfunktionen anzunähern. In Bereichen mit höheren Scherraten liegen hierzu meist ausreichend Daten vor. Im Bereich geringer Scherraten hingegen werden zur Beschreibung viskoelastischer
Eigenschaften Annahmen getroffen, etwa hingehend einer konstanten Fließgrenze, einer konstanten Grenzviskosität oder auch einer sogenannten Null-Viskosität. Diese Modelle vernachlässigen jedoch die elastischen Anteile, die insbesondere bei geringen Schergeschwindigkeiten dominierend sind. Ihre Genauigkeit
nimmt daher bei höheren Feststoffgehalten und niedrigen Scherraten ab. Im Falle von Modellen, die von einer Null-Viskosität als Randbedingung ausgehen
(CROSS [198], Formel 2.23), können zwar auch geringer werdende Scherbelastungen über eine starke Zunahme der dynamischen Visksosität abgebildet werden, jedoch nicht das, für Zementleim typische Verhalten einer elastischen Rückverformung bei Entlastung [181, 185, 199].

$$\frac{\eta - \eta_\infty}{\eta_0 - \eta_\infty} = \frac{1}{1 + (K \cdot \dot{\gamma})^p} \tag{2.23}$$

$\dot{\gamma}$:   Scherrate.
η_∞:   Unendlich-Viskosität, obere Randbedingung nach Cross.
η_0:   Null-Viskosität, untere Randbedingung nach Cross.
K: „Cross-Konstante".
p: „Cross-Hochzahl"

c) Bewertung der Strukturviskosität und Thixotropie

Durch die Scherung von Zementleimen werden die durch van-der-Waals-Kräfte
und Wasserstoffbrückenbindungen bewirkten Bindungen zwischen Molekülver-
bänden aufgebrochen und somit das Fließverhalten verändert. Diese Veränderungen sind zeit- und scherratenabhängig und bedingt reversibel; die aufgebro-
chenen Bindungen bilden sich in einer Ruhephase wieder neu [173]. Die Thixotropie insbesondere von Dispersionen lässt sich mit geschlossen Ansätzen für

betontechnologische Anwendungen nur unzureichend beschreiben. Daher wird im vorliegenden Zusammenhang der Beschreibung des zeit- und belastungsabhängigen Fließverhaltens über die Ermittlung von Absolutwerten der Vorzug gegeben. Zum einen kann die, sich aus einer linearen Zu- und Abnahme der Scherbelastung ergebenen, Hysteresefläche ausgewertet werden. Zum anderen besteht die Möglichkeit, Viskositätswerte nach definierten Ruhe- bzw. Belastungsphasen zueinander ins Verhältnis zu setzen (Kap. 4.3.2.2.1 e, S. 79) [100, 173].

3 Forschungshypothese

Die Beantwortung der in Kapitel 1 im Zusammenhang mit den aufgestellten Zielen formulierten Fragestellungen setzt eine grundsätzliche Vorstellung über die Zusammenhänge des bearbeiteten Feldes voraus. Auf diese Weise können vorab effektive Ansatzpunkte für eine Klärung der aufgeworfenen Problematiken definiert werden, die dann den weiteren Verlauf der wissenschaftlichen Forschung leiten helfen. Neben einem Studium der bestehenden Literatur wurden, um dieses grundlegende Materialverständnis zu erlangen, noch vor den im Kapitel 4 beschriebenen Versuchsreihen viele, auch fehlgegangene Versuche durchgeführt, deren vollständige Beschreibung aber nicht Gegenstand dieser Arbeit sein kann. Im Folgenden sollen, auf Grundlage des über das Literaturstudium und durch die empirischen Vorversuche gebildeten Materialverständnisses, Forschungs- bzw. Arbeitshypothesen abgeleitet und wichtige, messbare Materialparameter definiert werden.

In Bezug auf die dieser Forschung in erster Linie zugrunde liegenden, bautechnischen Verwendung von mineralisiertem Schaum als Dämmmaterial (Kapitel 1.1, S. 1) kann man zunächst von den Eigenschaften des erhärteten Materials ausgehen; primär sind dies die Wärmeleitfähigkeit, die Trockenrohdichte sowie die verschiedenen mechanischen Charakteristiken des Materials[79]. Darüber hinaus sind die feuchtetechnischen Eigenschaften für eine Materialbeschreibung zu berücksichtigen; diese sind jedoch oftmals nicht unmittelbar messbar. Alle genannten Eigenschaften stehen dabei stets in engem Zusammenhang zueinander und bedingen sich gegenseitig.

Die eigentlichen über die anfangs formulierte Problemstellung (Kap. 1.1, S. 1) aufgeworfenen Fragen haben jedoch in den Eigenschaften des mineralischen, nicht erhärteten Schaums ihren Ursprung. So ist eine gewisse Systemrobustheit u. a. unbedingte Voraussetzung für eine bautechnische Verwendbarkeit des Materials. Wie in Kapitel 2.2 (S. 17) dargelegt, ist die Haltbarkeit von Schaum stark von den Eigenschaften der kontinuierlichen Phase abhängig. Somit ist die Robustheit des Gesamtsystems auch bestimmend für die endgültige Struktur des mineralisierten Schaumes.

---

79 Prüfbar sind beim vorliegenden Material sicher in erster Linie die Druck- oder Biegezugfestigkeit und die Schwindneigung. Jedoch kann insbesondere im Zusammenhang einer industriellen Produktion auch an Werte wie Abmehlneigung oder Kantenfestigkeit gedacht werden. Weitere Ausführungen dazu finden sich insbesondere in Kapitel 5.1.1.

Im Kapitel 2.1.3 (S.16) wurde der hinlänglich bekannte Zusammenhang zwischen Rohdichte und Wärmeleitfähigkeit eines Stoffes nochmals speziell für den mineralisierten Schaum aufgezeigt. Zwar hat mit abnehmender Rohdichte deren weitere Reduzierung immer weniger Auswirkungen auf eine mögliche Minimierung der Wärmeleitfähigkeit, jedoch kann für einen begrenzten Rohdichtebereich durchaus eine lineare Beziehung angenommen werden (Abb. 23), vor allem wenn der Einfluss der Ausgleichsfeuchte vernachlässigt wird. Dieser lineare Zusammenhang gilt auch für die Druckfestigkeit in Abhängigkeit der Rohdichte, immer eine geschlossene Schaumstruktur und damit Minimalrohdichte vorausgesetzt[80].

In Kapitel 2.2.3 (S. 23) wurde gezeigt, dass die Konsistenz der kontinuierlichen Phase entscheidend für die Stabilität von Schaum und somit für dessen zeitlich veränderliche Struktur ist[81]. In Bezug auf mineralisierten Schaum, der zu einem gewissen Zeitpunkt seine Struktur nicht weiter ändert, kann von einer Systemrobustheit gesprochen werden. Diese ist keine zahlenmäßig bezifferbare, sondern eine qualitative Eigenschaft des Schaumsystems. Diese systemische Deutung der genannten Zusammenhänge ist hier angemessen, da neben der Konsistenz der kontinuierlichen Phase die äußeren Randbedingungen wie Temperatur oder Kontaktmaterial ebenso die instationäre Struktur von mineralischem Schaum beeinflussen. Folglich ist die Robustheit des mineralischen Schaumsystems auch vom Abbindeverhalten der kontinuierlichen Phase, also von der zeitlichen Veränderung deren Konsistenz abhängig. Daneben wird die Schaumstruktur, als Anfangsbedingung für die zeitliche Veränderung, vom Anteil der diskontinuierlichen Phase, und somit von der Schaumrohdichte, also der wirkenden Schwerkraft bestimmt (Kap. 2.2.1, S. 20 ff.).

Im Zusammenhang mit der Abbindegeschwindigkeit kann von einem diskreten Zeitpunkt ausgegangen werden, an dem die kontinuierliche Phase die Grenzviskosität erreicht, die eine weitere Strukturänderung verhindert. Die Porosität bzw. Rohdichte des mineralischen bzw. mineralisierten Schaumes bleibt in einem geschlossenen System konstant. Die Abbindegeschwindigkeit und die Porosität (s. o.) beeinflussen die Systemrobustheit, beide Werte haben in Schaumsystemen ein Minimum. So kann der Zeitpunkt für das Erreichen der Grenzviskosität schon aus verfahrenstechnischen Gründen nicht vor dem Untermischen, geschweige denn vor der eigentlichen Schaumproduktion liegen[82] (Mindestrohdichte siehe Abb. 23). Aufgrund der diskreten Natur der ebenen beschriebenen

---

80 Speziell dazu mehr in Kap. 5.2.2.1 (S. 124).
81 Die Eigenschaften des wässrigen Schaumes und des Bindemittelleimes haben nur in sehr begrenztem Maße (Kap. 5.1.1.1, S. 109) Auswirkungen auf die Konsistenz des mineralischen Schaumes [7, 200]. Das Fließverhalten des mineralischen Schaumes kann mit den klassischen Methoden zur Bestimmung der Frischbetonkonsistenz charakterisiert werden [25, 201, 202]. Im Allgemeinen kann dieses jedoch als fließfähig und im übertragenen Sinne als selbstverdichtend bezeichnet werden [7, 16, 99].

Faktoren wird im vorliegenden Zusammenhang eine lineare Abhängigkeit hypothetisiert (Abb. 24).

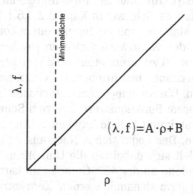

Abb. 23: Angenommene, vereinfachte, lineare Abhängigkeit der Wärmeleitfähigkeit bzw. der Druckfestigkeit von der Rohdichte mineralisierten Schaums.

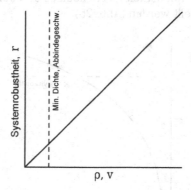

Abb. 24: Angenommene, vereinfachte, lineare Abhängigkeit der Robustheit des mineralischen Schaumsystems von der Rohdichte bzw. Abbindegeschwindigkeit der kontinuierlichen Phase.

Direkt oder implizit lässt sich aus den beschriebenen Überlegungen damit auch eine Abhängigkeit der Wärmeleitfähigkeit von der Systemrobustheit ableiten (vgl. Abb. 23 und 24).

---

82 Dem liegt entsprechend die Vorstellung zugrunde, dass ein Bindemittelleim während des Untermischens unter den Schaum leicht verteilbar sein sollte, aber im Anschluss daran im ruhenden Zustand, den aufsteigenden Gasblasen und der die Drainage verursachenden Schwerkraft einen möglichst großen Widerstand entgegen setzten sollte.

Im Gegensatz zu den Faktoren der Rohdichte oder dem Zeitpunkt des Erreichens einer bestimmten Konsistenz ist der Zusammenhang zwischen der zeitlich veränderlichen Schaumstruktur und der Bindemittelleimviskosität ein dynamischer Vorgang. So handelt es sich, wie in Kapitel 2.4.6.1.1 b (S. 48) dargestellt, bei der Viskosität eines Materials mitnichten um einen konstanten, direkt ermittelbaren Zahlenwert. In den Naturwissenschaften werden natürliche Vorgänge, deren Änderung proportional zu ihrem Momentanwert ist, häufig mit reellen natürlichen Exponentialfunktionen beschrieben. Dies trifft auf zahlreiche Arten von Wachstum und Zerfall zu. Die Steigung einer natürlichen Exponentialfunktion ist in jedem Punkt gleich ihrem Funktionswert. In ihrem Schnittpunkt mit der Ordinate (x = 1) hat sie die Steigung 1. Jede Exponentialfunktion lässt sich auch als Logarithmus ausdrücken. Der Logarithmus Naturalis ist die Logarithmusfunktion zur Basis e. Es handelt sich dabei um die Umkehrfunktion der Exponentialfunktion, also die Spiegelung an der 45 °-Geraden im kartesischen Koordinatensystem [203]. In der Thermodynamik werden Konzentrationsphänomene, Adsorptionsverläufe [204] sowie im Allgemeinen Zustandsänderung [205] mit natürlichen Logarithmusfunktionen beschrieben[83]. Auch im vorliegenden Fall kann zwischen Stabilität oder Robustheit des Schaumes und der Viskosität ein solcher Zusammenhang unterstellt werden (Abb. 25).

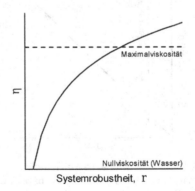

Abb. 25: Angenommene. vereinfachte, exponentielle Abhängigkeit der Robustheit des mineralischen Schaumsystems von der Viskosität der kontinuierlichen Phase.

Der momentane strukturelle Zustand bedingt, in Abhängigkeit der Viskosität der kontinuierlichen Phase, den weiteren Verlauf der Zustandsänderung. Die Systemrobustheit von Schaum r bei einer kontinuierlichen Phase mit der Viskosität von Wasser ist 1. Ab einer maximalen Viskosität ist eine Schaumherstellung nicht mehr möglich (Abb. 25).

---

83   Auch sind Zerfallsprozesse wie der radioaktive Zerfall oder der Zerfall von Schäumen geradezu klassische Beispiele der Physik für exponentiell verlaufende Prozesse [87].

Führt man die beschriebenen Einzelhypothesen zusammen, lässt sich eine Abhängigkeit zwischen den am Anfang des Kapitels erwähnten Eigenschaften also der Wärmeleitfähigkeit sowie der Festigkeit des mineralisierten Schaumes und der Viskosität der kontinuierlichen Phase herstellen (Abb. 26). Dies erscheint plausibel, wenn beide erstgenannten Charakteristiken von der teils durch die Viskosität bestimmten instationären Schaumstruktur beeinflusst werden (Kap. 2.1.3, S. 16). Die minimale Rohdichte bzw. Festigkeit (Abb. 26) kann von der Mindestrohdichte in Abbildung 23 abgeleitet werden; gleichzeitig ist sie von der Viskosität der kontinuierlichen Phase (Abb. 25) und somit von deren Abbindegeschwindigkeit (Abb. 24) abhängig.

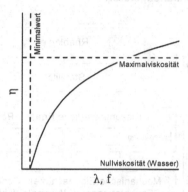

Abb. 26:   Angenommene, vereinfachte, exponentielle Abhängigkeit der Wärmeleitfähigkeit oder Festigkeit von der Viskosität der kontinuierlichen Phase.

Im vorliegenden Kapitel wurden mathematische Zusammenhänge zwischen den Eigenschaften der kontinuierlichen Phase von mineralischem Schaum sowie den Charakteristiken des mineralischen Schaums und des mineralisierten Schaums hergestellt. Zwischen Wärmeleitfähigkeit und Druckfestigkeit von mineralisiertem Schaum wurde für einen jeweils begrenzten Rohdichtebereich eine lineare Abhängigkeit hypothetisiert (Abb. 23), ebenso zwischen der Robustheit des mineralischen Schaumsystems und der Rohdichte sowie Abbindegeschwindigkeit der kontinuierlichen Phase (Abb. 24). Um den Einfluss der Viskosität der kontinuierlichen Phase auf die Robustheit zu beschreiben, wurde hingegen ein logarithmischer Ansatz gewählt (Abb. 25). Aus den genannten drei Grundhypothesen konnte daraufhin eine logarithmische Abhängigkeit zwischen der Wärmeleitfähigkeit oder Festigkeit[84] des mineralisierten Schaumes und der

---

84   Wärmeleitfähigkeit und Festigkeit können hier als stellvertretend für die mechanischen und bauphysikalischen Eigenschaften von mineralisiertem Schaum angesehen werden.

Viskosität der kontinuierlichen Phase des mineralischen Schaumes abgeleitet werden (Abb. 26).

Aus den aufgestellten Hypothesen wird für die vorliegende Arbeit der Forschungsansatz entwickelt. Demgemäß wird das Hauptaugenmerk auf die Untersuchung der zeitlich veränderlichen Schaumstruktur in Abhängigkeit der Rheologie der kontinuierlichen Phase gelegt. Entsprechend ist die instationäre Struktur von mineralischem bzw. mineralisiertem[85] Schaum im Fokus der wissenschaftlichen Untersuchungen.

Qualitativ sind die dargestellten Eigenschaften und Zusammenhänge noch einmal in Abbildung 27 zusammengefasst.

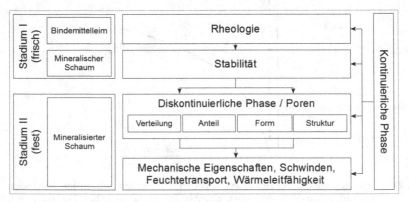

Abb. 27: Materialtechnologisches Modell „Leichter mineralisierter Schaum".

---

85 Der mineralisierte Schaum repräsentiert abhängig des Erhärtungsverhaltens des verwendeten Leimes jeweils den Zustand des mineralischen Schaumes zu einem bestimmten Zeitpunkt (Kap. 5.3, S. 129).

4 Methoden

Das folgende Kapitel ist dem gewählten Herstellungsprozess entsprechend gegliedert. So wird zunächst der rechnerische Entwurf für die Zusammensetzung des mineralischen bzw. mineralisierten Schaumes erläutert (Kap. 4.1). Daraufhin geht der Text auf die eingesetzten Inhaltsstoffe und die Herstellungsmethodik selbst ein (Kap. 4.2, S. 59). Infolgedessen werden im Detail die durchgeführten Untersuchungen beschrieben (Kap. 4.3, S. 73). Die Untergliederung erfolgt hier nach den verschiedenen Zustandsstadien, die das Material während seiner Herstellung durchläuft (Abb. 36, S. 71). Dabei wird zunächst kein Unterschied zwischen den für die behandelten Forschungsfragen zentralen Versuchen und dem in erster Linie begleitendem Versuchsprogramm gemacht.

4.1 Rechnerischer Entwurf

Als Ausgangspunkt für eine experimentelle Untersuchung von leichten mineralisierten Schäumen bietet sich zuallererst die mathematische Beschreibung eines Mischungsentwurfes an. Ziel ist es auf Grundlage der oben postulierten werkstofftechnologischen Zusammenhänge für die vorliegende Forschung ein einfaches, schnelles und dabei gleichzeitig ausreichend präzises Rechenwerkzeug zu etablieren. Ungeachtet etwaiger Abweichungen zwischen theoretisch berechneten und tatsächlichen Stoffeigenschaften sollen so, basierend auf vom angestrebten Verwendungszweck abhängigen Entwurfsparametern, die Eingangsgrößen einer Mischung abgeschätzt werden können.

Ausgehend von einer Zieltrockenrohdichte, die u. a. etwa für die Wärmeleitfähigkeit des Materials primär entscheidend ist (Kap. 2.1, S. 11), werden die Inhaltsstoffe der mineralischen Schäume berechnet. Während des Berechnungsvorganges werden die verschiedenen Materialrohdichten als konstant angenommen, eingeschlossen die aufgrund der in Kapitel 2.2.1 (S. 18) erläuterten Überlegungen festgelegte Schaumrohdichte. Unabhängig vom tatsächlich gewählten Wasserzementwert wird vorausgesetzt, dass die Trockenrohdichte des mineralisierten Schaums in Abwesenheit von Gesteinskörnungen vor allem von der verwendeten Bindemittel- bzw. Zusatzstoffmenge bestimmt ist. Der Einfluss von etwaigen Porenraumschwankungen aufgrund eines Wasserzementwertes über 0,4 (Kap. 2.3, S. 31) soll hier zunächst vernachlässigt werden. Bei Wasserzementwerten unterhalb dieses Werts muss zusätzlich von einer Deckung des chemischen Wasserbedarfs über den wässrigen Schaum ausgegangen werden, was zu

einer Störung der Schaumstruktur führen kann (Kap. 2.2.3, S. 23). In diesem
Fall wird also stets rechnerisch ein Wasserzementwert von 0,4 in Bezug auf das
tatsächlich chemisch im Bindemittelstein gebundene Wasser und damit auf die
Trockenrohdichte des mineralisierten Schaums angesetzt[86]. Somit berechnet
sich die Summe der einsetzbaren Bindemittel- und Zusatzstoffmenge mit Formel 2.4. Es fällt auf, dass nicht nach dem tatsächlichen chemischen Wasserbin-
dungsvermögen der möglichen Feinststoffe unterschieden wird. Die praktischen
Versuche haben jedoch gezeigt, dass eine weitere Differenzierung weniger zu
exakten Ergebnissen führt, als zu Problemen bei der Mischbarkeit des Leims im
verwendeten Kolloidalmischer (Kap. 4.2.5, S. 67), aufgrund seiner dann zu stei-
fen Konsistenz.

$$m_f = \frac{\rho_{Ziel}}{1 + w/z} \tag{4.1}$$

m_f: Masse der Feinststoffe (Bindemittel und Zusatzstoffe) im mineralisierten Schaum.
ρ_{Ziel}:   Entwurfsparameter Trockenrohdichte.
w/z: Gewählter Wasserzement bzw. -feinstoffwert (rechnerisch meist 0,4).

Mit Kenntnis der Masse des frischen sowie erhärteten Leims lässt sich mithilfe
der zugehörigen Rohdichten das nötige Volumen oder Gewicht wässrigen
Schaums zur Vervollständigung des exemplarischen Kubikmeters einer Stoff-
raumrechnung ermitteln (Formel 4.2).

$$V_F = 1\,m^3 - V_w - V_f \tag{4.2}$$

V_F: Volumen des wässrigen Schaums.
V_w: Volumen des Wassers.
V_f: Volumen des Feinststoffes.

Wird der Wasserzementwert um die im Schaum enthaltene Wassermenge gesenkt, deckt das verwendete Bindemittel, wie bereits erwähnt, seinen physikalischen und später chemischen Wasseranspruch über das Schaumwasser und zerstört unweigerlich zumindest teilweise den Schaum (Kap. 2.2.3, S. 23). Die Sum-
menformel zur Ermittlung des für die Qualität der mineralischen Schäume wichtigen Parameters der Frischrohdichte enthält daher unter anderem das Schaum-
gewicht (Formel 4.3).

$$\rho_{fr} = \sum (m_w, m_f, m_F) \tag{4.3}$$

ρ_{fr}:   Frischrohdichte.
m_w: Masse des Wassers.
m_f: Masse der Feinststoffe im mineralisierten Schaum.
m_F: Masse des wässrigen Schaums.

---

86 Unabhängig davon wurde bei einem Großteil der durchgeführten Versuche ein
    Wasserzementwert von 0,4 verwendet.

4.2 Zusammensetzung und Herstellung

4.2.1 Probenzusammensetzung

Der Entwurf des Versuchsmaterials (Tab. 4) erfolgte mithilfe der im vorangegangenen Kapitel 4.1 beschriebenen Rechenmethode. Als Zielrohdichte ρ_{Ziel} wurden 200 kg/m³ gewählt. Mineralisierte Schäume dieses Raumgewichts lassen
sich einerseits zuverlässig herstellen und weisen andererseits ausreichend sensi-
ble Abhängigkeiten von den gegebenen Randbedingungen auf (vgl. Abb. 27,
S. 56). Dieser Umstand erlaubt es, eine große Bandbreite von Schäumen unterschiedlicher Qualität, unter Berücksichtigung verschiedener Einflüsse und
Wechselwirkungen, zu untersuchen. In den Versuchsreihen wurden, da die Zielrohdichte aufgrund praktischer Gründe und infolge der eben erwähnten Abhängigkeiten nicht immer exakt erreicht werden konnte, mineralisierte Schäume
mit Rohdichten zwischen ca. 160 kg/m³ und 220 kg/m³ hergestellt und untersucht. Wenn sie nicht direkter Gegenstand des jeweiligen Versuches waren, wurden die mineralisierten Schäume ohne Einsatz von Zusatzstoffen und -mitteln[87]
produziert, um deren Einflüsse dann in gesonderten Untersuchungen unabhängig betrachten zu können.

Tab. 4:   Standardmischungsentwurf des mineralisierten Schaums (w/z = 0,4).

	Masse in 1 m³	Volumen in 1 m³
	[kg]	[m³]
Zement	142,9	0,046
Schaum	71,7	0,897
Zugabewasser	57,1	0,057

4.2.2 Zement

Es wurde bei den vorgenommenen Untersuchungen vornehmlich Portlandzement des Typs CEM I 42,5 R[88] eines definierten Zementwerkes verwendet[89]. Der
verwendete Zement weist eine Normfestigkeit von mindestens 42,5 N/mm² nach
28 Tagen bei einer hohen Anfangsfestigkeit auf. Die Rohdichte beträgt dem
Datenblatt zufolge 3100 kg/m³. Innerhalb einer Versuchsreihe wurde besonders
auf die Verwendung von frischen Zementen der gleichen Charge geachtet, da
insbesondere in Bezug auf die rheologischen Eigenschaften des Bindemittelleims das Alter des Zements signifikanten Einfluss hat [207].

---

87 Der Schaumbildner ist von dieser Sichtweise ausgenommen.
88 Zusammensetzung: 95 % bis 100 % Zementklinker und 0 % bis 5 % Nebenbestandtei-
le, darunter sind zur Regelung des Erstarrungs- und Abbindeverhaltens Gips ($CaSO_4$
als Sulfatträger) und Kalk ($Ca(OH)_2$) [206].
89 HeidelbergCement AG, Werk Mainz.

4.2.3 Zusatzstoffe

Alle Mischungen wurden unter Ausschluss von Gesteinskörnung hergestellt. Entsprechend können die Schaumporen in einer modellhaften Vorstellung die Rolle von Gesteinskörnung bis ca. 2 mm übernehmen [57]. Zum Teil wurde der Zement durch die in diesem Kapitel beschriebenen reaktiven und inerten Zusatzstoffe zu gleichen Teilen ersetzt.

Steinkohleflugasche

Steinkohleflugasche ist ein puzzolanischer Zusatzstoff und reagiert in Verbindung mit Wasser und Calciumhydroxid zu wasserunlöslichen Kristallen. Sie wird bei der Steinkohleverbrennung in der elektrischen Rauchgasfilterung gewonnen. Während des Transports im Abgasstrom kühlen die Partikel ab und nehmen die energetisch vorteilhafte Form von Kugeln an (Abb. 28). Die runden und äußerst glatten Flugaschepartikel werden in der klassischen Betontechnologie bevorzugt zur Reduzierung des Wasseranspruchs und zur Verbesserung der Frischbetoneigenschaften verwendet [208]. Laut Produktdatenblatt des eingesetzten Materials[90] liegt der Anteil an reaktionsfähigem Siliziumdioxid bei mindestens 25 % der Masse, die Schüttdichte beträgt 1200 kg/m³, die Kornrohdichte beläuft sich auf 2320 kg/m³.

500x   kV=15 15mm   Steinkohle Flugasche SE ⊢———— 60 µm ————⊣

Abb. 28:   Rasterelektronenmikroskopaufnahme (REM) der verwendeten Steinkohleflugasche [209].

Calciumsilicat

Calciumsilicat ist das wichtigste Klinkermineral in Portlandzementen. Es wird jedoch in der Betontechnologie auch gesondert als Zusatzstoff eingesetzt. Voraussetzung für die Eignung ist die Ausbildung von dichten, verwachsenen Hydratschichten. Die hydraulische Aktivität nimmt mit zunehmender Basizität bzw. dem CaO/SiO_2-Verhältnis zu. Die Ursachen für die unterschiedliche Reaktionsfähig-

---

90   „EFA-Füller HP", BauMineral GmbH, Kraftwerk Heyden (E.ON Kraftwerke GmbH).

keit verschiedener Calciumsilicate sind äußerst vielfältig und nicht vollständig geklärt [144, 210].

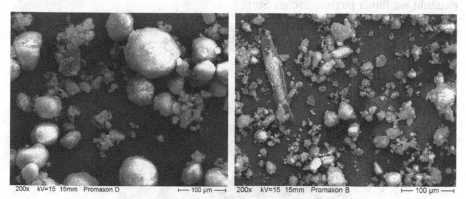

Abb. 29: REM-Aufnahme des eingesetzten Calciumsilicats (links: Promaxon D, rechts: Promaxon B) [209].

Promaxon D ist ein synthetisch hergestelltes Calciumsilicat[91], das im handverdichteten Zustand, von dem angenommen wird, dass er dem Verdichtungszustand im Mischer entspricht, eine „Schüttdichte" von ca. 175 kg/m³ hat. Der Hersteller gibt die Rohdichte mit 85 kg/m³ bis 130 kg/m³ an; die Reindichte liegt bei 2600 kg/m³. Die Partikel sind laut Datenblatt zwischen 35 µm und 85 µm groß und haben eine kugelige Form (Abb. 29, oben, links). Charakteristisch ist der hohle Kern, der von einer äußeren Hülle aus nadelartigen Kristallen umgeben ist. Die Oberflächenausprägung ist dementsprechend rau und besitzt dadurch eine vergrößerte Oberfläche[92]. Der Wasseranspruch liegt zwischen 3,5 l/kg und 4,0 l/kg. Das Produkt Promaxon B weist neben gefüllten kugelartigen Partikeln zusätzlich Teilchen in Stabform auf (Abb. 29, oben, rechts). Die Reindichte des Materials ist nach Hersteller 2600 kg/m³, die Schüttdichte beträgt zwischen 150 kg/m³ und 225 kg/m³. Die Partikel sind um ca. 40 % als das erstgenannte Produkt kleiner.

Kaolin und Metakaolin

Kaolin ist ein natürlich[93] vorkommender besonders reiner ungefärbter Ton; sogenanntes Kaolinit ist der Hauptbestandteil. Darüber hinaus verfügt Kaolin über einen hohen Quarzanteil. Chemisch handelt es sich um ein hydratisiertes Aluminiumsilikat ($Al_2Si_2H_4O_9$) [211]. Amorphes Metakaolin ($Al_2Si_2O_7$) ist durch

---

91 Siliciumdioxid (SiO_2) 49 % der Masse, Calciumoxid (CaO) 42 % der Masse (Herstellerangabe).

92 Spezifische Oberfläche > 40 m²/g (BET-Messung des Herstellers).

93 Endprodukt der Verwitterung von feldspathaltigen Gesteinen.

strukturändernde thermische Behandlung in Luft bei atmosphärischem Druck dehydratisiertes[94] bzw. dehydroxyliertes[95] Kaolinit [58]. Durch die Kalzinierung entsteht ein feiner puzzolanischer Stoff.

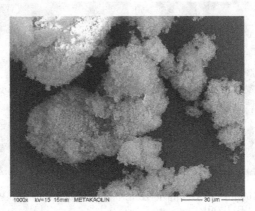

Abb. 30:   REM-Aufnahme des verwendeten Metakaolins [209].

Das verwendete Metakaolin besteht aus ca. 54 % SiO_2 und ca. 41 % Al_2O_3 bezogen auf sein Gewicht und reagiert schnell mit dem $Ca(OH)_2$ der Zemente. Basierend auf dieser Reaktivität sowie der charakteristisch geringen Partikelgröße (Abb. 30) wird es in der Betontechnologie zu ähnlichen Zwecken wie Silikastaub als Füller und künstliches Puzzolan eingesetzt. Die Rohdichte des verwendeten Materials[96] ist laut Produktdatenblatt 2600 kg/m³.

Kalksteinmehl

Kalkstein ($CaCO_3$) ist ein fein gemahlenes weitgehend inertes Gesteinsmehl. Es wird in der klassischen Betontechnologie eingesetzt, um den Mehlkornanteil zu optimieren und so Verbesserungen in Bezug auf die Verarbeitbarkeit[97] sowie durch seine Füllerwirkung ein dichteres Betongefüge zu erreichen. Ein fein abgestimmter Mehlkorngehalt soll höhere Festigkeiten, eine verbesserte Dichtigkeit und längere Beständigkeit des erhärteten Betons ermöglichen [212].

Die Rohdichte des verwendeten Kalksteins[98], aus dem die Produkte SH Easyflow und SH Stoneash hergestellt werden, beträgt 2650 g/cm³ (Abb. 31).

---

94 550 °C bis 600 °C.
95 Bei 900 °C Abspaltung Hydroxylgruppen bestehend aus einem Wasserstoff- und einem Sauerstoffatom funktionelle Gruppe.
96 AS 45, Amberger Kaolinwerke GmbH & Co.
97 Insbesondere zur Optimierung der Sedimentationsstabilität von selbstverdichtenden Betonen (SVB) [27].
98 SH Minerals GmbH, Steinbruch Heidenheim.

Abb. 31: REM-Aufnahme der untersuchten Kalksteinmehle (links: SH Easyflow, rechts: SH Stoneash) [209].

Mikrohohlkugeln

Auf dem Markt werden kleinste Hohlkugeln unterschiedlicher Materialien, Größen bzw. Größenverteilung angeboten. Mikrohohlkugeln aus Glas oder Keramik werden als leichter Füller, für die Verbesserung mechanischer Eigenschaften und zur rheologischen Optimierung von Klebstoffen oder Farben angeboten. Kugeln aus Kunststoff sind zur Steigerung des Frostwiderstandes von Betonbauteilen bauaufsichtlich zugelassen[99].

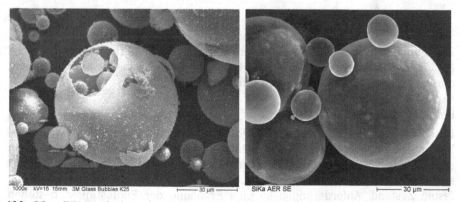

Abb. 32: REM-Aufnahme der verwendeten Mikrohohlkugeln (links: 3M™ Glass Bubbles K25, rechts: Sika Aer Solid) [209].

---

99   ETA-13/0363:13-06.

Die verwendeten Mikrohohlkugeln aus Glas[100] haben laut Hersteller einen durchschnittlichen Durchmesser von 55 μm. Die Rohdichte einer einzelnen Kugel inklusive des umschlossenen Luftraums beträgt 270 kg/m³. Die Druckfestigkeit einer einzelnen Kugel wird mit ca. 5 N/mm² angegeben. Die Kunststoffhohlkugeln[101] bestehen aus Acrilnitrit-Polymer und haben laut Produktblatt, das eingeschlossene Hohlraumvolumen inklusive, eine Rohdichte von 200 kg/m³.

4.2.4 Zusatzmittel

Den Zielen einer leichteren und möglichst zielgerichteten Herstellung sowie optimierten Materialeigenschaften von mineralisiertem Schaum folgend, muss versucht werden, den Einfluss von Zusatzmitteln auf die unterschiedlichen Faktoren des materialtechnologischen Models zu klären (Kap. 3), um sie dann entsprechend zu nutzen. Im Folgenden sind die verwendeten Zusatzmittel tabellarisch aufgelistet (Tab. 5 bis 7).

Tab. 5: Untersuchte Schaumbildner.

Nr.	Name	Kurzbezeichnung	Hauptwirkstoff
SB1*	NEOPOR 600	NEO	Proteinhydrolysat
SB2	MasterCell 285	MC	synthetische Tenside
SB3	Sika SB 2	SSB	organische Tenside
SB4	Reniment SB 31L	RSB	Proteinhydrolysat

* Der standardmäßig verwendete Schaumbildner der Firma Neopor (Nürtingen) wurde mit 2,5 % des Schaumwassers dosiert.

Schaumbildner

Zur Funktionsweise und Spezifikation von Schaumbildnern siehe Kapitel 2.2 (S. 17) und insbesondere Kapitel 2.2.4 (S. 29). Tabelle 5 bietet eine Übersicht der in der vorliegenden Arbeit verwendeten Schaumbildner.

Beschleuniger

Beschleuniger werden nach DIN EN 934-2 in Erstarrungsbeschleuniger und Erhärtungsbeschleuniger unterteilt. Beim den im vorliegenden Zusammenhang ausschließlich eingesetzten Erstarrungsbeschleunigern[102] (Tab. 6) verringert sich die Zeit von Beginn des Übergangs der Mischung vom plastischen in den festen Zustand. Anforderungen an eine Erhöhung der Endfestigkeit bestehen nicht. Die Wirkung von Beschleunigern ist neben ihrer Zusammensetzung von der Zementart und der Betontemperatur abhängig [55, 212].

---

100 3M™Glass Bubbles K25, 3M Deutschland GmbH, Neuss.
101 Sika Aer Solid, Sika Deutschland GmbH, Leimen.
102 Sie wirken meist durch eine beschleunigte Aluminat- bzw. C_3A-Reaktion, indem die Ruhephase für die Aluminatreaktion überbrückt wird [133].

Tab. 6:   Untersuchte Beschleuniger.

Nr.	Name	Kurzbezeichnung	Hauptwirkstoff	Empfohlene Dosierung (bez. auf Zement)
BE1	Master X-Seed 100	MXS	Synthetische Calcium-Silikat-Hydrat-Kristalle	2,0 % – 5,0 %
BE2	SikaRapid C-100	SRC	Nitrathaltige Calcium-Silikatlösung	1,0 % – 4,0 %
BE3	Daraset 304	DS	Formiat	0,2 % – 3,8 %

In der klassischen Betontechnologie soll durch Beschleuniger unter Inkaufnahme einer verkürzten Verarbeitbarkeitszeit über eine beschleunigte Reaktion der Hydratphasen eine höhere Anfangs- bzw. Frühfestigkeit erreicht werden, die ein früheres Ausschalen erlaubt. Es gilt, wie für fast alle Aspekte der Zementhydratation, auch hier, dass die genauen Abläufe der chemischen Reaktionen, die zu der induzierten Beschleunigung führen, nicht vollständig bekannt sind. Die wohl jedoch wichtigsten Faktoren für den beschleunigten Reaktionsablauf sind die Erhöhung der Konzentrationen der Ionen Ca^{2+}, Al^{3+}, OH^- und SO^{4-}, bis zu einem früheren Übergang von der dormanten Phase in die Accelerationsphase (Kap. 2.3.1.1.1 b, S. 32). So ist eine vorgezogene Kristallisation der Hydratphasen möglich. Durch eine höhere Löslichkeit von Gips, Kalk und C_3A die Ettringit- und CSH-Phasenbildung beschleunigt. Häufig verwendete Wirkstoffe sind Alkalimetallsilicate, Pottasche, Soda, Aluminiumsulfate, Natrium- und Kaliumaluminate und -formiate [134].

Fließmittel

Fließmittel wird Beton zugesetzt, um bei relativ niedrigen Wasserzementwerten eine fließfähige Konsistenz und damit eine bessere Verarbeitbarkeit herzustellen. Das Wirkprinzip von Fließmittel beruht meist entweder auf Polykondensaten (PK) oder Polycarboxylatether (PCE) [207]. In den im Rahmen dieser Arbeiten durchgeführten Versuchen wurden die Wechselwirkungen beider Fließmitteltypen mit mineralisiertem Schaum untersucht. Jedoch ist zu berücksichtigen, dass es sich um rein empirische Versuche handelte und dass die meisten kommerziell erhältlichen Fließmittel komplizierte Stoffverbindungen darstellen deren genau Zusammensetzungen von den Herstellern nicht öffentlich gemacht werden [213].

Gebräuchliche Polykondensate sind Melamin- (MFS) und Naphtalinsulfonat (NSF). Dies sind polare Moleküle, die an den positiv geladenen Bereichen der

Zementpartikel bzw. der ersten Hydratationsprodukte adsorbieren. Infolgedessen stoßen sich die Zementpartikel durch diese negative Aufladung elektrostatisch ab. Der so erzielte Dispersionseffekt verhindert für eine Wirkungsspanne von etwa 30 Minuten bis 60 Minuten eine Verzahnung der Zementpartikel, der CSH-Phasen und der Ettringitkristalle. Bei niedrigen Wasserzementwerten < 0,35 haben Polykondensate eine begrenzte Wirkung [134].

Tab. 7:   Untersuchte Fließmittel.

Nr.	Name Zusatzmittel	Kurzbezeichnung	Hauptwirkstoff	Empfohlene Dosierung (bez. auf Zement)
FM1	Polyheed 35	PH	Polykondensat	0,2 % – 3,0 %
FM2	Master Glenium SKY 641	MGS	Polycarboxylatether	0,2 % – 3,0 %
FM3	Glenium SKY 661	GS	Polycarboxylatether ohne Entschäumer	0,2 % – 3,0 %
FM4	Sika ViscoCrete-2610	SVC2	Polycarboxylatether, Ligninsulfonat	0,2 % – 2,8 %
FM5	Sika ViscoCrete-1075	SVC1	Modifizierte Polycarboxylatether	0,2 % – 2,5 %
FM6	Master-Glenium SKY 595	MGS5	Polycarboxylatether	0,2 % – 3,0 %

Fließmittel auf Basis von Polycarboxylatether sind in sehr vielfältigen, je nach Einsatzbedingungen und Zweck angepassten Variationen[103] verfügbar. Zusätzlich zur elektrostatischen Abstoßung tritt bei PCE-Fließmitteln eine sterische Wirkung auf. Diese räumliche Abstoßung beruht auf der Wirkung der Molekülseitenketten als Abstandshalter zu benachbarten Partikeln; ihre Ausprägung ist über deren Länge variierbar. Im Vergleich zu Polykondensaten haben Polycarboxylatether im Allgemeinen eine weniger starke hydratationsverzögernde Wirkung. Aufgrund ihrer niedrigeren Ladungsdichte und der räumlichen Abgrenzung zwischen den Molekülen lagern sie nicht so dicht an der Oberfläche der Zementpartikel an, dass die Diffusion des Wassers und der Ionen in die Zementpartikel weniger gestört ist (Kap. 2.3.1.1.1 b, S. 32). Infolge einer verzögerten Adsorption von Polycarboxylatethermolekülen kann die Wirkspanne dieser Fließmittel bis zu vier Stunden betragen. Durch ihre hohe Wirksamkeit zeigen sie auch bei niedriger Dosierung und sehr geringen Wasserzementwerten < 0,35 gute Verflüssigungseigenschaften [134, 214].

---

103 Die Möglichkeit dazu liegt insbesondere in der variierbaren Anzahl an Seiten und Ladungen sowie der Längen von Haupt- und Seitenketten der Polycarboxylatethermoleküle.

Aufgrund von Kompatibilitätsproblemen ist es bei der Herstellung von minerali-sierten Schäumen und Schaumbetonen nicht üblich wasserzementwertreduzie-rende Zusatzmittel anzuwenden. Unter anderem kann ein Herabsetzen des Wasseranteils häufig zur Instabilität des mineralischen Schaums führen (Kap. 2.2.3, S. 23) [215].

4.2.5 Probenherstellung

In dieser Arbeit erfolgte eine Festlegung auf die getrennte Herstellung eines wässrigen Schaumes, der dann in einem zweiten Schritt unter einen Bindemit-telleim untergehoben wurde. Daraus ergibt sich der methodische Vorteil, dass die unterschiedlichen Komponenten des frischen sowie festen Materialsystems eingehend sowie einzeln untersucht und die Stoffströme gezielt gesteuert wer-den können. Auf diese Weise konnten, im Rahmen der parallel stattfindenden Projektforschung, die aus dieser getrennten Betrachtungsweise erlangten Er-kenntnisse wiederum auf die einzelnen Komponenten eines kontinuierlichen bzw. semikontinuierlichen Herstellungssystems rückübertragen werden [45].

4.2.5.1 Mischvorgang des Leims

Die Herstellung der mineralischen Schäume erfolgte in dem im Labor üblichen Batch-Verfahren. In einem ersten Prozessschritt wurde der Bindemittelleim ge-mischt. Dabei kamen im Rahmen der hier beschriebenen Voruntersuchungen zwei unterschiedliche Labormischer bzw. Mischsysteme zum Einsatz, die sich von den Mischsystemen, die für die Herstellung der mineralischen Schäume ver-wendet wurden, unterscheiden. Dies war nötig, da die Wirksamkeit von Beton- oder Mörtelmischsystemen unter anderem auf der Mischwirkung der zugegebe-nen Zuschlagstoffe basiert.

Zum einen erfolgte das Mischen des Bindemittelleims mit einem modifizierten Chargensuspensionsmischer[104] mit einem Fassungsvermögen von 3 l bis 5 l. Die-ser Mischertyp kommt klassischerweise bei der Herstellung von Bentonitsuspen-sionen zum Einsatz. Durch hohe Scher- und Kavitationskräfte löst kolloidale Mischtechnik das Bindemittel im Wasser bis zur kolloidal-dispersen Größe (ca. 1 μm bis 100 μm) und produziert eine homogene Suspension. Feststoffagglome-rationen werden in der Regel vollständig aufgelöst, die zur Reaktion zur Verfü-

---

104 Typ SC-05-K der Firma MAT (Immenstadt-Seifen). Beim Mischvorgang wird in einer zylindrischen Mischzelle ein Mischwerkzeug aus einem siebähnlichen perforierten Blech mit hoher Drehzahl durch eine die Bindemittelsuspension getrieben. Die durch das rotierende Mischwerkzeug entstehende Zentrifugalkraft drückt die Suspension durch eine spaltförmige Öffnung zwischen Mischerwand und einem über dem Mischwerkzeug angebrachten Ring und dann im Inneren eines sich nach oben weiten-den Kegel weiter nach oben. Im Anschluss daran fällt das Fluid durch eine mittig im erwähnten Ring angebrachte Öffnung wieder zum Mischwerkzeug [216].

gung stehende Bindemitteloberfläche wird maximiert [186, 216]. Die Scherkräfte werden zum einen durch das als Zentrifuge arbeitende Mischwerkzeug eingebracht, das die Flüssigkeit in der Mischzelle nach außen in einen darüber angebrachten Scherspalt drückt; zum anderen ist zur Erhöhung der Scherfläche das Mischwerkzeug selbst perforiert[105].

Abb. 33:   Modifizierter Kolloidalmischer, SC-05-K, MAT (links), angepasstes Werkzeug in der Mischzelle des Mischers (rechts).

Um die angestrebten hohen Feststoffanteile ohne Zusatzmittel weitgehend problemlos verarbeiten zu können, wurde der Originalmotor durch ein Modell mit einer Leistung von 2,2 kW getauscht und das Mischwerkzeug angepasst (Abb. 33). Des Weiteren wurde durch einen Frequenzumrichter die Mischerdrehzahl flexibel regelbar gemacht. Die Umdrehung während vorliegender Versuche wurde mit 1700 U/min gewählt. Die Mischzeiten sind bei hohen Feststoffanteilen stark von den minimal möglichen Zugabezeiten abhängig und betrugen ca. eine Minute. Vor der Zugabe des letzten Drittels der vorgesehenen Menge wurde jeweils etwas Leim abgelassen und dem Mischer von oben wieder zugeführt, um im Ablassstutzen stehendes Wasser mit zu vermischen. Eine Nachmischzeit war nicht vorgesehen.

Alternativ zum Kolloidalmischer kam ein Intensivmischer[106] mit einem Fassungsvermögen von 8 l bis 10 l zur Herstellung des Bindemittelleims zum Einsatz

---

105 Mehr dazu in [186].
106 Typ RV 01 der Firma Eirich (Hardheim). Die Bezeichnung Intensivmischer bedeutet unabhängig vom Mischsystem eine signifikante Steigerung der Antriebsenergie bezogen auf die Masse des Mischgutes, die oft lokal in das durch gesonderte Techniken im Behälter transportierte Mischgut eingebracht wird [186].

(Abb. 34). Der Mischer verfügt über einen rotierenden Mischbehälter, ein exzentrisch angeordnetes Wirbelwerkzeug und einen Abstreifer. Die Drehzahl des Wirblers wurde aufgrund fehlender Gesteinskörnung mit 1200 U/min hoch gewählt[107]; die Drehzahl des Mischbehälters betrug 83 U/min. Die Mischzeit für den Bindemittelleim war in Summe 4 Minuten.

Abb. 34:   Eirich Intensivmischer RV 01 [218].

4.2.5.2 Herstellung des wässrigen Schaums

Im Rahmen von Vorversuchen[108] wurden unterschiedliche Schaumgeneratoren in Kombination mit verschiedenen Schaumbildnern getestet, um eingangs ein möglichst robustes Basissystem zu generieren. Schaumgeneratoren unterscheiden sich in Bezug auf die praktische Anwendung in erster Linie durch ihr Ausstoßvolumen pro Zeiteinheit und die Dichtekonstanz des produzierten Schaums, sowohl während des Produktionsvorganges als auch über längere Produktionspausen hinweg. Es konnte dabei bestätigend festgestellt werden, dass sich mit auf Protein basierende Schaumbildnern ein deutlich länger haltbarer und robuster Schaum sowie damit später mineralische Schäume erzeugen lässt[109]. Synthetische Schäume bergen unter anderem häufig das Problem des Nachschäumens

---

107 Mehr dazu in [217].

108 Eine nähere Beschreibung der gemachten Versuche findet sich in [219].

109 Vermutlich ist der festgestellte hohe Verbreitungsgrad von Tensidschaumbildner in Deutschland zu Anfang der vorliegenden Arbeit auf die längere Haltbarkeit derselben zurückzuführen (mündlich Auskunft eines Mitarbeiters eines deutschen Zusatzmittelherstellers, 2011).

nach dem Einbringen in den Zementleim [2]. Dadurch wird eine zielsichere Herstellung von festgelegten Trockenrohdichten erschwert. Die Gesamtzerfallszeit eines ordnungsgemäß hergestellten wässrigen Proteinschaumes beträgt eigenen Versuchen zufolge an der Luft 5 Stunden bis 6 Stunden. Die Relevanz dieser Werte ist jedoch im hier betrachteten Zusammenhang begrenzt (vgl. Kapitel 2.2.3, S. 23). Die Wahl fiel letztendlich auf eine Systemlösung[110] aus einem Schaumgenerator (Abb. 35) in Kombination mit einem Proteinschaumbildner[111]. Die gewählte Rohdichte des wässrigen Schaums beträgt über alle Versuche dieser Forschungsarbeit 80 kg/m³ und wurde vor jedem Versuch überprüft.

Abb. 35:   Übersicht Schaumgenerator Neopor-MFG [219].

Im verwendeten Schaumgenerator werden Wasser und Schaumbildner mittels Proportionaldosierer in einem wählbaren festen Verhältnis gemischt. Über eine Druckluftleitung wird Luft sowie die zur Schaumbildung nötige Energie in das Flüssigkeitsgemisch eingebracht. Der entstandene Schaum wird im Anschluss durch eine sogenannte Homogenisierungsstrecke geführt, die mit fein strukturiertem Material gefüllt ist (vgl. Kapitel 2.2.2, S. 22). Am Auslass des Geräts befindet sich ein mehrere Meter langer Schlauch mit einem Durchmesser von ca. 6 cm. Die volumetrische Dosierung des Schaums erfolgt meist, bei Kenntnis der Durchflussgeschwindigkeit, über einen Zeitgeber. Im vorliegenden Fall wurde jedoch zu diesem Zweck ein im Volumen variables Gefäß befüllt [1, 2, 27]. Alternativ dazu besteht die Möglichkeit der gravimetrischen Messung, bei Kenntnis des spezifischen Gewichts des Schaums.

---

110 Angeboten und vertrieben durch die Firma Neopor (Nürtingen).
111 Fortgesetzte Marktbeobachtungen haben ergeben, dass es, obschon mehrere Anbieter am Markt aktiv sind, nur sehr wenige tatsächliche Hersteller im deutschsprachigen Raum gibt. Dies kann auch das in den eigenen Versuchen beobachtete, sehr ähnliche Verhalten, formal verschiedener Produkte erklären.

4.2.5.3 Mischvorgang des mineralischen Schaums

Aus den zu Anfang dieses Unterkapitels erwähnten methodischen Gründen erfolgte im Rahmen dieser Arbeit eine Festlegung auf die Vorfertigung von wässrigem Schaum, der dann in einem zweiten Schritt mit einem separat hergestellten
Leim vermischt wurde (Abb. 36). Dies bietet den Vorteil das Schaumvolumen sowie auch dessen Porenstruktur überwachen bzw. beurteilen zu können [220].
Daneben ergibt sich die Möglichkeit einer vereinfachten späteren Adaption in einem produktiven Rahmen [50]. Das beschriebene Verfahren wird abgewandelt
auf Baustellen sowohl unter Verwendung eines Freifallmischers als auch in der
Trommel eines Mischfahrzeugs angewendet.

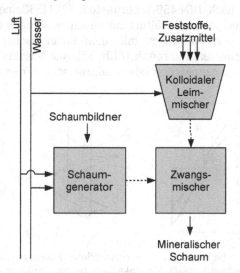

Abb. 36:   Stoffstromskizze des gewählten Mischvorgangs zur Schaummineralisierung[112].

Der Untermischvorgang des Leims in den Schaum erfolgt bei niedriger Drehzahl
über einen Zeitraum zwischen 3 Minuten und 5 Minuten bis zum Erreichen einer
homogenen Mischung. Zunächst wurde der bereits gemischte Leim in den Mi-
scherbehälter gegeben, danach der vorgefertigte Schaum. Größere Schaummen-
gen wurden nach und nach zuzugeben. Besonderes Augenmerk lag stets auf der
exakten Zugabe der vorher errechneten Mengen. Aufgrund der niedrigen Misch-
energien steht hier die genaue Mischzeit nicht im Vordergrund. Um nicht zu viele Makroporen in den Leim einzumischen oder gar den wässrigen Schaum zu
schädigen sollten die Mischzeiten jedoch möglichste kurz und die Umdrehungs-
zahlen so niedrig wie möglich gehalten werden. Für ein möglichst ver-lustfreies

---

112 Weitere Stoffstromskizzen finden sich im Anhang D (S. 231).

Einrühren ist es Voraussetzung, dass die Mischung des Bindemittelleims so weich ist, dass der fertige mineralische Schaum eine fließfähige Konsistenz hat[113] (vgl. auch Kapitel 3, S. 51). Die Herstellung von plastischem oder weichem mineralischen Schaum gelingt nur schwer (vgl. auch Kapitel 5.1.1.1, S. 109) [57, 109].

Im Rahmen der vorliegenden Forschung wurden unterschiedlichste Mischervarianten[114] zum Untermischen des hergestellten Leimes unter den wässrigen Schaum getestet [219]. Durch Wellenmischer konnte dabei jeweils am schnellsten eine homogene Mischung auf die schonendste Art und Weise erreicht werden. Größere Mengen mineralischen Schaums wurden mit einem Einwellen-Zwangsmischer[115] nach DIN 459-1 hergestellt [221]. Kleinere Mischungen erfolgten in einem geeigneten Behältnis mit einem zweiwelligen Rührgerät[116] oder, um die Bedingungen zu verstetigen, mit einem Eimermischer[117] mit zusätzlichem exzentrisch angeordnetem Rührgerät (Abb. 37). Alle Mischer lassen sich in ihrer Drehzahl über Frequenzumrichter oder elektronische Regler stufenlos variieren.

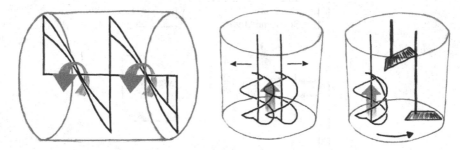

Abb. 37:   Schematische Darstellung der verwendeten Mischsysteme zur Herstellung von mineralischem Schaum. Von links nach rechts: Einwellen-Zwangsmischer, zweiwelliges Rührgerät, Eimermischer.

---

113 Reul (1991) beschreibt die Herstellung von „Schaumbeton" in der gleichen Weise, wie sie in den vorliegenden Versuchen durchgeführt wird. Dabei verwendet er den Vergleich mit dem Unterheben von Eierschaum beim Kuchenbacken. Er beschreibt die Konsistenz des Bindemittelleims bzw. Ausgangsmörtels als erdfeucht [109].
114 U. a. Doppelwellen-Chargenmischer von BHS (Sonthofen), Mörtel Standardmischer für DIN EN 196-1 [190].
115 Firma Elba (Ettlingen).
116 Firma Eibenstock (Eibenstock).
117 Firma THB (Schwallungen). Der Mischer verfügt über auf unterschiedlichen Höhen arretierbare Schaber. Durch die Drehung des Eimers transportieren diese die Suspension vom Boden des Behälters nach oben. Der Schaum wird behutsam untergehoben. Zusätzlich befindet sich an der Innenseite des Eimers ein Abstreifer.

4.2.5.4 Erhärtung des mineralischen Schaums

Das Erhärten von mineralischem Schaum erfolgt, im Gegensatz zu Porenbeton[118], an der Luft unter normalen atmosphärischen Bedingungen. Wie für Leichtbeton üblich, wurde das vorliegende Material mit besonderer Sorgfalt unter Verwendung von Adhäsionsfolie nachbehandelt, da aufgrund seiner geringen Wärmeleitfähigkeit die Gefahr von Spannungsrissbildung erhöht ist.

4.3 Untersuchungsmethoden

Alle in den folgenden Kapiteln beschriebenen Versuche wurden im vollklimatisierten Mörtellabor des Fachgebiets Werkstoffe im Bauwesen der TU Darmstadt durchgeführt. Die Umgebungsbedingungen wurden, falls nicht anders angegeben, während der Dauer der Versuche bei 23 °C und 50 % rel. Feuchte gehalten und rechnergestützt aufgezeichnet [223]. Die Aushärtung und Lagerung der Einzelproben erfolgte in der Regel im abgedeckten Zustand unter den gleichen Klimabedingungen.

Die Untersuchungen folgen einer empirisch-iterativen Logik, die von vornherein, basierend auf theoretischen und praktischen Kenntnissen, unter wissenschaftlichen sowie ingenieurmäßigen Gesichtspunkten, eine möglichst effiziente Versuchsplanung ermöglichen soll. Das Hauptversuchsprogramm war weitestgehende auf die in Kapitel 3 aufgeworfenen Fragestellungen fokussiert, jedoch wurden daneben auch zahlreiche weitere Versuche begleitend durchgeführt. Die aus den Begleitversuchen gewonnen Daten sind zum Großteil ebenfalls in dieser Arbeit wiedergegeben, in erster Linie in Kapitel 5.1 (S. 109 ff.) sowie in den Anhängen (S. 219 ff.).

4.3.1 Untersuchungen an den Ausgangsmaterialien

4.3.1.1 Rohdichte des wässrigen Schaums

Vor jeder Versuchsreihe wurde ein bekanntes Volumen des wässrigen Schaums gravimetrisch vermessen und daraus seine Rohdichte ermittelt. So konnte überprüft werden, ob der Schaumgenerator funktionstüchtig ist und der Wassergehalt des Schaums dem Mischungsentwurf entspricht.

---

118 Dampfgehärteter Porenbeton: Diese Art von Beton, die früher die Bezeichnung Gasbeton trug [222], lässt sich dadurch charakterisieren, dass im Gegensatz zu anderen Betonarten die Erhärtung durch eine Dampfhärtung in Autoklaven stattfindet. Dabei erhält der Porenbeton innerhalb weniger Stunden bis auf den Feuchtegehalt seine endgültigen Eigenschaften [27].

4.3.1.2 Verfahren nach Puntke

Im Verfahren nach PUNTKE [224] wird der Wasseranspruch eines Haufwerks ermittelt und in der Annahme, dass im Laufe des Versuches das Wasser alle Hohlräume in selbigen gefüllt hat, wird daraus die Raumausfüllung hergeleitet. Zunächst wurde zu ca. 50 g eines der untersuchten pulverförmigen Materialien in einem Glasbehältnis schrittweise mit einer Pipette soviel Wasser zugegeben, dass nach händischer Verdichtungsarbeit die Dispersionsoberfläche einigermaßen eben und glänzend war, ohne dass sich ein stehender Flüssigkeitsfilm bildete. Vor und nach der Wasserzugabe wurde die Probe jeweils mit einer Messgenauigkeit von 0,01 g gravimetrisch vermessen. Der Versuch wurde jeweils dreimal durchgeführt und das Ergebnis mit dem niedrigsten Wasseranspruch (Formel 4.5) als maßgebend zur Ermittlung der Haufwerksporigkeit (Formel 4.5) weiterverwendet [224]. Die Versuchsergebnisse sind in Tabelle 2, Anhang B zusammengefasst (S.222).

$$WA_m = \frac{m_{fl}}{m_{Probe}} \tag{4.4}$$

WA_m: Massebezogener Wasseranspruch.
m_{fl}:   Flüssigkeitsmasse.
m_{Probe}:   Probenmasse.

$$\phi_w = \frac{\dfrac{m_{fl}}{\rho_{fl}}}{\dfrac{m_{fl}}{\rho_{fl}} + \dfrac{m_p}{\rho_p}} \tag{4.5}$$

ϕ_w: Wassergefüllter Porenanteil.
ρ_{fl}:   Flüssigkeitsdichte.
ρ_p: Probendichte.

Um durch unterschiedliche Oberflächenspannungen abweichende Ergebnisse zu vermeiden, wird für reaktive und inerte Materialien bei den Versuchen Wasser genutzt. Bei reaktiven Materialien ist die Versuchsdauer auf 15 Minuten begrenzt.

4.3.1.3 Lasergranulometrische Untersuchungen

Zur Charakterisierung der Korngrößenverteilung aller verwendeten Zemente und Zusatzmittel wurden lasergranulometrische Untersuchungen durchgeführt. Mit dem verwendeten Gerät[119] können mithilfe statischer Laserlichtstreuung Partikel zwischen einer Größe zwischen 0,01 µm und 3000 µm klassifiziert werden. Dazu werden mittels gerichteter Bestrahlung von Partikeln erzeugte größenabhängige Streulichtmuster unter Zuhilfenahme der Mie- bzw. Fraunhofer-

---

119 Laser Scattering Particle Size Distribution Analyser LA-950, K.K. Horiba Seisakusho (Kyoto, Japan).

theorie[120] interpretiert [225]. Es wurden ausschließlich Nassmessungen durchgeführt. Entsprechend konnte bei betonchemisch inerten Stoffen Wasser als Dispersionsmedium verwendet werden Für Messung von reaktiven Zusatzstoffen und Zement wurde Ethanol eingesetzt. Um die häufig auftretende Agglomerationsneigung der untersuchten Nanopartikel weitgehend zu überwinden, wurde die jeweilige Dispersion[121] jeweils in Intervallen von einer Minute durch eine integrierte Sonde mit Ultraschall beaufschlagt und anschließend entgast, bis sich die gemessene Partikelgröße nicht weiter verringerte [226]. Der für die Interpretation der Messung benötigte Brechungsindex der untersuchten Materialien wurde mit der Software „Method Expert"[122] berechnet und anschließend im Vergleich mit bekannten Werten auf Plausibilität geprüft (Tab. Anhang B.1).

4.3.1.4 Rasterelektronenmikroskopie

Die in dieser Arbeit abgebildeten Aufnahmen von pulverförmigen Stoffen wurden im Vakuum mittels Rasterelektronenmikroskopie (REM) erstellt[123]. Für die Partikeluntersuchung wurde jeweils eine Probe des zu untersuchenden Stoffes auf einem Probenteller fixiert und anschließend, um eine elektrische Leitfähigkeit herzustellen, unter Vakuum mit einer, auf den Messbildern nicht zu erkennenden, 50 nm bis 70 nm starken Goldschicht besputtert.

4.3.2 Bindemittelleimuntersuchungen

4.3.2.1 Rohdichte und Reindichte

Stichprobenartige Untersuchungen am hergestellten Bindemittelleim haben nur sehr geringe Abweichungen der gemessenen Rohdichte von der rechnerischen Rohdichte ergeben, daher wird auf eine gesonderte Auswertung dieser Werte verzichtet.

Die Reindichte des erhärteten Bindemittelleims kann mit dem Pyknometerverfahren oder Quecksilberporosimetrie bestimmt werden. Angesichts des guten allgemeinen Wissensstandes zu Mikroporen im Zementstein wird hier eine mittlere Reindichte von $\rho_{rein} = 2340$ kg/m³ für den Zementstein von angenommen (Kap. 2.3.2). Die ermittelte mittlere Reindichte der durchgeführten quecksilberporosimetrischen Messungen lag bei 2398 kg/m³ (Kap. 4.3.4.7, S. 90).

---

120 Abhängig vom Größenverhältnis zwischen Wellenlänge und Partikelgröße.
121 Mit Ausnahme der Mikroglashohlkugeln, die an sich nicht zu Agglomeration neigen, diese aber durch Ultraschall hervorgerufen werden kann.
122 Firma K.K. Horiba Seisakusho (Kyoto, Japan).
123 Unter Verwendung des „Zeiss DSM 926 Digital Scanning Microscope" am Fachbereiches Materialwissenschaften der TU Darmstadt.

4.3.2.2 Rheologische Untersuchungen

Am Bindemittelleim wurden, ausgehend von der Standardmischung (Kap. 4.2.1, S. 59), umfangreiche relative rheologische Untersuchungen zur Ermittlung der in Kapitel 2.4 (S. 40) beschriebenen Parameter durchgeführt. Neben einfachen Konsistenzmessungen wurden insbesondere die entsprechenden Kennwerte mithilfe eines Rotationsviskosimeters für die Viskosität, die Fließgrenze und die Thixotropie der Suspensionen über die Ermittlung von Schubspannung und Scherrate hergeleitet[124]. Jedoch bleibt zu berücksichtigen, dass die ermittelten rheologischen Parameter keine Absolutwerte darstellen. Aufgrund der Komplexität des untersuchten Materials und der schwierigen Definition der erweiterten Randbedingungen sind sie zwar reproduzierbar, aber nur qualitativ in ihrer Aussagekraft (vgl. Kapitel 2.4.1, S. 40) [100, 186]. Zur Interpretation der Versuche mit dem Rotationsrheometer wurde im Rahmen der vorliegenden Arbeit das Modell nach Bingham angewandt. Die Verwendung dieser Anpassungsfunktion ist weit verbreitet und kann somit eine gewisse Vergleichbarkeit der Ergebnisse sicherstellen.

a) Rheologische Variationen

Die Variation der rheologischen Eigenschaften erfolgte zunächst auf Basis der Standardmischung (Kap. 4.2.1, S. 59) durch Änderung der Wasserzementwerte zwischen 0,35 und 0,7 in 0,05er Schritten. Darüber hinaus wurden unterschiedliche Fließmitteltypen in verschiedenen niedrig konzentrierten Dosierungen eingesetzt (Kap. 4.2.4, S. 64). Daneben wurde zusätzlich, aufgrund der besonderen Relevanz der zeitlichen Veränderung der Bindemittelleimkonsistenz im hier diskutierten Problemfeld, der Einfluss von Beschleunigern auf die rheologischen Eigenschaften der Bindemittelleimsuspensionen geprüft (Übersicht in Tabelle 8).

---

124 Die verwendeten rheologischen Messprofile finden sich in Anhang A.

b) Einfache Konsistenzmessungen

Zunächst wurden im Zuge der Forschung einfache normierte Messverfahren verwendet, um tendenzielle Zusammenhänge und Phänomenologien zu untersuchen. Zur Prüfung der Konsistenz des Bindemittelleims wurden Versuche in Anlehnung an die DIN EN 1015-3 durchgeführt [227]. Die Norm dient der Prüfung von Frischmörtel mit niedrigen Wasserzementwerten mit steiferen Konsistenten. Der Zementleim wurde sofort nach dem Anmischen auf einem Ausbreittisch mit Stahlplatte durch 15 Hubstöße nach Normenvorgabe ausgebreitet. Daneben wurden mit Leim aus den gleichen Materialchargen in Anlehnung an die DIN EN 445 Marsh-Trichter-Prüfungen durchgeführt [228, 229]. Die Auslaufzeiten wurden für je 1 l Bindemittelleim mit Auslauföffnungen von 8 mm und 11 mm gemessen. Die Werte dienen als relativer Vergleichswert der Fließfähigkeiten verschiedener Mischungen (Tab. 8).

Tab. 8:   Steuer- und Messgrößen in den Untersuchungen zum Leimfließverhalten.

	Steuergrößen		**Messgrößen**	
	Leimrheologie	**Rheometrie**	**Konsistenz**	**Rheometrie**
Mischtechnik	kolloidal			
	intensiv		Ausbreitmaß	
Wasserzementwert	w/z = {0,35; 0,40; …; 0,7}	Drehzahl ↓ Scherrate		Drehmoment ↓ Schubspannung
Zusatzmittel	Fließmittel		Auslaufzeit	
	Beschleuniger			

c) Rheometer und Rheometrie

Für die Ermittlung dezidierter rheologischer Parameter kam ein auf dem Searle-Prinzip [100] basierendes Rotationsviskometer zum Einsatz[125]. Alle Versuche wurden mit dem in DIN 52019-1 beschriebenen Messrotor MV1 und dem dazugehörigen Messbecher durchgeführt (Abb. 22 und 38) [230].

---

125 HAAKE Viskotester 550, Thermo Fisher Scientific (Waltham, Massachusetts, USA) [195].

Abb. 38: Von links: Viskosimeter, Fixiervorrichtung, Messbehälter und Rotor MV1 [194].

Die Auswertung der Messergebnisse erfolgte u. a. mit der Software „Haake Rheowin" in Version 4 [231]. Mithilfe des Geräts und der dazugehörigen Software lässt sich das Fließverhalten des Bindemittelleims als Viskositätsfunktion über drehzahl- und scherratengesteuerte Rotationsversuche darstellen [178]. Die Prüfungen wurden scherratengesteuert[126] den in Anhang A befindlichen Messprofilen[127] zufolge durchgeführt (Tab. 8). Allen Messungen ging zusätzlich, entsprechend den abgebildeten Profilen, eine immer gleiche Vorbelastung voraus. Dies war nötig, da zwar für jede Messung neuer Leim verwendet wurde, jedoch mehrere Messläufe mit der gleichen Leimcharge durchgeführt wurden. Somit ergaben sich trotz möglichst zügig durchgeführter Versuche leicht unterschiedliche Ruhezeiten.

d) Fließgrenze

Da das untersuchte Material eine relativ niedrige Fließgrenze hat, wird dem DIN-Fachbericht 143 folgend, selbige über eine Kurvenanpassungsfunktion der Viskositätsrate nach Bingham ermittelt [196]. Diese Methode birgt zwar einige bekannte Nachteile, kann aber trotz zahlreicher alternativer Methoden für den vorliegenden Zusammenhang angesichts der speziellen rheologischen Eigenschaften von Zement-Wasser-Suspensionen als ausreichend angesehen werden (Kap. 2.4).

---

126 Scherratengesteuerter Versuch, CR-Test (Controlled Rate), Ergebniswerte: Drehzahl → Drehmoment bzw. Schubspannung. Schubspannungsgesteuerter Versuch, CS-Test (Controlled Stress), Ergebniswerte: Drehmoment → Drehzahl bzw. Scherrate.

127 „Als Messprofil wird die Abfolge von einzelnen rheologischen Untersuchungen bezeichnet, die nacheinander an derselben Probe durchgeführt werden. Dabei muss sichergestellt sein, dass sich die einzelnen Untersuchungen [...] so wenig wie möglich untereinander beeinflussen [185]."

e) Instationäres und belastungsabhängiges Fließverhalten

Insbesondere in Bezug auf Dispersionen hat die Thixotropie eines Stoffes große technische Bedeutung. Auch im vorliegenden Zusammenhang gibt es bei der Herstellung des mineralisierten Schaumes verfahrensbedingte Belastungs- sowie Ruhephasen des Bindemittels, die bereits eine relative Bedeutung dieses rheologischen Parameters für die Qualität des Endproduktes nahe legen [173].

Eine einfache Methode zur Ermittlung thixotropen Fließverhaltens ist die Integration der Hysteresefläche zwischen zwei Fließkurven infolge einer linear verlaufenden Scherbelastung und Entlastung. Jedoch bleibt bei diesem Verfahren ein etwaiger Strukturaufbau während einer Ruhephase unberücksichtigt. Diese hier u. a. angewandte Methode ließ wie erwartet jedoch mehr auf die Dispergierungsqualität, als auf das zeitabhängige Fließverhalten schließen (5.3.2.4).

Da klassische Fließkurven nur bedingt zu quantitativen Aussagen bezüglich des instationären und belastungsabhängigen Fleißverhaltens geeignet sind, wurden die Bindemittelleime, den Empfehlungen der DIN SPEC 91143-2 folgend, auch mit einer angepassten Schersprungmethode mit Erholung, bei Vorgabe der Scherrate, untersucht (Profile in Anhang A) [100, 173].

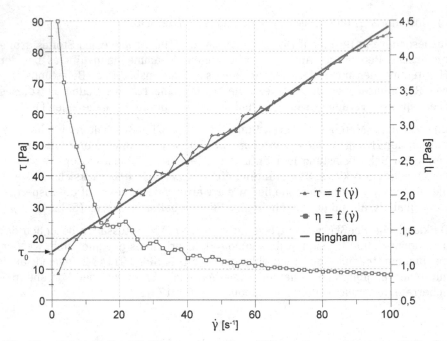

Abb. 39: Beispielhafte Fließkurve einer Zement-Wasser-Suspension (w/z = 0,4), Zusammenhang zwischen Schubspannung τ [Pa] bzw. Viskosität η [Pas] und Schergeschwindigkeit $\dot{\gamma}$ [s^{-1}], Fließgrenze nach Bingham τ_0 [231].

4.3.2.3 Hydratationsentwicklung

Im Rahmen der Forschung wurde neben dem mineralischen Schaum (Kap. 4.3.3.2) auch der Bindemittelleim selbst, unter Berücksichtigung des nicht aufgeschäumten Schaumbildners und des Schaumwassers kalorimetrisch untersucht.

Die Hydratation von Zement lässt sich über die Messung der exothermen Wärmeenergie bestimmen und quantitativ sowie zeitlich auflösen. Die bei der Hydratation erzeugte Wärmemenge ist ein Maß für die Reaktionsintensität und kann Aufschluss über die ablaufenden chemischen Reaktionen geben [139]. Zu deren Erfassung wurde eine zu untersuchende Mischung bestehend aus Zement, Wasser und ggf. Zusatzmitteln sowie Zusatzstoffen in ein isothermes Wärmeflusskalorimeter eingebracht (Kap. 4.2.1, S. 59). Über eine begrenzte Periode wurde die Temperaturentwicklung über die Zeit aufgezeichnet. Gleichzeitig wurde eine inerte Probe mit ähnlicher Wärmekapazität vermessen, um etwaige Umwelteinflüsse und die thermische Reaktion darauf aus der Aufzeichnung der Messprobe rechnerisch zu eliminieren. Die Versuche wurden in Anlehnung an den technischen Bericht FprCEN/TR 16632 des technischen Komitees CEN/TC 51 "Cement and building limes" durchgeführt [138, 232-234].

Da aufgrund der exothermen Natur der Zementhydratation der gemessene Wärmefluss proportional zur Entstehungsgeschwindigkeit der Wärme ist, zeigt ein hoher Wärmefluss auch eine hohe Reaktionsgeschwindigkeit an. Das Integral des Wärmeflusses über den Hydratationszeitraum ergibt die Wärme(energie) infolge der Hydratation. Die Beurteilung der erfassten Reaktionskinetik erfolgt auf Grundlage der Kenntnisse über die Phasen der Hydratation und den charakteristischen Verlauf der Wärmeentwicklung. Der Beginn der endgültigen Verfestigung (engl. „final set") ist vor dem lokalen Maximum zwischen Phase III und IV zu verorten (Abb. 40) (vgl. Kap. 2.3.1, S. 31) [139].

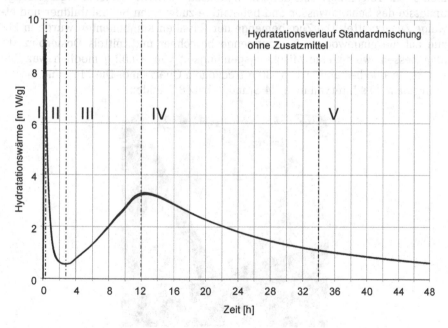

Abb. 40: Exemplarische Darstellung der kalorimetrischen Untersuchungsergebnisse einer Zementleimprobe (Standardmischung ohne Zusatzmittel, Kapitel 4.2.1, S. 59). Schematische Einteilung in die unterschiedlichen Hydratationsphasen (Kap. 2.3.1) [235].

Die Eignung der unterschiedlichen Techniken der kalorimetrischen Untersuchung[128] zur Bestimmung der Festigkeitsbildung von Zementleim ist weitgehende unbestritten. Insbesondere isotherme Kalorimeter verfügen über den Vorteil,

---

128 Adiabatisch, semi-adiabatisch, isotherm.

dass eine Beobachtung des Reaktionsprozesses bei konstanter Temperatur und somit die direkte Messung der Reaktionsenthalpie, unter Ausschluss äußerer Einflüsse, möglich ist. Darüber hinaus zeichnet sich diese Methode durch eine hohe Messgenauigkeit und eine relativ einfache Bedienbarkeit der Messeinrichtungen aus, die den menschlichen Einfluss bei der Prüfung weitestgehend reduzieren hilft [234, 236, 237].

Das aus den genannten Gründen für die Versuche am Bindemittelleim verwendete isotherme Zementkalorimeter erlaubt die Untersuchung eines Probenvolumens von ca. 40 ml (Abb. 41)[129]. Alle Komponenten wurden bei der späteren Prüftemperatur von 20 °C vorkonditioniert. Die Mischung des Leimes erfolgte direkt in der Probenampulle auf einem Probenrüttler nach Einwaage des Zements (ca. 16 g ± 2 g) und der Flüssigkeitszugabe. Die dosierte Wassermenge umfasste das Schaumwasser und beinhaltete zudem den Schaumbildner und etwaige Zusatzmittel. Die Zugabemenge der flüssigen Komponenten wurde in Bezug auf die eingewogene Zementmenge berechnet und mittels Dosierpinzette abgemessen, womit eine Mischungsgenauigkeit von ±0,02 g möglich war. Die Referenzprobe bestand aus ca. 30 g trockenem Quarzsand. Die Messung erfolgte in einem 30 s-Intervall über 24 Stunden bis 48 Stunden.

Abb. 41:   Zementkalorimeter MC-CAL/100P [238].

4.3.2.4 Bindemittelleimtemperatur

Um ein beschleunigtes Abbinden und damit eine Verfälschung der rheologischen Untersuchungen zu vermeiden, wurde bei der Durchführung aller Versuche wurde darauf geachtet, dass die Leimtemperatur bedingt durch den Mischvorgang nicht über 25 °C stieg.

---

129 Gerät MC-CAL/100P der Firma C3 Prozess- und Analysentechnik (Haar) [232].

4.3.3 Untersuchungen am mineralischen Schaum

4.3.3.1 Rohdichte

Als ein Maß der homogenen Verteilung der errechneten Leimmenge im Schaum wurde nach dem Ende des zweiten Mischvorgangs (Kap. 4.2.5, S. 67) die Frischrohdichte des mineralischen Schaumes durch gravimetrische Messung eines bekannten Volumens in Anlehnung an DIN EN 12350-6 ermittelt [239]. Sie ist ein erster Hinweis darauf, ob sich Leim am Boden des Mischbehältnisses abgesetzt hat oder Schaum zerstört wurde.

4.3.3.2 Hydratationsentwicklung und Erhärtung

Analog zum Bindemittelleim wurde auch der mineralische Schaum kalorimetrisch untersucht. Das allgemeine Vorgehen und die Untersuchungsbedingungen diesbezüglich sind in Kapitel 4.3.2.3 (S. 80) dargestellt.

In das verwendete isotherme Zementkalorimeter[130] wurden unter Verwendung der in Kapitel 4.2.4 (S. 64) aufgeführten Zusatzmittel hergestellte mineralische Schäume eingebracht und kalorimetrisch untersucht (Abb. 42). Die Befüllung der max. 125 ml fassenden Probengefäße erfolgte sofort nach Herstellung des mineralischen Schaumes (Messbeginn 5 min bis 10 min nach Wasserzugabe). Je Mischungsvariante wurden zwei Proben parallel gemessen. Als Referenzproben sind drei Aluminiumringe vorgesehen, deren Anzahl nach Probenart variiert werden kann [240, 241]. Darüber hinaus wurden Probekörper aus mineralisiertem Schaum zur Beurteilung der Porenverteilung hergestellt.

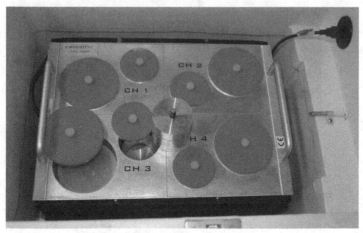

Abb. 42: Zementkalorimeter I-CAL 4000 [242].

130 I-CAL 4000 von Calmetrix nach ASTM C 1702 [240].

4.3.3.3 Zerfall des mineralischen Schaums

Um Anhaltspunkte zum zeitlichen Verlauf des Zerfalls von mineralischem Schaum zu erhalten, wurden entsprechende Versuche ohne Einsatz von Bindemittel und Zusatzstoffen bzw. -mitteln, nur unter Verwendung von inertem Kalksteinmehl (SH easyflow, Kapitel 4.2.3, S. 60) durchgeführt. Im Vordergrund des Versuches stand dabei, den ungefähren Zeitpunkt einer nachhaltigen Zerstörung der Schaumstruktur, sowie des vollständigen Einfalls des mineralischen Schaums festzustellen.

Nach Voruntersuchungen wurde für den Versuch eine Suspension aus Kalksteinmehl aufgrund der rheologischen Ähnlichkeit mit Zementleim, ihrer inerten Eigenschaften sowie ihrer größeren Dichte gegenüber Wasser gewählt [186] (Abb. Anhang C.2). So sollten unter Ausschluss des Einflusses der Zementhydratation die zerfallbehindernden (Kapitel 5.3.2, S. 140) sowie die zerfallbeschleunigenden Eigenschaften (Kap. 2.2.3, S.23) von Zementleim simuliert werden.

Die Herstellung des mineralischen Schaumes erfolgte nach dem in Kapitel 4.2.5 (S. 67) beschriebenen Verfahren. Das Prüfgut wurde anschließend in eine transparente Schalung aus PMMA (50 cm x 50 cm x 10 cm) bis zu einer Höhe von 25 cm eingebracht. Zu Vergleichszwecken wurde zudem gleichzeitig eine Schalung mit wässrigem Schaum auf die gleiche Weise befüllt. Mithilfe zweier Kameras wurden bis 3 Stunden in zehnminütigen, bis 6 Stunden in viertelstündlichen und anschließend in halbstündlichen Intervallen Global- und Nahaufnahmen der Schäume gemacht. Die Bewertung erfolgte auf Grundlage der Einfalltiefe der Gesamtprobe sowie der Porengröße und der Schaumstruktur (Abb. 43).

Abb. 43: Exemplarische Abbildung des Versuchsaufbaus zur vergleichenden Bestimmung des Zerfalls von wässrigem Schaum und mineralischem Schaum ohne Bindemittel.

4.3.4 Untersuchungen am mineralisierten Schaum

4.3.4.1 Trockenrohdichte

Nach dem Aushärten des mineralisierten Schaumes wurde durchgängig die Tro-ckenrohdichte in Anlehnung an DIN EN 1015-10 ermittelt [243]. Um eine Ver-gleichbarkeit zwischen den unterschiedlichen Chargen herzustellen, wurden die untersuchten Proben vor dem Wiegen bis zur Massenkonstanz[131] bei 105 °C ge-trocknet. Dies erfolgte in Anlehnung an DIN EN 1015-11 nach Ablauf von 7 Ta-gen bzw. 28 Tagen [244]. Die Prüfungen erfolgten an den Probekörper, die zur Ermittlung der Wärmeleitfähigkeit hergestellt wurden (Kap. 4.3.4.8). Die Maße der Probekörper wurden individuell aufgenommen und anhand dieser das jewei-lige sogenannte scheinbare Volumen[132] ermitteln.

4.3.4.2 Druckfestigkeitsversuche

Versuchsmethode I

Die Druckfestigkeit der unterschiedlichen erhärteten mineralisierten Schäume wurde im Rahmen der Versuchsmethode I in Anlehnung an DIN EN 1015-11 an Prismen (40 mm · 40 mm · 160 mm) nach 7 Tagen bzw. 28 Tagen geprüft [244]. Die Prüfrichtung war stets orthogonal zur Einfüllrichtung des Schaums. Auf-grund der geringen Abmessungen der Prismen sollte im Normalfall keine Mate-rialheterogenität über die Höhe der Probekörper auftreten.

Versuchsmethode II

Die Probekörper wurden im späteren Herstellerwerk für die Hüllbauteile der „ETA-Fabrik" mit den für die endgültige Produktion vorgesehenen Mitteln gefer-tigt. Die Probennahme erfolgte in Anlehnung an die ETAG 029 Annex A mittels Kernbohrungen über die Höhe verteilt aus den ungestörten Bereichen der Pro-bekörper für die Versuche zur Ermittlung des Auszugswiderstandes [246]. Der Innendurchmesser der Bohrkrone betrug 95 mm (Abb. 44). Es wurde jedoch ne-ben der differierenden Höhe der Probekörper auch immer deren mittlerer Durchmesser vor Durchführung des Druckversuches ermittelt. Die Druckfestig-keit wurde in Anlehnung an die DIN EN 679 nach 7 Tagen bzw. 28 Tagen geprüft [247]. Die Prüfrichtung war stets orthogonal zur Einfüllrichtung des Schaums.

---

131 Zur Ermittlung der Massekonstanz muss die Probe mehrmals nach jeweils mindestens einstündiger Temperaturbelastung gewogen werden. Wenn die Feuchtigkeit um weni-ger als 0,1 % abweicht, gilt die Massenkonstanz als erreicht.

132 Volumen, das unter den experimentellen Testbedingungen durch die äußeren Grenzen einer Substanzmenge bestimmt wird. Dieses Volumen beinhaltet möglicherweise Bla-sen, Poren und Zwischenräume [245].

Abb. 44:   Bohrkerne unterschiedlicher Höhe mit planparallelen Ober- bzw. Unterseiten.

Druckfestigkeitsentwicklung über die Zeit

Um die Entwicklung der Druckfestigkeit des Materials zu untersuchen, wurden Probekörper nach Methode I hergestellt und geprüft (s. oben). Dabei wurden innerhalb einer Charge ausreichend Probekörper hergestellt, um die Druckfestigkeit periodisch über einen längeren Zeitraum zu prüfen. Die Probekörperlagerung erfolgte nach den definierten Standardbedingungen (Einleitung Kapitel 4.3, S. 73).

4.3.4.3 Biegezugversuche

Die Durchführung der Drei-Punkt-Biegezugversuche erfolgte in Anlehnung an die Normen DIN EN 12390-5 mithilfe einer Material-Prüfmaschine mit geregeltem Spindelantrieb[133] an prismatischen Probekörper (40 mm · 40 mm · 160 mm) (Abb. 45) [248]. Die Verwendung dieser im Vergleich hochpräzisen Apparatur wird aufgrund der geringen aufnehmbaren Kräfte des Materials nötig. In Vorversuchen wurde die Vorkraft auf 40 N und eine Spannungszunahme von 0,02 N/(mm² · s) festgelegt. Die mittlere Trockenrohdichte des getesteten Materials betrug 188 kg/m³. Die Biegezugfestigkeit kann mit Formel 4.6 errechnet werden.

$$f_b = \frac{1,5 \cdot F_{Bruch} \cdot l}{b^3} \qquad\qquad (4.6)$$

f_b: Biegezugfestigkeit.
b: Seitenlänge des Prismas.
F_{Bruch}:   Bruchlast.
l: Abstand zwischen den Auflagern.

---

133 Gerät Zwick Z050 THW (F_{max} = 50 kN) von Zwick (Ulm) des Instituts für Statik und Konstruktion an der TU Darmstadt.

Abb. 45: Drei-Punkt-Biegezugversuch in einer Material-Prüfmaschine mit geregeltem Spindelantrieb von Zwick.

4.3.4.4 Schwinden und Rissbildung

In Anlehnung an das von Schleibinger (Buchbach) entwickelte und später in die OENORM B 3329 aufgenommene Versuchsverfahren zur Schwindmessung von mineralischen Baustoffen, wurden langfristige Versuche in den entsprechenden 1000 mm langen und 60 mm breiten Schwindrinnen mit einer Materialfüllhöhe von ca. 40 mm durchgeführt. Die Rinne war zur Verminderung der Wandreibung und der Gewährleistung eines freien Schwindens mit einem Neoprenschaumfließ ausgekleidet. Die Schwindrinne ist einseitig mit einem beweglichen, rollengelagerten Stempel versehen über diesen die Längenänderung des Prüfkörpers auf einen Wegaufnehmer übertragen wird. Auf der gegenüberliegenden Seite ist das Prüfgut über einen darin eingegossenen Anker fest mit der Rinne verbunden (Abb. 46). Die Prüfbedingungen entsprachen dem am Anfang dieses Kapitels auf Seite 73 erwähnten Standardklima [249–251].

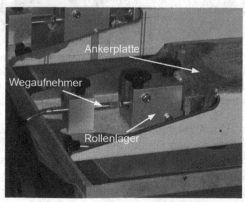

Abb. 46: Messvorrichtung der Schwindrinne nach OENORM B 3329 [249].

Verfahrensbedingt werden alle Schwindvorgänge während des Abbindens sowie das spätere Trocknungsschwinden überlagert gemessen und als Gesamtschwindmaß aufgenommen. Oftmals kommt es während des Schwindens zu einem Bruch des Probekörpers. Dies ist definitionsgemäß ein Hinweis darauf, dass das freie Schwinden, also das Schwinden ohne Zwängung nicht gegeben war. Die so entstandenen Versuchsergebnisse müssen verworfen werden [200].

Neben dem beschriebenen Laborversuch wurde unter Federführung des Verfassers im Rahmen des Forschungsprojektes „ETA-Fabrik" ein Freibewitterungsversuch der für das zu errichtende Industriegebäude vorgesehenen Fassade auf dem Campus Lichtwiese der TU Darmstadt erbaut. Die beiden 3 m hohen und 1,5 m breiten Fassadenteile bestanden aus einer Tragschicht aus Normalbeton und einer Dämmschicht aus mineralisiertem Schaum mit einer Stärke von 25 cm und einer Rohdichte von ca. 300 kg/m³ (Abb. 47).

Abb. 47: Links: In Produktion befindliches Wandelement mit Vernadelung und Auflager für die Fassade. Mitte: Nicht völlig fertiggestellter Fassadenprüfstand des Forschungsprojektes „ETA-Fabrik". Rechts: Horizontalschnitt durch den Prüfstand mit rot vermerkten Messpunkten zur Setzungsaufnahme.

Die Dämmschicht war in Anlehnung an die Zulassung Z-2.2-40 mit sogenannten Mauerankern vernadelt. An den Köpfen der Anker einer der beiden Platten waren Kreuze aus Edelstahl angebracht (ca. 5 cm). Den Abschluss der Anker des zweiten Fassadenelements bildete eine angeknüpfte punktgeschweißte Edelstahlbewehrungsmatte (Materialstärke: 4 mm, Maschenweite: 25 mm). Im Zuge des Versuchs wurde an vier Punkten am Fuß der frei hängenden Dämmschicht fortlaufend deren Setzung gemessen. Zudem konnte nach einer Standzeit von 550 Tagen eine Risskartierung vorgenommen werden. Zwar handelt es sich bei dem beschriebenen Versuch um eine rein empirische Untersuchung, die aber in einem gewissen Rahmen als Evaluation des oben beschriebenen Schwindversuches gelten kann.

4.3.4.5 Porenstruktur

Begleitend zu den rheologischen Untersuchungen an den parametrisch variierten Bindemittelleimen (Kap. 4.3.2.2), wurden diese zur Herstellung von mineralisierten Schäumen verwendet. Um die Auswirkungen der rheologischen Eigenschaften der kontinuierlichen Phase auf die disperse Phase der zementösen Schäume eruieren zu können, wurden prismatische Probekörper (4 cm · 4 cm · 16 cm) hergestellt, im erhärteten Zustand in Längsrichtung mittig aufgeschnitten und unter einem Stereomikroskop und anhand fotografischer Aufnahmen hinsichtlich ihrer Porenform und -verteilung untersucht (Abb. 48).

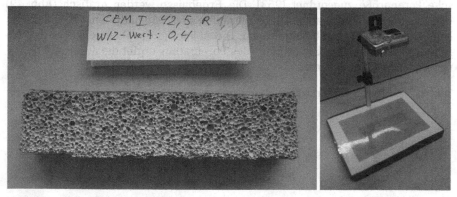

Abb. 48: Links: Mittig aufgeschnittener prismatischer Probekörper aus mineralisiertem Schaum zur Untersuchung der Porenstruktur [15]. Rechts: Haltevorrichtung für kontrollierte fotografische Aufnahmen der Porenstruktur.

4.3.4.6 Porosität

Die Porosität eines Stoffes setzt sich aus offenen und geschlossenen Poren zusammen. Sie ist etwa für die Wärmeleitfähigkeit, die Tragfähigkeit oder den Frost-Tau-Widerstand von entscheidender Bedeutung. Die Gesamtporosität ϕ_t lässt sich mit Formel 4.7 ermitteln [252].

$$\phi_t = 1 - \frac{\rho_{dry}}{\rho_{rein}} \tag{4.7}$$

ϕ_t: Gesamtporosität.

ρ_{dry};   Trockenrohdichte.

ρ_{rein}:   Reindichte, hier ρ_M (theoretische Zementsteindichte).

4.3.4.7 Porenverteilung

Da der hier diskutierte mineralisierte Schaum sich infolge zahlreicher Einflussfaktoren durch eine große Bandbreite verschieden großer Poren in unterschiedlicher Verteilung auszeichnet, kam zur Charakterisierung der Porenverteilung eine Kombination sich ergänzender Techniken zum Einsatz, deren Ergebnisse in Kapitel 5.3.1.3 (S. 133) zusammengeführt werden. Eine erste Größenklassifizierung der Poren erfolgt wie in Tabelle 9 dargestellt.

a) Quecksilberdruckporosimetrie

Die Porengrößenverteilung der Mikro- und Nanoporen mit $r < 100$ mm wurde mit einem Quecksilberdruckporosimeter[134] an bis zur Massenkonstanz getrockneten Proben mineralisierten Schaums durchgeführt. Die Technik basiert auf der druckabhängigen Intrusion evakuierter Poren durch nichtbenetzendes Quecksilber [4]. Unter der vereinfachenden Annahme, dass die Poren des untersuchten Stoffes eine zylindrische Form aufweisen, wird jedem Arbeitsdruck eine spezifische Porengröße zugeordnet [253]. Die Ergebnisse werden grafisch (Abb. 49) und tabellarisch ausgegeben. Die Porenradien sind, wie in diesem Fall üblich, im logarithmischen Maßstab aufgetragen. Die Ableitung der Summenkurve des Porenvolumens nach dem Logarithmus des Porenradius ergibt die differentielle Porengrößenverteilungskurve.

Tab. 9:   Porenklassifizierung nach Durchmesser.

	Klassen i [µm]	
Kleine Poren (kl: $r_i = 0... 55$)	**Mittlere Poren** (mi: $r_i = 50... 250$)	**Große Poren** (gr: $r_i \geq 250$)
0... 5		
5... 10	50... 100	
10... 15		
15... 20	100... 150	
20... 25		$250 \leq$
25... 30	150...200	
30... 35		
35... 45	200... 250	
45... 55		

---

134 Typ Pascal 140 von Thermo Fisher Scientific (Waltham, USA).

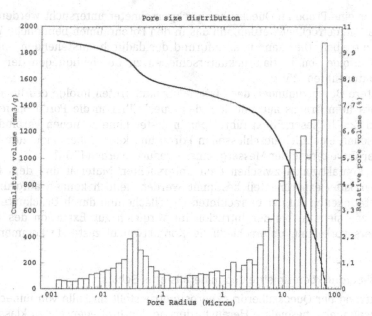

Abb. 49: Typische Ausgabe des Quecksilberdruckporosimeters zur Untersuchung der Mikro- und Nanoporenverteilung von mineralisiertem Schaum.

Grenzen der Quecksilberdruckporosimetrie

Die Ergebnisse, die mithilfe der Quecksilberdruckporosimetrie erlangt werden, bedürfen einer vorsichtigen Interpretation aufgrund der technischen Grenzen dieser Technik [254]. Im Speziellen handelt es sich bei den zu berücksichtigenden Effekten um folgende [139]:

1) Zur geometrischen Beschreibung der Poren wird eine zylindrische Form zugrunde gelegt, die von der Probenoberfläche vollständig zugänglich ist [255]. Diese Annahmen entsprechen nicht den wirklichen Verhältnissen in Zementstein [254].

2) Um in alle offenen Poren des Materials einzudringen, muss das Quecksilber teilweise durch kleinere verbindende Poren gedrückt werden. Diese versteckt liegenden Poren werden also erst gefüllt, wenn der Druck hoch genug ist, das Quecksilber durch die engeren Zugangsporen zu drücken. Dieser sogenannte „Ink-Bottle-Effekt" kann zu einer Überschätzung des feinen Porenraumes auf Kosten des festgestellten Volumens der größeren Poren führen (Abb. 50, rechts), da die erforderliche Quecksilbermenge nicht dem größeren Porenradius, sondern, aufgrund des durch den Flaschenhals größeren Einpressdruckes, dem kleineren Porenradius der Zugangspore zugerechnet wird [139, 253].

3) Bevor eine Probe im Quecksilberdruckporosimeter untersucht werden kann, muss sie getrocknet werden, um das in den Porenräumen befindliche Wasser auszutreiben. Dies kann u. a. aufgrund der dadurch entstehenden Spannungen infolge von Partialdruckunterschieden zu Beschädigungen der Porenstruktur führen [256].

4) Weitere Beschädigungen der Materialstruktur treten infolge des hohen aufgebrachten Drucks auf, mit dem das Quecksilber in die Poren eingebracht wird [257]. Dieser Effekt führt aber in erster Linie zu neuen Verbindungen zwischen eigentlich geschlossenen Poren und kann daher auch zum Vorteil einer Erweiterung der Messergebnisse genutzt werden [256].

5) Der Kontaktwinkel zwischen dem untersuchten Material und dem Quecksilber kann experimentell bestimmt werden. Jedoch können aufgrund von Unstetigkeiten auf der betrachteten Oberfläche und durch Druckunterschiede, wie sie u. a. bei der Intrusion im Vergleich zur Extrusion des Quecksilbers vorkommt, unterschiedliche Kontaktwinkel zustande kommen [258, 259].

Quecksilberdruckporosimetrie und mineralisierter Schaum

Die Nutzung der Quecksilberdruckporosimetrie stellt im Falle von mineralisiertem Schaum eine besondere Herausforderung dar. Im Gegensatz zu klassischen Anwendungsbereichen[135] verfügt das vorliegende Material über eine Vielzahl an Poren, die nicht durch diese Technik erfasst werden können. Wird mineralisierter Schaum in einem Quecksilberdruckporosimeter untersucht, werden Poren größer als 100 µm zuerst gefüllt. Ein Großteil dieser Poren ist weitgehend offen und untereinander durch relativ große Löcher und Risse in den Lamellen verbunden (Abb. 50, rechts)[136]. Diese Porensysteme setzten dem Eindringen des Quecksilbers keinen nennenswerten Widerstand entgegen und werden daher bereits bei Atmosphärendruck gefüllt [6]. Dies führt dazu, dass das betrachtete Probenvolumen V (V = b · h · t, Abb. 50, links) in der Auswertung des Gerätes um das Volumen der Poren größer 100 µm unterschätzt und auf das Volumen V' reduziert wird. Die Poren im Messbereich des Gerätes befinden sich im relativ dichten Zementsteingefüge zwischen den großen Poren und werden in der für die Untersuchungsmethode charakteristische Art gemessen.

Da die Ausgabe des Quecksilberdruckporosimeters ungleich genauer ist als die Ergebniswerte der mikroskopischen Untersuchungen (s. unten), werden die relativen Volumenanteile in 5 µm-Klassen zugeteilt (Tab. 9).

---

135 Porentypen im Zementstein: Gelporen d < 30 nm, Kapillarporen 30 nm < d< 10 µm, Luftporen d > 10 µm.

136 Vgl. auch kapillare Saugfähigkeit Kapitel 4.3.4.9.1 b (S. 103) bzw. Kapitel 5.1.3.2 (S. 120).

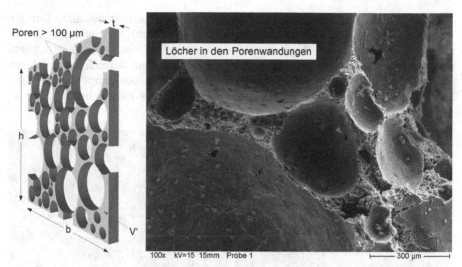

Abb. 50: Links: Schema der charakteristischen Verortung der unterschiedlichen Porengrößen in einer Schichtebene mineralisierten Schaumes. Rechts: Im Vergleich dazu eine REM-Aufnahme des mineralisierten Schaums.

b) Stereomikroskopie

Eingedenk der oben aufgezeigten Grenzen der Quecksilberporosimetrie wird im Allgemeinen eine kombinierte Anwendung mit einer mikroskopischen Untersuchung des interessierenden Materials als ausreichend für eine Porenklassifizierung angesehen [139]. Die visuelle Auswertung der mittleren und großen Poren mittels Stereomikroskopie[137] wurde im vorliegenden Zusammenhang in Anlehnung an DIN EN 480-11 durchgeführt [252]. Auf den Probekörpern wurden zuvor bemaßte Ausschnitte durch das Mikroskop betrachtet. Die in der entsprechenden Auflösung sichtbaren Porenformen wurden an Kreise angenähert und konnten dann durch den dadurch messbaren Porenradius definierten Klassen zugeordnet werden. Bei beschädigten Poren wurde der Porendurchmesser anhand eines vervollständigten Kreisquerschnitts ermittelt (Abb. 51).

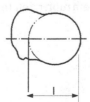

Abb. 51: Bestimmung des Porenradius bei beschädigten Poren, nach [252].

137 Geräte VHX-600 von Keyence (Neu-Isenburg).

Für die mittleren Poren wurde eine 50-fache Vergrößerung gewählt. Der betrachtete Ausschnitt betrug jeweils 16 mm² (4 mm · 4 mm). In Abbildung 52 wird
die Vorgehensweise der Porenauszählung veranschaulicht. Wie zu erkennen,
sind in der abgebildeten Vergrößerung nur Poren, die dem Bereich der mittleren
Poren entsprechen, ausgewählt. Die Auszählung der großen Poren erfolgte analog mit einer 30-fachen Vergrößerung. Die betrachtete Fläche betrug hier jeweils 49 mm² (7 mm · 7 mm) (Abb. 52).

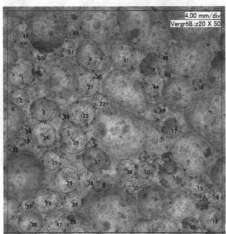

Abb. 52: Beispielhafte Darstellung der   **Abb. 53:** Beispielhafte Darstellung der
Porenauszählung für den mittle-   Porenauszählung für den gro-
ren Porenbereich.   ßen Porenbereich.

c) Rasterelektronenmikroskopie

Die Aufnahmen zur Feststoffanalyse wurde mit einem sogenannten „Environmental Scanning Electron Microscope"[138] durchgeführt. In diesem Fall kann auf
die Aufbringung einer Goldschicht verzichtetet werden, auch werden die Feststoffe bei höheren Drücken untersucht. Zudem war es möglich Feststoffproben
signifikanter Größe in das Gerät einzubringen (ca. 3 cm³ bis 6 cm³).

---

138 Es handelt sich um ein sogenanntes ESEM von FEI (Hillsboro, USA) des Instituts für
Angewandte Geowissenschaften an der TU Darmstadt.

Abb. 54: Rasterelektronenmikroskop des Instituts für Angewandte Geowissenschaften an der TU Darmstadt mit Probe aus mineralisiertem Schaum.

4.3.4.8 Wärmeleitfähigkeit

Wärme wird mithilfe der richtungslosen Zustandsgröße Temperatur beschrieben. Deren Höhe ist ein Maß für die Bewegungsenergie der Teilchen bzw. Moleküle eines Körpers [260]. Der Wärmetransport findet in einem geschlossenen System vom Medium mit höherer Wärmekonzentration zu dem Medium mit niedrigerer Wärmekonzentration bis zum Temperaturgleichgewicht statt. Die Geschwindigkeit der Wärmeübertragung hängt stark von der Größe des herrschenden Temperaturunterschieds ab [261]. Die Wärmeströmung erfolgt vergleichbar elektrischem Strom oder einer Flüssigkeitsströmung aufgrund eines Potenzialgefälles, das durch Unterschiede der Zustandsgröße Temperatur in bzw. zwischen Körpern besteht [262]. Die je Zeiteinheit gerichtet transportierte Wärmemenge bezeichnet man als Wärmestrom, den auf die Flächeneinheit bezogenen Wärmestrom als Wärmestromdichte. Findet die Wärmeleitung im festen Körper im stationären Zustand[139] statt, ist für die Berechnung auftretender Wärmeströme und der Temperaturverteilung nur die Stoffeigenschaft der Wärmeleitfähigkeit der interessierenden Stoffe nötig. Unter instationären Bedingungen beeinflusst die Stoffkonstante Wärmekapazität den Wärmestrom (Formel 4.8 und 4.9) [260].

---

139 Die unterschiedlichen Temperaturfelder sind zeitlich unveränderlich. Das heißt, der Wärmefluss führt nicht zu einer Änderung der den Temperaturgradienten bestimmenden Temperaturniveaus.

$$\dot{q} = -\lambda \cdot \text{grad}(T) \tag{4.8}$$

$$\lambda = \frac{1}{3} \cdot c_p \cdot \rho \cdot v \cdot l \tag{4.9}$$

$\dot{q}$:   Wärmestromdichte.
λ: Wärmeleitfähigkeit.
grad(T): Temperaturgradient.
c_p: spezifische Wärmekapazität.
ρ: Dichte.
v: Teilchengeschwindigkeit.
l: mittlere freie Weglänge der Teilchen.

a)   Wärmetransport in porösen Stoffen

Um die Wärmeleitfähigkeit der im Zusammenhang der vorliegenden Forschungsarbeit hergestellten mineralisierten Schäumen geringer Rohdichten zu untersuchen, wurde das Einplattenverfahren zur Absolutwertmessung angewandt. Bei
den ermittelten Werten handelt es sich jedoch nicht um reine Wärmeleitung,
sondern vielmehr um Kennwerte für eine Mischung aus den unterschiedlichen
Wegen der Wärmeübertragung in porösen Stoffen. Ermittelt wurde also aufgrund der nur angenähert homogenen Eigenschaften des untersuchten Stoffes
eine effektive Wärmeleitfähigkeit [260].

Wärmeleitung

Bei der Wärmeleitung erfolgt in festen Stoffen der Energietransport durch Wechselwirkungen zwischen Atomen und Molekülen, die sich aber selbst nicht bewegen. Die Energie versetzt das atomare Gitter eines Materials in Schwingung um
eine mittlere Lage. Die Energie wird von Stoffteilchen zu Stoffteilchen durch
Stoßprozesse unter der Wirkung eines Temperaturgefälles befördert [260, 263].

Konvektion

Die „Wärmemitführung durch Konvektion" [260] vollzieht sich über einen Stoff-
transport durch Moleküle. Der konvektive Wärmestrom von Gasen oder Fluiden
wird als Wärmeübergang bezeichnet. Die Bewegung erfolgt aufgrund und entlang temperaturinduzierter Dichteunterschiede [261]. Nach der kinetischen Gas-
theorie wird die Wärmeleitung als ein Energietransport durch Aneinanderstoßen
der Gasmoleküle beschrieben. In scheinbar ruhenden Fluiden wird Wärmeenergie durch Moleküle übertragen, die sich je nach vorherrschender Temperatur
mehr oder weniger schnell in ungeordneten Bahnen hin und her bewegen – abhängig von der sogenannten molekularen Wärmeleitfähigkeit dieser Fluide
[260].

Wärmestrahlung

Infolge von Wärme- und Temperaturstrahlung wird durch Austausch elektromagnetischer Wellen[140] Energie zwischen den Oberflächen zweier fester, flüssiger oder gasförmiger Körper übertragen, die sich auf unterschiedlichen Temperaturniveaus befinden. Die Körper dürfen jedoch nur durch strahlungsdurchlässige Medien getrennt sein. Dabei spielt es grundsätzlich keine Rolle, ob es sich um Gas (z. B. Luft) oder transparente Medien (z. B. Glas oder Vakuum) handelt. Elektromagnetische Strahlung ist nicht an stoffliche Träger gebunden. Die übertragene Energiemenge wird in erster Linie durch die Temperatur der am Strahlungsaustausch beteiligten Körper und damit der Wellenlänge der abgegebenen Strahlung bestimmt. Die Temperatur des strahlungsdurchlässigen Mediums hat auf den Strahlungsaustausch durch elektromagnetische Wellen keinen Einfluss [260].

In diesem Zusammenhang ebenfalls von Bedeutung sind die Strahlung-, Absorptions- bzw. Transparenzeigenschaften der beteiligten Oberflächen sowie trennenden transparenten Körpern. Schwarze Körper absorbieren in einem hohen Maß die zugeführte Wärmestrahlung, ein sogenannter weißer Körper dagegen reflektiert im hohen Maße. Transparente Körper lassen dementsprechend die Wärmestrahlung passieren. Reale Materialien sind meist sogenannte graue Körper, deren Eigenschaften eine Mischung aus den eben genannten darstellen. Eine Reflexion von Strahlungsenergie kann gerichtet erfolgen, wenn der Einfallswinkel dem Ausfallswinkel entspricht. Im Falle ungerichteter Ausbreitung von Strahlung spricht man hingegen von diffuser Reflexion [264].

Wärmemitführung durch Flüssigkeitstransport

Die in einem porösen Baustoff gespeicherte Wärmemenge ist im Feststoff, im enthaltenen flüssigen Wasser und Wasserdampf sowie in der Luft verortet. Neben den oben beschriebenen Wärmeübertragungsmechanismen muss auch die Wärmemitführung beim Flüssigkeits- und Dampftransport sowie die bei einer Verdunstung und Kondensation dem Stoff entzogene bzw. zugeführte Wärmemenge berücksichtigt werden. Der Einfluss dieser Effekte steigt proportional bei größeren Ausgleichsfeuchtegehalten sowie bei ausgeprägten Feuchtetransporteigenschaften eines Materials [253, 260].

---

140 Die Wärmeübertragung erfolgt bei Wellenlängen im Ultrarot-Bereich zwischen etwa 0,8 μm und 800 μm. Die übliche unsichtbare Wärmestrahlung im Bauwesen hat eine Wellenlänge von ca 4,3 μm (400 °C).

b) Versuchsdurchführung

Messprinzip

Die DIN EN ISO 10456 [58] legt fest, dass die Messwerte für den Wärmedurchlasswiderstand mithilfe eines Plattengeräts nach ISO 8302 [265] ermittelt werden können. Die vorliegende Prüfung erfolgt nach der DIN EN 12667 [266], die in technischer Hinsicht der ISO 8302 entspricht und die DIN 52612-1 [267] ersetzt.

Bei der Ermittlung des Wärmewiderstandes eines Baustoffes mit dem Einplattengerät wird innerhalb eines Probekörpers, der sich mittig im Gerät im Bereich einer zentralen Messzone befindet, eine gerichtete, konstante und gleichmäßige Wärmestromdichte hergestellt. Der Wärmestrom bewegt sich von einer auf der einen Seite des Probekörpers befindlichen Heizplatte in Richtung einer auf der entgegengesetzten Seite des Probekörpers befindlichen Kühlplatte. Der Wärmestrom wird durch Messung der Leistungsaufnahme der Heiz- bzw. Kühlplatte ermittelt.

Messmittel und Versuchsgerät

Mit dem genutzten Einplatten-Wärmeleitfähigkeitsmessgerät[141] werden gemäß des Einplattenverfahrens Absolutwertmessungen nach [265] bzw. [266] durchgeführt. Die Platten des Gerätes können je nach Messregime auf beliebige Temperaturen zwischen 0 °C und 50 °C eingestellt werden, sodass Wärmeleitfähigkeitsmessungen für mittlere Probentemperaturen im Bereich von 10 °C bis 40 °C bei einer Temperaturdifferenz der Messplatten von 5 K bis 15 K möglich sind [268].

Um die Probe unabhängig von der Umgebungstemperatur messen zu können, wird durch die außen angeordneten, ringförmigen Kühlinstrumente ein Temperaturfeld erzeugt, das im Bereich der Messzone im inneren Bereich des Gerätes unabhängig von der Temperatur der Raumtemperatur eindimensional und stationär ist. Die Temperaturmessung an beiden Probenseiten erfolgt über die gesamte Messfläche. Die Messheizung ist einseitig durch eine Gegenheizplatte thermisch so abgeschirmt werden, sodass die zugeführte Energie nahezu vollständig durch die zu messende Probe strömt [268] (Abb. 55).

Probenvorbereitung

Das Material für die Probekörper wurde der jeweiligen Gesamtcharge entnommen und in spezielle Schalungen gefüllt (Abb. 56), in denen es infolge der Zementhydratation aushärtet. Die Schalungskörper geben den Proben bereits die

---

141 Einplatten-Wärmeleitfähigkeitsmessgerät λ-Meter EP 500, Lambda Meßtechnik GmbH
     (Dresden)

für die Prüfung nötige Form. Dadurch ist kein Schneiden oder Schleifen notwendig, die Planparallelität und die Ebenheit der Oberflächen gemäß [266] sind bereits gegeben und müssen lediglich auf Einhaltung geprüft werden. Nach einer Trocknung bis zur Massenkonstanz bei 105 °C wurde die Probe in Adhäsionsfolie eingeschlagen (Abb. 57), um eine erneute Wasseraufnahme zu unterbinden. In jedem Fall erfolgte die Messung, um Einflüsse der Umgebungsfeuchte zu minimieren, möglichst früh nach der Trocknung der Proben.

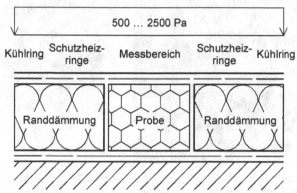

Abb. 55:   Aufbau eines Einplatten-Wärmeleitfähigkeitsmessgeräts im Vertikalschnitt.

Probenmaße und Trockenrohdichten

Die Prüfkörper haben die Abmessung von 150 mm · 150 mm bei einer Höhe von ca. 75 mm. Das verwendete Gerät zur Bestimmung der Wärmeleitfähigkeit erlaubt es Probekörper unterschiedlicher Stärke zu untersuchen[142]. Die untersuchten Probekörperhöhen entsprachen den zulässigen Werten nach. Es wurden Proben mit Trockenrohdichten zwischen 160 kg/m³ und 200 kg/m³ gemessen [266].

Probeneinbau

Unmittelbar vor dem Einbau und nach beendeter Messung wurden die Maße des Probekörpers mittels Messschieber aufgenommen und dieser im Anschluss daran gravimetrisch vermessen [266]. Der Probeneinbau erfolgt genau mittig in das Prüfgerät. Die exakte Ausrichtung wird durch den die Probe umschließenden Schaumstoff mit den Außenmaßen 500 mm · 500 mm unterstützt. Der Probenkörper wird dabei seitlich durch diesen luftspaltfrei dämmend umschlossen (Abb. 58).

Um einen möglichst guten Kontakt zwischen den Messplatten des Gerätes und der Probenoberfläche und damit eine möglichst hohe Messgenauigkeit zu

---

142 d_{min} = 10 mm, d_{max} = 200 mm

gewährleisten, kann am Gerät der Anpressdruck der oberen Platte variiert werden (Abb. 55). Für herkömmliche Dämmstoffe sind Mindestdrücke normativ festgelegt. Im vorliegenden Fall wurde stets ein möglichst hoher Anpressdruck in Abhängigkeit der Stauchhärte des umschließenden Schaumstoffes gewählt.

Abb. 56: Spezialschalung für Prüfkörper mit glatten, planparallelen Oberflächen.

Abb. 57: Luftdicht in Adhäsionsfolien eingeschlagener Probekörper mit seitlicher Verklebung.

Da es sich bei mineralisiertem Schaum im Vergleich zu herkömmlichen Dämmstoffen um ein schwer verformbares Material handelt, werden zusätzlich zur Verhinderung etwaiger Luftspalte aufgrund minimaler Unebenheiten Ausgleichsmatten aus geschlossenzelligem, schaumförmigem Elastomer zwischen die Probe und die Messplatten gelegt, dessen Wärmeleitfähigkeit später rechnerisch berücksichtigt wird (siehe unten).

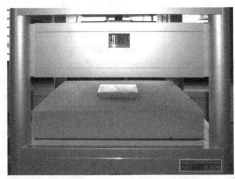

Abb. 58: Noch nicht vollständig eingebaute Proben sowie Seitendämmung.

Prüfbedingungen

Die Einrichtung der Laborbedingungen und die Versuchsdurchführung erfolgte
für diesen Versuch in Anlehnung an DIN EN 1946-2 [269]. Das Messsystem erfordert keine geregelte Messumgebung, jedoch wurde darauf geachtet, während
der Versuche größere Schwankungen der Raumtemperatur zu vermeiden. Die
Messtemperaturen entsprachen den normativen Randbedingungen zur Berechnung eines Bemessungswertes (Tab. 10).

Tab. 10: Randbedingungen für die Angabe des Nennwerts [58].

Eigenschaft	Randbedingungen			
	I (10 °C)		II (23 °C)	
	a)	b)	a)	b)
Referenztemperatur	10 °C	10 °C	23 °C	23 °C
Feuchte	$u_{10,dry}$	$u_{10,50}$	$u_{23,dry}$	$u_{23,50}$

a) u_{dry} ist ein niedriger Feuchtegehalt, der durch Trocknung nach den Spezifikationen oder Normen für den betreffenden
Baustoff erreicht wird.
b) $u_{23,50}$ ist der Feuchtegehalt, der sich im Gleichgewicht bei 23 °C Lufttemperatur und einer relativen Luftfeuchte von 50 %
im Material einstellt.

Die Proben wurden alle in Anlehnung an DIN EN 1015-11 nach Ablauf von 28
Tagen, jeweils im trockenen Zustand geprüft [244]. Im Falle einer kombinierten
Prüfung bei Temperatur von 10 °C, 23 °C und 40 °C wurde nachträglich ein Ein-
zelwert für $\lambda_{10,dry}$ errechnet (Abb. 59).

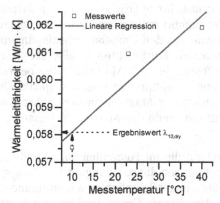

Abb. 59: Beispiel zur Ermittlung eines Einzelwerts für $\lambda_{10,dry}$ aus drei Messwerten bei unterschiedlichen Temperaturen.

Berechnung der Ergebniswerte

Für die Berechnungen zur Ermittlung der Wärmeübertragungseigenschaften sind Mittelwerte der beobachteten stationären Daten zu verwenden [266]. Währenddessen kein Wert auf weniger als drei wertanzeigende Ziffern gerundet werden darf [58]. Dabei erfolgen für Baustoffe mit Wärmeleitfähigkeiten $\lambda \leq 0{,}08$ W / (m · K) Rundungen zum Nennwert der Wärmeleitfähigkeit, als Schätzwert des statistischen Einzelwerts, auf die nächsthöhere dritte Kommastelle.

Aufgrund der Verwendung der Ausgleichsmatten zwischen den Messplatten und dem Probekörper ist der vom Gerät am Ende der Messung ausgegebene Wert nicht zutreffend. Dieser muss mithilfe von Formel (5.3) um die zusätzliche Höhe und den Wärmedurchlasswiderstand der Ausgleichsmatten korrigiert werden.

$$\lambda = \frac{d}{R - \frac{d_{El}}{\lambda_{El}}} \tag{4.10}$$

λ: Gemessene Wärmeleitfähigkeit der Probe.
d: Dicke oder Höhe des Probekörpers.
R: Gemessener Wärmedurchlasswiderstand der Probe.
d_{El}:   Dicke der Ausgleichsmatte.
λ_{El}:   Wärmeleitfähigkeit der Ausgleichsmatte (hier 0,067 W/(m · K)).

4.3.4.9 Feuchtetechnisches Verhalten

Zum feuchttechnischen Verhalten von Materialien gibt die DIN EN ISO 15148 umfängliche Information und darüber hinaus Hinweise auf weiterführende Literatur. Das Dokument grenzt für hygroskopische, kapillarporöse Stoffe drei sich überlagernde Fälle der dampfförmigen und flüssigen Feuchtebewegung ab, die vom Baustoff selbst sowie von den Umgebungsbedingungen abhängig sind. Nur bei sehr geringen relativen Luftfeuchten erfolgt der Feuchtetransport allein durch Wasserdampfdiffusion. Je nach Material treten bei relativen Luftfeuchten bis ca. 95 % gleichzeitig dampfförmige und flüssige Feuchteströme auf. Oberhalb dieses Wertes erfolgt der Massentransport nahezu ausschließlich in der Flüssigphase. Dies tritt ein, wenn das Material in Wasser getaucht oder benetzt wird [270, 271].

Entsprechend beschreiben die im Folgenden dargestellten Versuche sich überlagernde Effekte. Somit können die so erlangten Ergebnisse nicht als absolut angesehen werden, sondern helfen lediglich eine Einordnung des vorliegenden Materials vorzunehmen. Aus diesem Grund sind die durchgeführten Experimente stark an den Normvorgaben orientiert.

a) Restfeuchte

Die Restfeuchte von mineralisiertem Schaum nach Herstellung wurde in Anlehnung an DIN EN ISO 12570 nach 28 Tagen volumenbezogen ermittelt (Formel 4.11) [156].

$$u_v = \frac{(m - m_{dry})/\rho_w}{V_{dry}} \cdot 100 \ [\%] \tag{4.11}$$

u_v:	Volumenbezogener Feuchtegehalt.
m:	Masse bei erreichen der Ausgleichsfeuchte.
m_{dry}:	Masse trocken.
V_{dry}:	Volumen trockene.
ρ_w:	Rohdichte von Wasser.

b) Kapillare Wasseraufnahme

Zur Quantifizierung der Saugfähigkeit des mineralisierten Schaums kam eine an das genormte Verfahren angelehnte Messung der Wasseraufnahme über eine eingetauchte Oberfläche während kurzer Zeitspannen zum Einsatz. Ermittelt wurde der Wasseraufnahmekoeffizient, der zur Beurteilung des Materialverhaltens bei Beregnung fertiggestellter vertikaler Elementflächen oder auch horizontal lagernder Baustoffe dient. Untertauchen oder dauernder Kontakt mit feuchtegesättigten Bereichen sind für den Einbauzustand explizit ausgeschlossen [270].

Vor der Wasserlagerung wurden die Proben bei 105 °C bis zur Massenkonstanz getrocknet. Die im Wasser befindlichen horizontalen Oberflächen, der je drei geprüften Probekörper, waren zwischen 43,5 mm² und 49 mm² groß und frei von materialuntypischen Unregelmäßigkeiten. Die teilweise durch den Schalvorgang geschlossene Deckhaut wurde abgetragen. Die Seitenflächen waren mit Wachs versiegelt, um einen dortigen Wassereintritt zu behindern. Nach 24 h wurde die Massenänderung unterschiedlicher Probekörper bestimmt, deren Unterseite für diesen Zeitraum in Wasserkontakt stand, ohne dabei die Bodenfläche der Prüfwanne zu berühren. Bei den im normativen zeitlichen Abstand durchgeführten gravimetrischen Messungen wurde zunächst das an der Oberfläche haftende, vom Material nicht aufgenommene Wasser mithilfe eines Schwamms entfernt. Die Prüfbedingungen in Bezug auf Umgebungsklima und Wasserspiegel waren den normativen Vorgaben angelehnt [270]. Es wurden zwei weitere Variationen der dieser Arbeit zugrunde liegenden Standardmischung geprüft (Kap. 4.2, S. 59). Dabei wurde der Gewichtsanteil des Zements mit 30 % und 35 % Kalksteinmehl ersetzt.

Die DIN EN ISO 15148 unterscheidet zwei, aus dem Messungen resultierende Kurventypen. Bei Typ A handelt es sich um einen linearen Masseanstieg. Der zur Berechnung des Wasseraufnahmekoeffizienten (Gleichung 4.12) nötige Y-

Achsen-Abschnitt Δm_{f0} kann durch einfaches Ablesen der auf den Nullpunkt extrapolierten Regressionsgerade bestimmt werden.

$$W_w = \frac{\Delta m_{wet}(t) - \Delta m_{wet0}}{\sqrt{t}} \tag{4.12}$$

W_w: Wasseraufnahmekoeffizient.
$\Delta m_{wet}(t)$: Masse des aufgenommenen Wassers bezogen auf die Prüffläche A zum Zeitpunkt t [kg/m²].
Δm_{wet0}:   Schnittpunkt der Regressionsgeraden mit der Abszisse [kg/m²].
t: Prüfzeitpunkt [h].

Ein Sonderfall des Typ A tritt auf, wenn die resultierende anfängliche Gerade einen plötzlichen Abfall in der Steigung aufweist. Dies deutet darauf hin, dass das aufgenommene Wasser im Prüfzeitraum bis an die Oberseite des Probekörpers durchdringt. Der Wasseraufnahmekoeffizient kann dann für ein t < 24 h berechnet werden. Ergebnisgeraden von Typ B weisen hingegen einen nicht linearen „beliebigen" Verlauf auf. Der Wert Δm_{wet0} findet in diesem Fall keine Berücksichtigung bei der Berechnung des Wasseraufnahmekoeffizienten.

c)   Wasserdampfdiffusion

Zur Bestimmung der Wasserdampfdurchlässigkeit[143] von mineralisiertem Schaum wurden Versuche nach DIN EN 12086 durchgeführt [272].

Probekörper

Nach Herstellung und Erhärtung der Probekörper[144] aus mineralisiertem Schaum wurden diese in Gleichgewichtsfeuchte gebracht (Klima: Kap. 4.3, Einleitung). Die Materialproben wurden seitlich in einen Rohrabschnitt luftdicht eingeklebt, sodass die spätere Wasserdampfdiffusion ausschließlich über das Material selbst stattfand.

Messprinzip und Versuchsaufbau

Die Materialprobe wurde in ein mit Trocknungsmittel gefülltes Prüfgefäß so eingebaut, dass es Selbiges vollständig verschloss und mit dem Trocknungsmittel nicht in Kontakt stand. Zu diesem Zweck wurde der präparierte Probekörper auf einem Gefäß gleichen Durchmessers fixiert, welches reines getrocknetes Calciumchlorid enthielt. Normativ bestehen zudem Vorgaben zur erforderlichen Stärke der Salzschicht (hier: > 1,5 cm) sowie der Luftschicht zwischen Salz und Probe (hier: 1,5 cm) (Abb. 60).

---

143 „Die Wasserdampf-Diffusionsstromdichte und der Wasserdampfdiffusionsdurchlasskoeffizient sind abhängig von der Dicke des geprüften Probekörpers, also des Produkts. Für homogene Produkte ist der Wasserdampf-Diffusionsleitkoeffizient eine Stoffeigenschaft [272]."
144 Jeweils 5 Stück, runder Form, Durchmesser 8 cm, Stärke 3,5 cm.

Die Prüfanordnung wird einem kontrollierten Klima ausgesetzt, das eine Wasserdampfteildruckdifferenz zwischen dem Gefäßinnenraum und dem Umgebungsklima erzeugt und infolgedessen eine Wasserdampfdiffusion durch den Probekörper bewirkt. Durch regelmäßige gravimetrische Messungen der Prüfanordnung kann in Abhängigkeit einer Gewichtsänderung die Wasserdampf-Diffusionsstromdichte beim Erreichen des stationären Zustandes bestimmt werden (Formel 4.13).

$$g = \frac{G}{A} \tag{4.13}$$

g: Wasserdampf-Diffusionsstromdichte [mg/(m² · h)].
G: Mittelwert aus den Ergebnissen der gravimetrischen Messungen [mg/h].
A: Freiliegende, gemessene Fläche des Probekörpers (Mittel aus oberer und unterer Fläche) [m²].

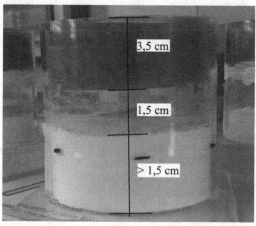

Abb. 60: Prüfanordnung zur späteren Einbringung in ein kontrolliertes Prüfklima zur Bestimmung der Wasserdampfdurchlässigkeit (Oben: Mit Wachs seitlich abgedichtete Probe, Mitte: Geforderter Luftraum mit 0 % rel. F., Unten: Trocknungsmittel).

Prüfbedingungen

Das Trocknungsmittel Calciumchlorid generiert eine relative Luftfeuchte von 0 % innerhalb des Probengefäßes. Die Prüfbedingungen im Klimaschrank wurden zu 23 °C und 50 % rel. F. gewählt. Die Schwankungen, insbesondere infolge der regelmäßig notwendigen Entnahme der Prüfanordnung zur gravimetrischen Messung, betrugen bezüglich der Temperatur max. ± 1 K und bezüglich der Luftfeuchte ± 3 %. Im Prüfzeitraum wurden die Klimabedingungen bei jeder Messung kontrolliert.

Berechnung der Ergebniswerte

Der Wasserdampfdiffusionswiderstand Z ist der Kehrwert des Wasserdampfdiffu-sionsdurchlasskoeffizienten (Formel 4.14). Der Wasserdampfdiffusionsleitkoeffi-zient δ errechnet sich aus dem Produkt des Wasserdampfdiffusionswiderstandes und der Probenstärke. Daraufhin wird der Wasserdampfdiffusionsleitkoeffizient von Luft $δ_L$ mit Letzterem ins Verhältnis gesetzte und die Wasserdampfdiffusi-onswiderstandszahl μ berechnet (Formel 4.15). Der für viele Bemessungen rele-vante spezifische s_d-Wert errechnet sich schließlich aus dem Produkt der Bau-teildicke und der Wasserdampfdiffusionswiderstandszahl.

$$W = \frac{G}{A \cdot \Delta p} \tag{4.14}$$

W: Wasserdampfdiffusionsdurchlasskoeffizient [mg/(m² · h · Pa)].
G: Mittelwert aus den Ergebnissen der gravimetrischen Messungen [mg/h].
A: freiliegende, gemessene Fläche des Probekörpers (arithmetisches Mittel aus oberer und unte-rer Fläche).
Δp: Wasserdampfteildruckdifferenz [Pa], Δp = 1400 Pa bei 23 °C und 50 % rel. F.

$$\mu = \frac{\delta_L}{\delta}, \text{ wobei } \delta_L = \frac{0{,}083}{R_D \cdot T} \cdot \frac{p_0}{p} \cdot \left(\frac{T}{273}\right)^{1{,}81} \tag{4.15}$$

μ: Wasserdampfdiffusionswiderstandszahl.
$δ_L$:   Wasserdampf-Diffusionsleitkoeffizient von Luft [mg/(m²*h*Pa)].
R_D: Gaskonstante von Wasserdampf, $R_D = 462 \cdot 10^{-8}$ Nm/(mg*K).
T: Temperatur in der Prüfkammer [K].
p: Mittlere Luftdruck im Prüfraum [hPa].
p_0:   Normal-Luftdruck $p_0 = 1013{,}25$ hPa.

Tab. 11 enthält eine Übersicht hinsichtlich der Zuordnung der Versuchsergebnisse zu den folgenden Kapiteln.

Tab. 11: Durchgeführte Versuche und Verwendung der erlangten Ergebnisse.

Untersuchungen an den Ausgangsmaterialien	Rohdichte des wässrigen Schaums	Kapitel 5.2.2 Kapitel 5.2.3	S. 124 S, 126
	Verfahren nach Puntke	Anhang B	S. 221
	Lasergranulometrische Untersuchungen	Anhang B	S.221
	Rasterelektronenmikroskopie	Kapitel 5.2.1 Kapitel 6	S. 122 S.159
Bindemittelleimuntersuchungen	Rohdichte und Reindichte	Kapitel 5.2.2 Kapitel 6	S. 124 S. 159
	Rheologische Untersuchungen	Kapitel 5.3.2	S. 140
	Hydratationsentwicklung	Kapitel 5.3.3	S. 147
Untersuchungen am mineralischen Schaum	Rohdichte	Kapitel 5.2.2 Kapitel 6	S. 124 S. 159
	Hydratationsentwicklung und Erhärtung	Kapitel 5.3.3 Anhang C	S. 147 S. 227
	Zerfall des mineralischen Schaums	Kapitel 5.3 Kapitel 6	S. 129 S. 159
Untersuchungen am mineralisierten Schaum	Trockenrohdichte	Kapitel 5.2.2 Kapitel 6	S. 124 S. 159
	Druckfestigkeitsversuche	Kapitel 5.1.1.1	S. 109
	Biegezugversuche	Kapitel 5.1.1.2	S. 113
	Umschlingungsversuch	Anhang B	S. 221
	Schwinden und Rissbildung	Kapitel 5.1.1.3 Kapitel 5.3.3.4	S. 113 S. 155
	Untersuchungen der Poren	Kapitel 5.3	S. 129
	Wärmeleitfähigkeit	Kapitel 5.1.2	S. 117
	Feuchtetechnisches Verhalten	Kapitel 5.1.3	S. 119

5 Material und Evaluation

Im folgenden Kapitel wird zunächst der leichte mineralisierte Schaum auf Basis des begleitenden Versuchsprogramms, unter Einbeziehung weiterer aktueller wissenschaftlicher Erkenntnisse, aus mechanischer und bauphysikalischer Sicht charakterisiert (Kap. 5.1). Die anschließende Evaluation der gewählten Misch- und Verfahrenstechnik bildet die Grundlage für die darauf folgenden Ergebnis- kapitel (Kap. 5.2, S. 122). Wie dargestellt sind die Eigenschaften des flüssigen sowie später festen Schaums zum einen durch die Beschaffenheit seiner konti- nuierlichen Phase und zum anderen durch den Anteil und die Distribution seiner diskontinuierlichen Phase bestimmt (Kap. 2.2). Daher soll im Kapitel 5.3 (S. 129) erörtert werden, inwieweit die Eigenschaften der kontinuierlichen Phase des mi- neralischen Schaums (Stadium I, Abb. 27, Kap. 3, S. 56) Einfluss auf dessen ver- änderlichen Charakteristiken und infolgedessen auf die Beschaffenheit des fes- ten mineralisierten Schaumes haben (Stadium II).

5.1 Materialeigenschaften von mineralisiertem Schaum

5.1.1 Mechanische Eigenschaften

5.1.1.1 Druckfestigkeit

a) Versagen

Das Erstversagen stellte sich stets über eine reine, gleichmäßige Porenstau- chung ein, die es zulässig erscheinen lässt, die Probekörpermaße weitgehend außer Acht zu lassen (Abb.61, links). Die in Abbildung 61 rechts zu sehende Spaltung ist ein zweiter Versagensschritt. Meist tritt der Bruch entlang von Vor- schädigungen durch Schwinden auf.

Im Falle des im semikontinuierlichen Verfahren hergestellten Schaumes, das im Projekt „ETA-Fabrik" zum Einsatz kam (Abb. Anhang D.1, S. 231) waren teilwei- se klare Bruchstellen entlang der Schichtungsgrenzen zu beobachten (Abb. 62). Dies trat umso deutlicher zum Vorschein je weniger Wasser im System vorhan- den war. Entlang dieser Fehlstellen bilden sich infolge von Schwinden naturge- mäß Risse.

Abb. 61:   Links: Typisches Rissbild durch Stauchung des Probekörpers, rechts: Probekörper nach dem endgültigen Versagen.

Abb. 62:   Ausgerundete, mechanisch leicht lösbare Fehlstellen im mineralisierten
Schaum entlang der Schichtgrenzen, hergestellt mit semikontinuierlicher
Mischtechnik.

Die beobachteten Brüche an den Schichtgrenzen des mineralisierten Schaumes
sind auf die Struktur von Schaum zurückzuführen. Teilen sich im Normalfall be-
nachbarte Poren einen Lamellenbereich, kommt diese Verbindung bei geschich-
teten Schäumen, abhängig vom oberflächenaktiven Stoff und der Viskosität des
Bindemittelleims, nur verzögert zustande (Abb. 63). Ähnliche Phänomene können beobachtet werden, wenn beim Einbringen eines mineralisierten Schaums
auf Basis hochviskoser Bindemittel durch etwaige Hindernisse (Bewehrung
o. ä.) das Material „geschnitten" wird (Abb. 64).

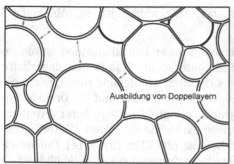

Abb. 63: Schematische Darstellung der Schichtgrenze zwischen zwei Chargen Polyederschaum.

Abb. 64: Schichtbildung durch Bewehrungsnadeln bei mineralischen Schäumen auf Basis von hochviskosen Leimen.

b) Abhängigkeit von der Rohdichte

Die charakteristische Druckfestigkeit ist für eine Rohdichte von 180 kg/m³ 0,12 N/mm² (5 %-Quantil bei 90 % Aussagewahrscheinlichkeit). Zur Berechnung dieses Wertes wurden die in Abbildung 65 eingetragenen Werte entlang der linearen Anpassungsfunktion in die entsprechende Rohdichte parallel verschoben.

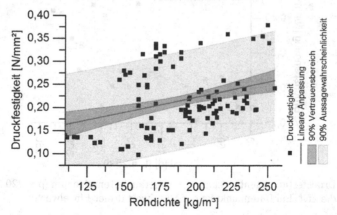

Abb. 65: Verhältnis zwischen Druckfestigkeit und Trockenrohdichte von mineralisiertem Schaum (ca. 100 Einzelwerte).

Der in Abbildung 65 lineare Verlauf gilt nur für abgebildeten Rohdichtebereich von leichtem mineralisierten Schaum. Der globale Zusammenhang über alle darüber liegenden üblichen Rohdichten bis 1600 kg/m³ ist in Abbildung 7 (Kap. 2.1.3, S. 16) nachzuvollziehen.

Der Einfluss der Porenform auf das Versagen unter Druckbelastung wurde im hier beschriebenen Rahmen nicht explizit untersucht. Stabile und dauerhafte leichte mineralisierte Schäume zeichnen sich durch weitgehend runde, leicht polyedrische Poren aus (Kap. 5.3.1, S. 129). Größeren Einfluss auf die Druckfestigkeit haben in diesem Zusammenhang jedoch die gleichmäßige Porenverteilung (Homogenität), die Abgeschlossenheit sowie die Größe der Poren. Weiterführende Überlegungen zu diesem Thema sind bei Just (2008) zu finden [4]. Die Verteilung der Einzelwerte sowie der relativ breite Vertrauensbereich in Abbildung 65 können als Hinweis auf zwei unterschiedliche Versagensarten gedeutet werden, die in den unterschiedlichen Porenformen bzw. -verteilungen begründet liegen könnten.

c) Zeitliche Entwicklung

Die Entwicklung der Druckfestigkeit des mineralisierten Schaums wurde über ca. 1 Jahr periodisch an einer Ausgangsmischung mit einer ungefähren Trockenrohdichte von 220 kg/m³ nach Methode I (Kap.) getestet. Ausgewertet wurde jeweils der Mittelwert der am Prisma ermittelten drei Druckfestigkeitswerte.

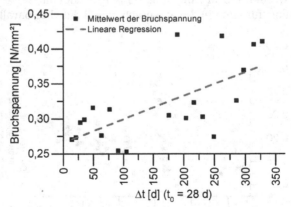

Abb. 66: Druckfestigkeitsentwicklung von mineralisiertem Schaum ($\rho \approx 220$ kg/m³) über die Zeit. Ein Datenpunkt ist der Mittelwert dreier Einzelwerte.

Es fällt dabei auf, dass die Festigkeit erst allenfalls nach Monaten ihr volles Potential erreicht. Die Datenbasis ist zwar nicht ausreichend, um den genauen bzw. weiteren Verlauf der möglichen Laststeigerung zu ermitteln, jedoch wird deutlich, dass das erreichbare Lastniveau signifikant oberhalb der anfänglich erreichbaren Werte liegt. Unter anderem haben Hamidah et al. (2005) eine Studie explizit zur Festigkeitssteigerung von Schaumbeton ($\rho_{dry} > 1300\ kg/m^3$) durchgeführt und auch für diese Materialgruppe Zunahmen der Druckfestigkeit von über 10 % nach 56 Tagen bezogen auf den nach 28 Tagen erreichten Wert festgestellt [34, 68]. Die Festigkeitssteigerung zwischen dem siebten und 28. Tag ist signifikant höher (Kap. 2.1.3, S. 16).

5.1.1.2 Biegezugfestigkeit

Unter Anwendung von Formel 4.6 (Kap. 4.3.4.3, S. 86) ergibt sich für die Biegezugfestigkeit in einer Gaußschen Normalverteilung ein 5 %-Quantil-Wert von 0,09 N/mm² für leichten mineralisierten Schaum mit einer mittleren Rohdichte von 188 kg/m³.

Für einen Rohdichtebereich zwischen 400 kg/m³ und 800 kg/m³ stellt Pott (2006) grafisch einen linearen Zusammenhang her, der sich näherungsweise mit Formel 5.1 ausdrücken lässt, die aber für Werte unter 341 kg/m³ negative Werte zurückgibt [6].

$$f_b = 0{,}0042 \cdot \rho_{dry} - 1{,}45, \text{ für } 400\,kg/m^3 < \rho_{dry} < 800\,kg/m^3 \tag{5.1}$$

f_b: Biegezugfestigkeit.
ρ_{dry}:   Trockenrohdichte.

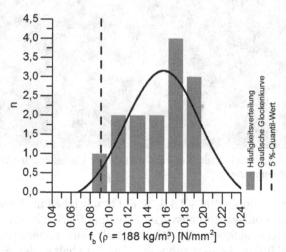

Abb. 67:   Gaußsche Normalverteilung der ermittelten Biegezugfestigkeiten und dem 5 %-Quantil-Wert von $f_{b,c} = 0{,}09\ N/mm^2$ für leichten mineralisierten Schaum mit einer mittleren Rohdichte von 188 kg/m³.

5.1.1.3 Schwinden

Der Hauptgrund für den allenfalls allgemein bauaufsichtlich ungeregelten Einsatz von Schaumbeton und mineralisierten Schaum ist seine hohe Schwindneigung, die auf verschiedene Umstände zurückzuführen ist [2, 5]. Aufgrund des zeitlich sehr langen Schwindvorganges von mineralisiertem Schaum existieren nur vereinzelt Angaben zu einem Endschwindmaß. Darüber hinaus ist Selbiges abhängig von der Rohdichte des Materials, was dazu führt, dass für den leichten mineralisierten Schaum, wie er im vorliegenden Zusammenhang untersucht wird, dem eigenen Kenntnisstand zufolge keine Werte vorliegen [2, 71].

Aufgrund dieser Umstände wurden im Zuge der Forschungen lang angelegte Schwindversuche an der Standardmischung (Kap. 4.2.1, S. 59) und zwei Abwandlungen mit je 10 % Metakaolin bzw. Steinkohleflugasche durchgeführt (Kap. 4.3.4.4, S. 87). Die Versuche fanden in klimatisierten Laborräumen statt (Kap. 4.3, Einleitung). Zusätzlich waren die Schwindrinnen mit dem unabgedeckten Material vollständig eingehaust. In diesem reduzierten, ventilationsgeschützten Luftvolumen waren Behälter mit gesättigter Lösung mit $Mg(NO_3)_2 \cdot 6 \, H_2O$ eingebracht, um eine konstante relative Luftfeuchte von 53 % zu garantieren (Abb. 68). Die Gesamtlaufzeit der Versuche betrug ca. 2 Jahre.

Abb. 68:   Eingehauste Schwindrinnen in klimatisierter Umgebung bei konstanter Feuchte und Temperatur.

Daneben wurde wie in Kapitel 4.3.4.4 (S. 87) beschrieben im Zuge des Projektes „ETA-Fabrik" ein Freibewitterungsversuch durchgeführt. Die Risse in der auf die bewitterte Fassade aufgebrachte Dämmschicht aus mineralisiertem Schaum wurden nach 550 Tage kartiert (Abb. 69). Die Ergebnisse der Schwindmessungen im Labor sind in Abbildung 70 dargestellt. Eingetragen ist zudem eine Näherungsfunktion mit sigmoidalem Verlauf, der den Gesamtzusammenhang beschreiben könnte.

Die am Freibewitterungsversuch beobachten Risse bildeten in der Dämmschicht aus mineralisiertem Schaum sechseckige Blöcke mit ungeschädigten Rissufern, was auf reine Schwindrisse schließen lässt. Die Risskartierung ergab bei einer

55 cm breiten untersuchten Flächen eine summierte Breite der näherungsweise orthogonal zur Messrichtung verlaufenden Risse[145], die auf eine rechnerische Schwindverkürzung von ca. 3,5 ‰ schließen lässt (Abb. 71). Diese Werte decken sich weitgehend mit den in Abbildung 70 aufgetragenen Kurven. Letzter finden zudem in Veröffentlichungen von Karl (1979) und Moorfield[146] (1994) Bestätigung [2, 71].

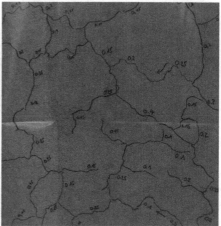

Abb. 69:   Risskartierung an der Dämmschicht des Freibewitterungsversuch für die „ETA-Fabrik".

Die Ursachen für das beobachtete ausgeprägte Schwinden sind unterschiedlich. Zum einen führt das Schwinden aufgrund des Fehlens von steifer Gesteinskörnung und des hohen Porenanteils zu niedrigeren Eigenspannungen und äußert sich, in Kombination mit der ebenso niedrigen Eigenfestigkeit des Materials, nahezu direkt in einem messbaren äußeren Schwindmaß (vgl. auch Abb. 17, S. 37). Dieses nimmt mit sinkender Trockenrohdichte, sprich größerer Porosität, zu [4, 27, 222]. Zum anderen liegt der Wasseranteil, insbesondere bei leichten mineralisierten Schäumen, weit oberhalb des chemischen Optimums, was zu den aus der klassischen Betontechnik bekannten Schwindphänomenen führt (Kap. 2.3.3, S. 35). Wie dort ausgeführt setzt sich das Schwindmaß von Zementstein aus unterschiedlichen Faktoren zusammen (Formel 5.2).

---

145 Gesamtrissbreite zuzüglich zweier mittlerer Rissbreiten für die Verkürzung an den freien Ufern am Rand der Dämmschicht.
146 Veröffentlichte Endschwindmaße: 2400 kg/m³ → 0,2 ‰, 1100 kg/m³ → 2,5 ‰, 500 kg/m³ → 3,7 ‰ [71].

$$\varepsilon_t = \varepsilon_{\Delta T} + \varepsilon_c + \varepsilon_k + \varepsilon_{tr} + \varepsilon_a \tag{5.2}$$

ε_{tot}:   Gesamtlängenänderung.
$\varepsilon_{\Delta T}$:   Temperaturinduzierte Längenänderung.
ε_c: Chemisches Schwinden.
ε_k: Karbonatisierungsschwinden.
ε_{tr}:   Trocknungsschwinden.
ε_a: Autogenes Schwinden.

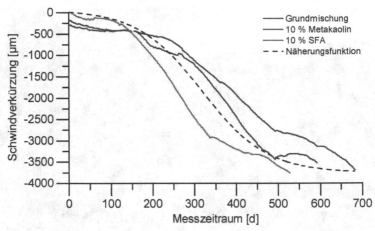

Abb. 70: Schwindverformung [µm] über die Zeit [d] von mineralisierten Schäumen mit einer Rohdichte von ca. 180 kg/m³ [249].

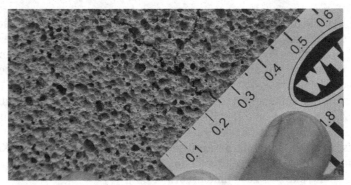

Abb. 71: Vermessung der Risse in der Dämmschicht des Freibewitterungsversuchs für die „ETA-Fabrik".

Temperaturinduzierte Längenänderungen können in klimatisch geregelter Umgebung außer Acht gelassen werden. Das autogene Schwinden tritt nur bei niedrigen, hier nicht relevanten Wasserzementwerten auf (mehr dazu in

Kap. 5.2.3, S. 126). Daher könnte es sich um fast ausschließliches Trocken-schwinden infolge hoher Wassergehalte handeln. Dem entgegen steht jedoch die Beobachtung des sehr langfristigen Schwindens. Der Trocknungsvorgang eines derart offenporigen Materials läuft vergleichsweise schnell ab (siehe dazu auch Kapitel 5.1.3.1, S. 120). Aus diesem Grund liegt der Schluss eines verzö-gerten chemischen Schwindens nahe. Der im Vergleich zu normalen Mörteln sehr hohe Zementanteil am Feststoff trocknet frühzeitig aus und liegt dann teils nicht abgebunden vor. Dieser weitgehend offen zugängliche Zement nimmt dann im Laufe der Zeit aus der Umgebungsfeuchte wieder Wasser auf, was ver-zögert zu den in Kapitel 2.3.3 (S. 36) beschriebenen Effekten des chemischen Schwindens führt. Diese Überlegungen decken sich auch mit den Schadensbil-dern an der ETA-Fabrik (Abb. 110, Kapitel 5.3.3.4, S. 156), die infolge des mate-rialtypischen schnellen Austrocknens in Kombination mit einem wiederholt großem Wasserangebot durch direkte Beregnung hervorgerufen worden sein können.

5.1.2 Wärmeleiteigenschaften

5.1.2.1 Versuchsergebnisse

Die DIN EN ISO 10456 lässt als Grundlage zur Bestimmung des Nennwertes der Wärmeleitfähigkeit entweder direkt gemessene Werte nach den genormten Prüf-verfahren (Kap. 4.3.4.8, S. 95) zu oder erlaubt die Verwendung indirekt erhalte-ner Werte unter Bezug auf anerkannte Korrelation wie z. B. zwischen Wärmeleit-fähigkeit eines Stoffes und dessen Dichte [58]. Die sich aus den Messungen er-gebenden Einzelwerte für mineralisierten Schaum auf reiner Zementbasis unter-schiedlicher Rohdichten sind in Abbildung 72 dargestellt.

Die Regressionsgerade stellt den von der Dichte abhängigen Mittelwert der Wär-meleitfähigkeit dar. Von ihr kann unter einer vorausgesetzten Produktionsband-breite in Bezug auf die Rohdichte von 180 kg/m³ der Nennwert der Wärmeleitfä-higkeit als 90 %-Quantilwert abgelesen werden (Verfahren S2, DIN EN 1745 [273]). Für die im vorliegenden Forschungsprojekt untersuchte Zielrohdichte von 180 kg/m³ ergibt sich der Nennwert zu:

$$\lambda_{10,dry}(180 \text{ kg/m}^3) = 0,059 \, \frac{W}{(m \cdot K)} \qquad (5.3)$$

$\lambda_{10,dry}$: Wärmeleitfähigkeit darr getrockneter Proben bei einer mittleren Probentemperatur von 10 °C.

Der globale Zusammenhang über alle darüber liegenden üblichen Rohdichten bis 1600 kg/m³ ist in Abbildung 8 (Kap. 2.1.3, S. 16) nachzuvollziehen. Die Ab-hängigkeit der Wärmeleitfähigkeit von der Temperatur ist in Abbildung 59 (S. 101) aufgetragen. Die Steigerung beträgt zwischen 10 °C und 23 °C (Bemes-sungstemperatur) ca. 5 % (Berechnung siehe Tabelle Anhang B.4). Der Einfluss der Ausgleichsfeuchte ist gesondert zu betrachten.

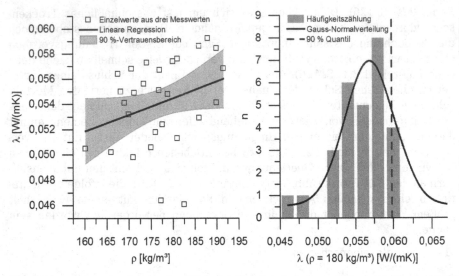

Abb. 72: Links: Einzelwerte der Wärmeleitfähigkeit bei einer mittleren Probentemperatur von 10 °C (λ_{10}) in Abhängigkeit der Trockenrohdichte von darr getrockneten zementmineralisierten Schäumen (ρ_{dry}). Rechts: Normalverteilung der, entlang der Regressionsgeraden in die Zielrohdichte parallel verschobenen, Messwerte mit eingetragenen 90 %-Quantilwert [274].

5.1.2.2 Möglichkeiten zur Senkung der Wärmeleitfähigkeit

Zwar ist in Abbildung 65 (S. 111) eine lineare Regressionsfunktion zur Beschreibung des Zusammenhangs zwischen Rohdichte und Druckfestigkeit von mineralisiertem Schaum im Bereich von 120 kg/m³ und 260 kg/³ wiedergegeben, jedoch ist die globale Abhängigkeit (Kap. 2.1.3, S. 16) durch einen abnehmenden Gradienten in Richtung kleinerer Rohdichten gekennzeichnet. Auch zeigt zwar der Zusammenhang von Rohdichte und Wärmeleitfähigkeit, über die Dichten von 200 kg/m³ bis 1600 kg/m³ hinweg, global einen linearen Verlauf, die einzelnen Untersuchungen weisen jedoch jeweils eindeutig auf eine Verflachung der Funktion bei Verkleinerung der Rohdichte hin (Kap. 2.1.3, S. 16). Somit bietet sich ein gewisses Potential zur Erreichung niedrigerer Wärmeleitfähigkeiten durch Abminderung der Rohdichten. Je nach Anwendungsfall muss demnach entschieden welches die Mindestanforderungen und die Materialfestigkeiten sind (Abb. 73).

Zu beachten ist jedoch, dass bei sinkenden Rohdichten das Schwinden des mineralisierten Schaumes zunimmt (vgl. Kap. 5.1.1.3, S. 113) und die Ausgleichsfeuchte im eingebauten Zustand einen proportional größeren Einfluss auf die Wärmeleitfähigkeit erhält (Kap. 4.3.4.8.1 a, S, 96).

Im Zuge der vorliegenden Forschung wurden, um vom oben beschrieben Zusammenhängen abweichend niedrigere Wärmeleitfähigkeiten bei konstanter Rohdichte bzw. Materialfestigkeit zu erlangen, zahlreiche Versuche mit unterschiedlichsten Zusatzstoffen durchgeführt (Kap. 4.2.1, S. 59) [275]. Ziel war es dabei, die Wärmeübertragung durch Leitung bzw. Strahlung zu beeinflussen. Auch wenn einige Verbesserungen erreicht wurden, konnten jedoch in diesem Zusammenhang keine klaren Abhängigkeiten nachgewiesen werden. Einzig wurde eine Senkung der Wärmeleitfähigkeit bei einer Erhöhung des Wasserzementwertes beobachtet, die jedoch vermutlich in der gleichzeitig einhergehenden Erhöhung der Porosität begründet liegt [209, 276]. Ein Grund für die Schwierigkeiten bei einer solchen Optimierungsaufgabe sind neben den schwer kontrollierbaren Wechselwirkungen der verschiedenen Materialeigenschaften, wie Wasseranteil und Porenstruktur, die sich überlagernden Wärmeübertragungswege, die deren scharfe messtechnische Trennung nahezu unmöglich machen (Kap. 4.3.4.8.1 a, S, 96).

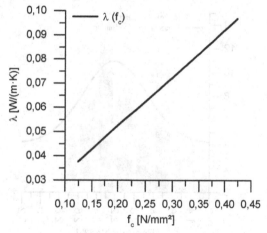

Abb. 73: Korrelation der Abhängigkeiten Druckfestigkeit $f_c(\rho)$ und Wärmeleitfähigkeit $\lambda(\rho)$ aus Abbildung 65 bzw. Abbildung 72.

5.1.3 Feuchtetechnische Eigenschaften

Das Sorptionsverhalten hochporöser mineralischer Stoffe wie mineralisierter Schaum ist im Vergleich zu reinem Zementstein komplex. Es ist zudem aufgrund des Schwindverhaltens zeitlichen Änderungen unterworfen. Der Transport von Wasser in flüssiger und gasförmiger Form steigt im Verhältnis stark an [277]. Er ist, wie auch das Feuchtespeichervermögen, von Art und Verflechtung der Hohlraumverbände abhängig [253]. Die Sorptionseigenschaften können neben der Änderung des Anteils der diskontinuierlichen Phase durch die Zusammensetzung der kontinuierlichen Phase beeinflusst werden [277]. Insbesondere sei hier auf die anschauliche Darstellung von Feuchtetransportvorgängen in porösen Baustoffen von Garrecht (1992) verwiesen [253].

5.1.3.1 Rest- und Eigenfeuchte

Insbesondere bei baupraktischen Anwendungen ist die Materialrestfeuchte nach Erhärten eines mineralisch gebundenen Baustoffs von Interesse. Sie gibt u. a. Anhaltspunkte, wie viel überschüssiges Wasser im Bindemittelleim tatsächlich enthalten ist. Hierzu wurden vier unterschiedliche Chargen mit insgesamt 70 Einzelproben nach 28 Tagen vor und nach dem Erreichen der Massenkonstanz durch Trocknen gravimetrisch sowie geometrisch vermessen (Kap. 4.3.4.1 und 4.3.4.9.1 a). Die Restfeuchte zeigte dabei keine ausgeprägte Abhängigkeit von der Materialtrockenrohdichte, und somit dem Porenvolumen, im untersuchten Bereich (Abb. Anhang B.1). Der Mittelwert des volumenbezogenen Feuchtegehalts u_v lag bei 1,94 % im mineralisierten Schaum (Abb. 74).

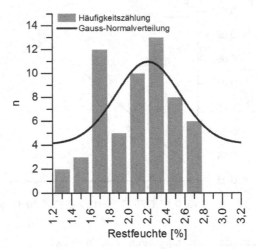

Abb. 74: Häufigkeitsverteilung der prozentualen Restfeuchtevolumengehalte von mineralisiertem Schaum im Rohdichtebereich zwischen 80 kg/m³ und 220 kg/m³ nach 28 Tagen Erhärtungszeit.

5.1.3.2 Kapillare Wasseraufnahme

Das Wasser bewegt sich unter einem hydraulischen Druck, der durch die Saugspannung hervorgerufen wird. Wird die Wasserquelle entfernt, so verschwindet der hydraulische Druckunterschied, und die Flüssigkeit verteilt sich im Baustoff mit veränderter Transportgeschwindigkeit weiter. Beide Vorgänge sind voneinander zu unterscheiden [270]. Zur Einschätzung der kapillaren Wasseraufnahme von mineralisiertem Schaum wurden wie in Kapitel 4.3.4.9.1 b (S. 103) beschrieben Versuche zur Ermittlung des Wasseraufnahmekoeffizienten durchgeführt. Die Ergebnisse dieser Untersuchungen sind Abbildung 75 dargestellt.

Bei den aufgenommen Kurven handelt sich um ein Material vom Typ B (Kap. 4.3.4.9.1 b, S. 103). Ein Durchdringen des Wassers bis an die Oberseite des Probekörpers, wie es für den Sonderfall des Typ A beschrieben ist, kann aufgrund der Laborbeobachtungen ausgeschlossen werden[147]. Vielmehr besteht ein anfängliches kapillares Saugen, das ab einer bestimmten Höhe, vermutlich aufgrund der Grobporigkeit des Materials, stark abgeschwächt wird.

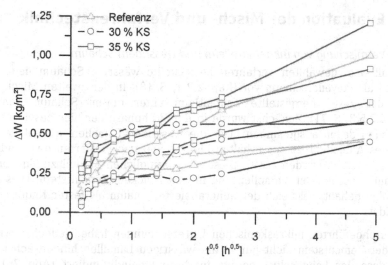

Abb. 75: Kapillare Wasseraufnahme in kg bezogen auf die exponierte Fläche von mineralisiertem Schaum mit einer mittleren Rohdichte von 200 kg/m³. Werte für Referenzprobe sowie 30 % und 35 % Gewichtsersatz von Zement durch Kalkstein.

Der mittlere w_{24}-Wert liegt bei ca. 0,21 kg/(kg · $h^{0,5}$). Der ermittelte Wert beschreibt jedoch lediglich die zeitabhängige Wasseraufnahme bei Kontakt des Materials mit Wasser. Die oben angedeuteten Phänomene sowie während des Saugvorgangs auftretende Wassergehaltsprofile können hiermit nicht erfasst werden [270].

---

147 Die gemessenen Kurven können auch als Typ A interpretiert werden, wobei die Phase der ersten 30 Minuten als anfängliches Einpendeln gesehen werden kann. In diesem Fall würden jedoch die ermittelten Koeffizienten noch tiefer liegen.

5.1.3.3 Wasserdampfdiffusion

Wie in Kapitel beschrieben wurden zur Bestimmung der Wasserdampfdurchlässigkeit von rein zementösen mineralisierten Schaum bzw. mineralisiertem Schaum mit Kalksteinanteil (10 % vom Zementgewicht der Standardmischung) Versuche nach DIN EN 12086 an je fünf Proben über einen Zeitraum von ca. 6 Monaten hinweg durchgeführt. In Anhang B (S. 221) sind in Tabelle B.3 und B.5 zusammenfassend die nach Formel 4.15 (S. 106) errechneten Wasserdampfdiffusionswiderstandszahlen μ aufgeführt.

5.2 Evaluation der Misch- und Verfahrenstechnik

5.2.1 Vermischung von Bindemittelleim und wässrigem Schaum

Der mit dem gewählten Verfahren hergestellte wässrige Schaum liegt weitgehend als Polyederschaum vor (Kap. 2.2.1, S. 18). In der zweiten Mischphase wird der zuvor hergestellte Zementleim unter diesen Schaum gemischt (Kap. 4.2.5.3, S. 71). Zunächst wurde in der Frühphase der hier beschriebenen Forschung davon ausgegangen, dass die wässrigen Lamellen, als solche während des Abbindeprozesses erhalten bleiben und nach Erhärten des Bindemittelleims zerstört werden [219]. Diesem ursprünglichen Modell zufolge bildete sich nur zwischen den Lamellen und in den Zwickeln Zementstein. Dies hätte zur Folge gehabt, dass sich der mineralisierte Schaum als fester Kugelschaum ausbildet.

Die durchgeführten mikroskopischen Untersuchungen haben jedoch erwiesen, dass der Zementstein nicht nur in die wässrigen Lamellen hineinwächst, sondern dass der Leim selbst bereits in diese hineindiffundiert (Abb. 76). Der Schaum mineralisiert somit in Polyederstruktur und zeigt daher auch im festen Zustand die für diesen Typ charakteristischen teilweise geradlinigen Lamellen (Abb. 77). Auch ist deren Feinheit nur auf den eben beschriebenen Ablauf theoretisch rückführbar.

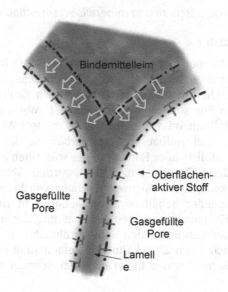

Abb. 76: Modell der Diffusion des Leims in die Lamelle des wässrigen Schaums im Zuge der zweiten Mischphase.

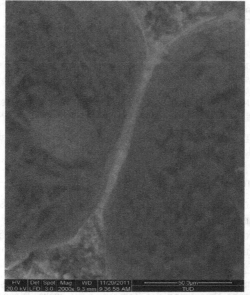

Abb. 77: ESEM-Aufnahme einer Lamelle des mineralisierten Polyederschaumes.

5.2.2 Dichten von mineralischem und mineralisiertem Schaum

5.2.2.1 Mindestrohdichte

Aus den zuvor beschriebenen Überlegungen (Kap. 5.2.1) folgt unter anderem, dass für einen zementös gebundenen polyedrischen Schaum mit geschlossenen Poren, eine theoretische Mindestrohdichte mit der in Kapitel 4.1 (S. 57) vorgeschlagenen Methode überschlägig errechenbar ist. Wenn davon ausgegangen wird, dass im Idealfall ein wässriger Schaum in seinem Ausgangszustand vollständig in Struktur und Aufbau mineralisierbar ist, kann das vorhandene Wasservolumen, ermittelbar über Rohdichte des wässrigen Schaums (Kap. 4.3.1, S. 73), gedanklich durch Zementstein ersetzt werden. Voraussetzung ist, man lässt für diesen Augenblick die Wechselwirkungen von Konsistenz, Abbindeverhalten und sich bildender Schaumstruktur außer Acht (mehr dazu in Kapitel 5.3.3, S. 147). Für einen wässrigen Schaum mit der im vorliegenden Zusammenhang verarbeiteten minimalen Schaumrohdichte ρ_F von 60 kg/m³ würde das bei einer Reindichte von 2340 kg/m³ für Zementstein eine Mindesttrockenrohdichte von 140 kg/m³ für den mineralisierten Schaum ergeben (Formel 5.4 und 5.5) [135].

$$V_{M,min} = V_{Fw} = \frac{\rho_{F,min} \cdot 1\ m^3}{\rho_w} \tag{5.4}$$

$$\rho_{MS,dry,min} = \frac{V_{M,min} \cdot \rho_M}{1\ m^3} \approx 140\ \frac{kg}{m^3} \tag{5.5}$$

$V_{M,min}$:   Minimales Matrixvolumen.
V_{Fw}:   Volumen des Schaumwassers.
$\rho_{F,min}$:   Mindestrohdichte des wässrigen Schaumes.
ρ_w: Dichte von Wasser.
ρ_M: Dichte der Matrix.
$\rho_{MS,dry,min}$: Rechnerische Mindesttrockenrohdichte bei einem Gewicht des wässrigen Schaums von 60 kg/m³ und einer mittleren Reinrohdichte von Zementstein von 2340 kg/m³.

Soll dieser Betrag unterschritten werden, geht dies zwangsläufig zulasten der Geschlossenporigkeit des mineralisierten Schaumes[148].

5.2.2.2 Zielfrischrohdichte

Die bei jedem Mischen aufgetretenen, mehr oder weniger großen Abweichungen von der Zielfrischrohdichte (Kap. 4.3.3.1, S. 83) sind in erster Linie von der Art des zweiten Mischvorgangs sowie der Dosiertechnik abhängig (Kap. 4.2.5, S. 67). Im Falle einer erhöhten Frischrohdichte ist in Bezug auf den Mischungs-

---

148 Erreicht werden kann dies z. B. durch den Einsatz von mehr Wasser als für eine vollständige chemische Umsetzung des Zements nötig wäre. Dieses Wasser verdunstet nach dem Erhärten aus dem Gefüge und lässt Fehlstellen zurück, die eine Gewichtsreduktion zur Folge haben [278].

entwurf zu viel Leim im mineralischen Schaum, im gegenteiligen – häufigeren Falle – zu wenig.

Es ist ohne Weiteres möglich die gemessenen Rohdichten des mineralischen Schaumes mit der errechneten ins Verhältnis zu setzen. Infolge der durchgeführten Versuche (Kap. 4.3.3, S. 83) ergibt sich so eine mittlere Abweichung von ca. 2,1 %[149] (siehe Tabelle Anhang B.6).

$$\overline{\Delta}\rho_{fr} = 2,1\,\% \tag{5.6}$$

$\Delta\rho_{fr}$:   Mittlere Abweichung der tatsächlichen Rohdichten des mineralischen Schaumes von den errechneten Zielfrischrohdichten.

Bis zu einem gewissen Grad hängt die Untermischbarkeit des Leims bzw. Herstellbarkeit eines homogenen mineralischen Schaumes sicher auch von der Bindemittelleimkonsistenz ab, die somit bereits Wirkung auf das Endprodukt hat (weiter dazu in Kap. 5.3.2, S. 140). Hätte dieser Faktor jedoch einen entscheidenden Einfluss, müsste die gewählte Technik[150] des zweiten Mischvorgangs schlicht als unzureichend bzw. zu wenig robust betrachtet werden.

5.2.2.3 Zieltrockenrohdichte

Aus dem Mischungsentwurf (Kap. 4.1, S. 57) ergibt sich auf der Grundlage einer Zieltrockenrohdichte[151] eine rechnerisch nötige Frischrohdichte, die während des Herstellungsprozesses überprüft wurde (Kap. 4.3.3, S. 83). Aus verfahrenstechnischen Gründen ist es, wie in Kapitel 5.2.2.2 (oben) erwähnt, meist nicht möglich die Frischrohdichte, exakt wie errechnet zu erreichen.

Zur Eignungsprüfung des Mischungsentwurfes wurden daher zunächst, auf Grundlage der gemessenen Frischrohdichten, der reale Bindemittelleimgehalt bzw. Zementgehalt in einem Kubikmeter mineralischen Schaum (g_z/m^3, Formel) und dann die neuen Zieltrockenrohdichten $\rho_{dry,neu}$ innerhalb der Logik des Entwurfs errechnet (Formel 5.7 und 5.8). Diese wurden mit den tatsächlich erreichten, in beide Richtungen abweichenden Trockenrohdichten ins Verhältnis gesetzt. Dabei ergab sich eine mittlere Abweichung von 8,8 % (siehe Tabelle Anhang B.6).

Liegt die ermittelte Trockenrohdichte unter der rechnerisch korrigierten, wie in den meisten Fällen, so hat sich entweder nach Ermittlung der Frischrohdichte des mineralischen Schaums noch ein weiterer Teil des Bindemittelleims im Mischbehälter abgesetzt oder es handelt sich bei dem erhöhten Porenraum um die Kapillarporen infolge des erhöhten Wasserzementwertes (Kap. 5.2.3, unten).

---

149 Dies kann angesichts der Tatsache, dass die Versuche an unterschiedlichen Zeitpunkten mit teilweise verschiedenem beteiligten Personal durchgeführt wurden, als sehr klein angesehen werden.

150 In jedem Fall handelt es sich um ein typisches Problem von Batch-Mischverfahren.

151 Hier immer zwischen ca. 160 kg/m³ und 220 kg/m³

Liegt die Trockenrohdichte jedoch über der rechnerisch angestrebten, so ist dies ein Hinweis auf eine Zerstörung eines Teils des Schaums. Tritt einer der beiden Fälle auf, kann ein Vergleich mit der Frischrohdichte weiteren Aufschluss geben.

$$\frac{m_z}{1 \cdot m^3} = \frac{\frac{\rho_{fr,real}}{\rho_F}}{\frac{(1+w/z)}{\rho_F} - \frac{1}{\rho_z} - \frac{(w/z)}{\rho_w}} \tag{5.7}$$

$$\rho_{dry,neu}(\rho_{fr,real}) = 1{,}4 \cdot g_z \tag{5.8}$$

$\dfrac{m_z}{1 \cdot m^3}$: Realer Zementgehalt in einem Kubikmeter mineralischen Schaum.

$\rho_{fr,real}$: Gemessene Frischrohdichte.

ρ_F: Rohdichte des wässrigen Schaums.

ρ_z: Zementdichte.

ρ_w: Dichte des Wassers.

5.2.3 Wassergehalt und Wasseranspruch

5.2.3.1 Wassergehalt des mineralischen Schaums

In zahlreichen veröffentlichten Untersuchungen zur Materialgruppe der Schaumbetone wird der Anteil am Gesamtwasser[152] φ_{gFw} (Formel 5.13 und 5.11), der durch den wässrigen Schaum in die Mischung eingebracht wird, vernachlässigt [279]. Dies ist aber nur im Bereich höherer Rohdichten, also hoher Feststoffanteile bzw. niedriger Schaumanteile möglich. Die durch den Schaum eingebrachte Wassermenge ist direkt proportional zu der durch ihn geschaffenen Porosität und somit indirekt proportional zur Rohdichte des mineralisierten Schaumes (Formel 5.10). Andererseits ist damit auch die Leimmenge und damit das Zugabewasser bei konstantem Wasserzementwert indirekt proportional zur Porosität. Aus diesem Grund steigt der Anteil des Wassers aus dem wässrigen Schaum am Gesamtwasser bei sinkender Rohdichte zusammen mit dem realen Wasserzementwert überproportional (Formel 5.11 und 5.12). Bei Betrachtung der Grenzfälle „nur Leim" und „nur Schaum" stellt sich einmal der Wassergehalt g_w infolge des Entwurfswerts w/z_{rech} ein und zum anderen ein Wert gleich dem Wassergehalt des wässrigen Schaumes g_{Fw}.

Der beschriebene Zusammenhang ist in Abbildung 78 dargestellt. Dort sind die realen Wasserzementwerte und die Anteile des Schaumwassers am Gesamtwasser gegen die rechnerische Trockenrohdichte des mineralisierten Schaumes (Formel 4.1, Kap. 4.1, S. 58) für die rechnerischen Wasserzementwerte 0,4 und 0,6 sowie für die Dichten des wässrigen Schaumes von 60 kg/m^3 und 80 kg/m^3 aufgetragen. Die abgebildeten Kurven bilden Einhüllende für alle jeweils parallel dazwischen liegenden Fälle.

---

152 Im Sinne der DIN EN 206 [25].

$$g_{GW} = g_{Fw} + g_w \tag{5.9}$$

$$g_{Fw} = \rho_F \cdot \phi \cdot 1 \text{ m}^3 \tag{5.10}$$

$$\phi_{gFw} = \frac{g_{Fw}}{g_{GW}} \tag{5.11}$$

$$w/z_{real} = \frac{g_{GW}}{g_z} \tag{5.12}$$

g_{GW}:   Gesamtwasser.
g_{Fw}:   Wassermenge im wässrigen Schaum.
g_w: Wassermenge infolge des Entwurfswasserzementwertes w/z_{rech}.
ρ_F: Schaumrohdichte.
ρ_z: Zementdichte.
ϕ: Porosität.
ϕ_{gFw}:   Anteil des Schaumwassers am Gesamtwasser.
w/z_{real}:   Realer Wasserzementwert.

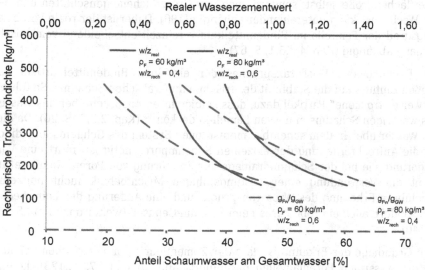

Abb. 78: Rechnerische Trockenrohdichte in Bezug auf den realen Wasserzementwert und den prozentualen Anteil des Schaumwassers am Gesamtwassers.

Wie in Kapitel 5.2.1 beschrieben wird im Herstellungsprozess für mineralisierten Schaum der Bindemittelleim mit der interlamellaren Flüssigkeit des wässrigen Schaums vermischt, sodass sich der Wasserzementwert um den chemisch nicht ansetzbaren Wasseranteil des Schaums erhöht. So ist etwa bei einer Verwendung von sehr leichtem wässrigem Schaum mit einer Rohdichte von 60 kg/m³ und bereits bei einer relativ hohen Zieltrockenrohdichte von

500 kg/m³, selbst bei einer Reduzierung des Wasserzementwertes im Leim auf 0,38, lediglich ein minimaler realer Wert von ca. 0,50 zu erreichen [280]. Für die im vorliegenden Fall genutzte Standardmischung ergibt sich ein realer Wasserzementwert von 0,96 (Kap. 4.2.1, S. 59).

5.2.3.2 Wasseranspruch des Bindemittelleims

Die Bindemittelkonsistenz wird abgesehen von einem möglichen Einsatz von Zusatzmitteln nach gängiger Sichtweise in erster Linie durch den Wasserbindemittelwert beeinflusst [6]. Jedoch ist weiterhin ausschlaggebend, inwieweit das zugegebene Wasser vollständig oder nur teilweise mit den mehr oder auch weniger vereinzelten Feinteilen des Leims vermischt ist und sie umschließt. Bei einer zugegebenen Wassermenge, die bei inerten Stoffen genau dem Sättigungspunkt eines Haufwerks beträgt (Kap. 4.3.1.2, S. 74), sind alle Teile von Wasser umschlossen, ohne aber dass zu viel Wasser die einzelnen Teile auseinandertreibt [6]. Der Sättigungspunkt eines Wasser-Feststoff-Gemisches ist zudem nicht nur von der Oberflächengröße selbst, sondern auch von Grenzflächeneigenschaften und deren Wechselwirkung untereinander abhängig [186]. Daher ist der reale Vereinzelungsgrad der Feinteile im Bindemittelleim vereinzelt entscheidend vom Mischvorgang abhängig (Kap. 4.2.5.1, S. 67).

Die Deckung des Wasseranspruches der einzelnen Bindemittelpartikel hat großen Einfluss auf die Stabilität des frischen mineralischen Schaums. So führen teilweise „trockene" Partikel dazu, dass selbige ihren Anspruch über das Wasser des wässrigen Schaums in dessen Lamellen decken[153] (Kap. 2.2.3, S. 26). Da dieses Wasser aber in dem scheinbar metastabilen System des Schaums unbedingt für die Aufrechterhaltung der einzelnen Schaumporen nötig ist, führt eine Verringerung wie bei der Schaumdrainage zur Zerstörung von Poren. Somit verursacht die Verwendung einer leistungsfähigen Mischtechnik nicht nur eine scheinbare Erhöhung des Wasseranspruchs und eine Änderung der Leimrheologie, sondern auch ein robusteres Leim-Schaum-Gemisch (weiter dazu Kap. 5.3.2, S. 140).

Auf Grundlage der Erkenntnis, dass der Zementleim im mineralischen Schaum in die wässrigen Porenlamellen diffundiert (Abb. 76 und 77, S. 123), konnte eine theoretische Mindestrohdichte für einen mineralisierten Schaum mit vollständig geschlossenen Poren zu ca. 140 kg/m³ ermittelt werden (Kap. 5.2.2.1, S. 124). Infolgedessen wurde, mithilfe von experimentellen Ergebnissen bezüglich der Frisch- und Festrohdichten der erzeugten Schäume, das gewählte Herstellungsverfahren hinsichtlich seiner Robustheit evaluiert (Kap 5.2.2.2 und 5.2.2.3, S. 124). Diese steht in einem engen Zusammenhang mit einem ausrei-

---

153 Ein vergleichbares Phänomen zeigt sich, wenn frischer mineralischer Schaum mit einem saugfähigen Material etwa in Form einer Schalung in Kontakt kommt.

chenden Wassergehalt des mineralischen Schaumes. In Kapitel 5.2.3.1 (S. 126) sind die rechnerischen Wasserzementwerte anhand der Abbildung 78 aufgezeigt. Eine eigentlich wünschenswerte Wasserreduktion führt den Überlegungen in Kapitel 5.2.3.2 zufolge zu unerwünschten Wechselwirkungen zwischen Bindemittelleim und wässrigem Schaum, die zur beschleunigten Zerstörung des mineralischen Schaumes führen können.

5.3 Schaumphasenstruktur des erhärteten Materials

Ein Ziel der vorliegenden Forschungsarbeit ist die Ausarbeitung möglicher Ansätze in einem möglichst frühen Stadium über die Feststellung der Eigenschaften des frischen mineralischen Schaums bzw. des ihm zugrunde liegenden Leims auf die späteren Eigenschaften des festen mineralisierten Schaums schließen zu können. Unter anderem soll es durch die im Folgenden dargestellten Untersuchungen möglich werden, für einen definierten mineralisierten Schaum Anforderungen an den Bindemittelleim als kontinuierliches Fluid des frischen mineralischen Schaums abzuleiten. Um die dafür nötigen Kenntnisse der ausschlaggebenden Parameter zu erhalten, wird zunächst der umgekehrte Weg gegangen und der Bindemittelleim in unterschiedlicher Art variiert (Kap. 4.3.2), um dann die Auswirkungen auf das mineralisierte feste Material zu untersuchen.

Für die meisten mechanischen sowie bauphysikalischen Eigenschaften von mineralisiertem Schaum sind die Anteile und die Verteilung der Schaumphasen von entscheidender Bedeutung (Kap. 2.1, S. 11) [279, 281]. Als die maßgeblich eigenschaftsinduzierenden Faktoren stehen vor allem die Rheologie, das Abbindeverhalten und die stoffliche Zusammensetzung[154] der kontinuierlichen Phase im Vordergrund. Der letztgenannte Aspekt steht zum Teil in sehr engen Zusammenhang mit den ersten beiden. Dies muss, wie der nichtstoffliche Einfluss der Mischtechnik, zusätzlich berücksichtigt werden.

5.3.1 Klassifizierung entsprechend der Porenstruktur

Die Einordnung von festem Schaum kann neben einer Bewertung der mechanischen Eigenschaften über eine Charakterisierung und daraus abgeleiteten Klassifizierung der Porenstruktur des Materials erfolgen. Neben der Porengrößenverteilung ist hier die Stärke der Lamellen, die Porenform und die Verortung der Masse der Bindemittelmatrix zwischen den einzelnen Poren als maßgebliche Faktoren zu nennen. Die Charakterisierung der Porenstruktur erfolgt in den folgenden Kapiteln nach den den Kapiteln 4.3.4.5 ff. (S. 89) beschriebenen Methoden.

---

154 Die da z. B. wären: Typen und Anteile der Feststoffe, Wasseranteil, Schaumbildner

5.3.1.1 Poren und Qualität des Schaums

Die Form der Poren wird im wesentlichen durch zwei Parameter beeinflusst: zum einen durch den Gesamtporenanteil und zum anderen durch die Porosierungstechnik (Kap. 2.1.2, S. 14). Nachdem im vorliegenden Fall mit ca. 90 % relativ hohe Porenanteile für eine effektive Senkung der Wärmeleitfähigkeit nötig sind, ist die Form der Poren zwangsläufig zumindest teilweise polyedrisch (vgl. Kap. 2.2, S. 17). Andererseits sind sie aufgrund der Nutzung wässriger Schäume meist gleichmäßig rundlich[155] [4]. Zudem liegen beim hier besprochen Material meist vereinzelte geschlossene Poren vor (Kap. 5.2.2.1). Die Porenform selbst hat ihrerseits Auswirkungen auf die Stabilität und die Wärmeleitfähigkeit von porösen Materialien [260, 282]. Sie ist aber hier weitgehend aus physikalischen Gründen wie soeben beschrieben nicht direkt beeinflussbar. Hingegen ist die relative Feinheit der Poren eines festen mineralisierten Schaumes ein wichtiges steuerbares Qualitätskriterium, zumindest in Bezug auf das angewandte Herstellverfahren[156] (Kap. 2.2, S. 17).

5.3.1.2 Visuelle Klassifizierung der Makro- und Mesoporen

Die vergleichenden visuellen Untersuchungen bezüglich der Porenstruktur unterschiedlicher fester mineralisierter Schäume[157] erlauben eine eindeutige Klassifizierbarkeit. Eine solche indikative Bewertung kann sich in erster Linie nur auf mit dem bloßen Auge sichtbare Porendurchmesser beziehen. Dabei kann nach dem durchschnittlichen Maximaldurchmesser der Poren[158], der Gleichmäßigkeit der Porenverteilung sowie nach der Stärke der Porenlamellen unterschieden werden. Bei letzterer kann bei dünnen Lamellen auch auf eine schlechte Porenabstufung bzw. auf ein weitgehendes Fehlen von Mesoporen geschlossen werden. Es konnten in den Abbildungen 79 bis 87 dargestellte Porenstrukturtypen identifiziert und zu Gruppen zusammengefasst werden.

Wichtig bleibt festzustellen, dass die vorgenommene Einteilung der Porenklassen keineswegs trennscharf mit der Variation des Wasserzementwertes übereinstimmt. Weitere festgestellte Unterschiede können in erster Linie nur aus den geringen Altersunterschieden der verwendeten Zemente und aus den unter-

---

155 Der Einsatz von Luftporenbildner ergibt kugelige, ähnlich große Poren. Chemisches Aufschäumen erzeugt längliche ungleichmäßige Poren. Produkte aus mineralisiertem Schaum sind von einer homogenen Verteilung der Luftporen gekennzeichnet [124].

156 Aus praktischer Sicht ist die Ausbildung eines fein verteilten Porensystems ein Hinweis auf die Qualität des Herstellungsprozesses während des Zeitraumes, in dem der mineralische Schaum noch nicht abgebunden hat. Fein verteilte Poren weisen u. a auf ein stimmiges Verhältnis zwischen Abbindezeit und Zerfallszeit des mineralischen Schaums hin.

157 Die Trockenrohdichte der auswertbaren Proben liegt zwischen 172 kg/m³ und 207 kg/m³.

158 Durch den Mischvorgang entstanden einzelne übergroße Poren ausgenommen.

schiedlichen Mischmethoden bzw. den verschieden hohen Niveaus der in den Bindemittelleim eingetragenen Mischenergie resultieren. Dies lässt den Wunsch nach einer direkten Ableitung der Schaumeigenschaften von den rheologischen Eigenschaften des Bindemittelleimes noch einleuchtender erscheinen.

Für die in Abbildungen 79 bis 87 dargestellten Porositätsklassen können folgende Beobachtungen gemacht werden:

Porenklasse A: Ähnliche Eigenschaften wie Porenklasse B, jedoch mit einem größeren Maximaldurchmesser von ca. 1,5 mm (Abb. 80).

Porenklasse B: Fein verteilte, weitestgehend gleichmäßig abgestufte Makroporen mit einem Maximaldurchmesser von ca. 1 mm (Abb. 79).

Porenklasse C: Erkennbar verdünnte Lamellen und damit einhergehende schlechtere Porengrößenabstufung. Nahezu gleich große Poren mit einem Maximaldurchmesser von ca. 2 mm (Abb. 81).

Porenklasse D: Ähnliche Eigenschaften wie Porenklasse C, jedoch mit häufiger Tendenz zur Vereinigung von Poren in einem späten Stadium des Abbindens. Daraus resultieren ungleichmäßige und in Bezug auf ihren Größtdurchmesser größere Poren. Darüber hinaus ist verstärkt eine Tendenz, zum Einfallen zu beobachten (Abb. 82).

Porenklasse E: Gleiche Eigenschaften wie Porenstrukturtyp C mit einem Maximaldurchmesser von ca. 3 mm. Es ist wie bei Porenstrukturtyp D eine Tendenz zum Einfallen zu erkennen (Abb. 83).

Porenklasse F: Gleiche Eigenschaften wie Porenstrukturtyp C und E mit einem Maximaldurchmesser von ca. 4 mm. Durch Tendenzen zum Einfallen und aufgrund der schlechteren Stabilität der relativ großen Porenlamellen kommt es zur verstärkten Deformation der Poren in Richtung ovaler Form (Abb. 84).

Porenklasse G: Gleiche Eigenschaften wie Porenstrukturtyp F mit einem Maximaldurchmesser von ca. 5 mm (Abb. 85).

Porenklasse H: Gleiche Eigenschaften wie Porenstrukturtyp F und G mit einem Maximaldurchmesser von ca. 5 mm. Die Deformationen führen teilweise zum völligen Schließen der Poren. Es sind Vereinigung der Poren zu in einem späten Stadium des Abbindens zu beobachten, die zu unregelmäßigen Porenformen führen (Abb. 86).

Porenklasse I: Sehr stark bis fast völlig eingedrückte, verflachte Poren (Abb. 87).

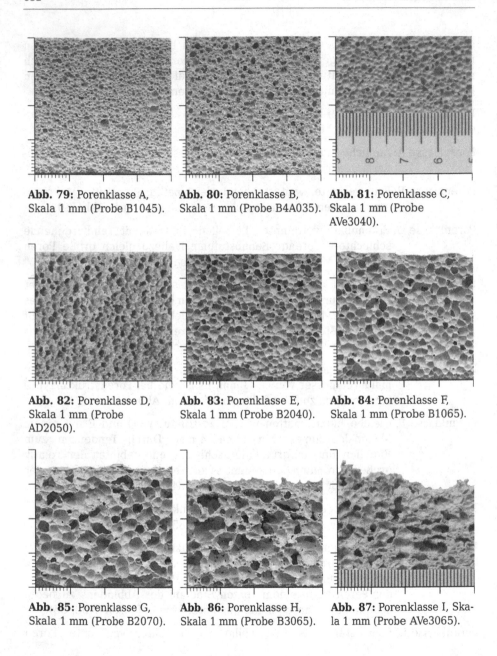

Abb. 79: Porenklasse A, Skala 1 mm (Probe B1045).

Abb. 80: Porenklasse B, Skala 1 mm (Probe B4A035).

Abb. 81: Porenklasse C, Skala 1 mm (Probe AVe3040).

Abb. 82: Porenklasse D, Skala 1 mm (Probe AD2050).

Abb. 83: Porenklasse E, Skala 1 mm (Probe B2040).

Abb. 84: Porenklasse F, Skala 1 mm (Probe B1065).

Abb. 85: Porenklasse G, Skala 1 mm (Probe B2070).

Abb. 86: Porenklasse H, Skala 1 mm (Probe B3065).

Abb. 87: Porenklasse I, Skala 1 mm (Probe AVe3065).

Klar zu erkennen ist über alle Porositätsklassen hinweg, dass die Tendenz zu einer polyedrischen Struktur mit der Porengröße und der Klasse zunimmt. Das annähernd selbe Gesamtporenvolumen ist in einer weniger kontinuierlichen Porengrößenverteilung mit einem kleineren Anteil kleinerer Poren verortet (vgl. dazu auch Abb. 89). Die Struktur geht von einer dichten Kugelpackung zu einer Polyederstruktur über, in der die Masse der Bindemittelmatrix stärker in den Porenwandungen und weniger in den Zwickeln zu finden ist.

Zudem lässt sich feststellen, dass sich das Verhältnis zwischen der erreichten Trockenrohdichte und der Frischrohdichte, unabhängig vom Porenstrukturtyp, zwischen von 0,61 und 0,73 bewegt. Abweichungen von den Zielrohdichten erfolgen meist nach unten. Eine Abweichung von der Frischrohdichte nach oben kommt in den Porenstrukturklassen bis Gruppe C nicht vor. Ausnahme ist die Gruppe D der Porenstrukturtypen, die jedoch im Herstellungsverfahren eine Besonderheit aufweisen. Hier wurde der Leim in zwei Schritten zugegeben, eben mit dem Ziel möglichst genau die angestrebten Frischrohdichten zu erreichen.

Zwar sprechen diese Beobachtungen für eine Anwendbarkeit des in Kapitel 4.1 vorgeschlagenen Mischungsentwurfes, weitgehend unabhängig von der Konsistenz des Bindemittelleims. Jedoch muss festgestellt werden, dass während des gewählten Untermischprozesses die Homogenisierung des zugegebenen Leims nicht vollständig gewährleistet werden kann.

5.3.1.3 Porenverteilung

a) Rechnerische Auswertung der Versuchsergebnisse

Aufgrund der für den hier besprochenen mineralisierten Schaum charakteristischen großen Bandbreite unterschiedlich großer Poren (Abb. 79 bis 87) wurden zur weiteren Charakterisierung stereomikroskopische Aufnahmen gemacht und quecksilberdruckporosimetrische[159] Untersuchungen durchgeführt (Kap. 4.3.4.7, S. 90). Im Folgenden wird zunächst die mathematische Vorgehensweise zur Zusammenführung der heterogenen Datenbasis am Beispiel einer Proben mit dem Wasserzementwert 0,65 dargelegt.

Korrektur Ausgabe Quecksilberporosimeter

Die Ergebnisausgabe des Quecksilberporosimeters ist ungleich genauer als die von Hand ausgezählten Porenverteilungen. Aus diesem Grund werden die ausgegebenen relativen Volumenanteile in einem ersten Schritt Klassen von 5 µm zugeteilt (Tab. 13).

---

159 Zu den Grenzen der Quecksilberporosimetrie siehe Kapitel 4.3.4.7.1 a (S. 91).

Diese relative Verteilung in Tabelle 13, ausgegeben vom Quecksilberporosimeter, berücksichtigt jedoch nicht, dass in der Probe Poren mit einem größeren Durchmesser als 0,05 mm vorhanden sind, da diese vom Gerät nicht erfasst werden können[160]. Die gemessenen relativen Volumina V_{rel} müssen, um sie mit den mittels Mikroskopie erlangten Werten zusammenführen zu können, auf den wahren Feststoffanteil bezogen werden. Dafür wird ein Korrekturfaktor κ_1 eingeführt, der sich aus dem rechnerischen Porenvolumen und der Porosität zusammensetzt (Formel 5.13).

$$V_{rel,i} = \kappa_1 \cdot V_{rel,pm,i} \tag{5.13}$$

$V_{rel,i}$:   Korrigierter Volumenanteil einer Klasse.
$V_{rel,pm,i}$: Relativer Volumenanteil aus Quecksilberporosimetrie einer Klasse.
κ_1:   Korrekturfaktor.

Der Korrekturfaktor (Formel 5.14) ergibt sich aus der Porosität ϕ_{pm} der Probe, die durch das Quecksilberporosimeter ermittelt wurde, multipliziert mit der rechnerischen Gesamtporosität ϕ_t des mineralisierten Schaums (Formel 4.7).

$$\kappa_1 = \phi_{pm} \cdot \phi_t \tag{5.14}$$

κ_1:   Korrekturfaktor.
ϕ_{pm}:   Vom Quecksilberporosimeter ausgegebene Gesamtporosität.
ϕ_t: Rechnerische Gesamtporosität.

Für die hier beispielsweise angeführte Probe mit einem Wasserzementwert von 0,65 ergeben sich demzufolge die in Tabelle 12 zusammengefassten Korrekturrechenwerte. Mithilfe des Korrekturfaktors kann die Verteilung der kleinen Poren bezogen auf den tatsächlich vorhandenen Feststoffanteil ermittelt werden (Tab. 13).

Tab. 12: Grundlegende Korrekturrechenwerte (w/z = 0,65).

Gemessene Dichte ρ_{dry}	Zementsteindichte $\rho_{dry,m}$	Rech. Porenvolumen ϕ_t	Gemessene Porosität ϕ_{pm}	Korrekturfaktor κ_1
[kg/m³]	[kg/m³]	–	–	–
212	1950	0,89	0,57	0,50

Wie in Tabelle 13 zu erkennen, wird der Anteil der kleinen Poren durch den Bezug auf das tatsächlich vorhandene Porenvolumen auf 50,5 % reduziert. Aus dem Gesamtporenanteil, der dem rechnerischen Porenvolumen entspricht und dem ermittelten Anteil der kleinen Poren ist somit bekannt, welchen Anteil den mittleren und großen Poren zuzuteilen ist (Formel 5.15, Tab. 14).

---

160 Vergleiche dazu die modellhaften Überlegungen zur Anwendung der Quecksilberporosimetrie bei mineralisiertem Schaum in Kapitel 4.3.4.7.1 a (S. 92) und insbesondere Abbildung 50 (S. 93).

$$V_{rel,m/g} = \varphi_t - V_{rel,kl} \qquad (5.15)$$

$V_{rel,ml/gr}$: Relativer Volumenanteil der mittleren und großen Poren.
φ_t: Rechnerisches Porenvolumen.
$V_{rel,kl}$: Korrigierter relativer Volumenanteil kleinen Poren.

Die Verteilung der mittleren und großen Poren, die nicht durch die Quecksilber-porosimetrie bestimmt werden konnten, wurden mittels Digitalmikroskopie aus-gezählt (Kap. 4.3.4.7).

Tab. 13: Gemessen und korrigierte relative Volumenverteilung der kleinen Poren (w/z = 0,65).

Klassen i	relativer Volumenanteil $V_{rel,pm,i}$	korrigierter Volumenanteil $V_{rel,i,korr}$
[µm]	[%]	[%]
0 - 5	63,12	31,77
5 - 10	9,03	4,55
10 - 15	6,35	3,20
15 - 20	3,82	1,92
20 - 25	3,84	1,93
25 - 30	3,00	1,51
30 - 35	3,41	1,72
35 - 45	4,50	2,26
45 - 55	2,89	1,46
Σ	99,95	50,32

Tab. 14: Porenanteile der einzelnen Bereiche.

Gesamtporenanteil φ_t	Anteil der kleinen Poren $V_{rel,kl}$	Anteil der mittleren und großen Poren $V_{rel,ml/gr}$
[%]	[%]	[%]
88,8	50,32	38,52

Korrektur mikroskopische Auszählung

Bei der Auswertung der Ergebnisse der Auszählung der mittleren und großen Poren mittels Mikroskop werden mehrere Rechenschritte vollzogen. Zunächst wird über das Produkt der gemittelten Radien der Klassengrenzen $r_{ø,i}$ und die Anzahl der gezählten Poren n_i die Gesamtfläche der Poren einer Klasse A_i abge-schätzt (Formel 5.16).

$$A_i = \pi \cdot r_{\varnothing,i}^2 \cdot n_i \tag{5.16}$$

A_i: Fläche der Poren einer Klasse.
$r_{\varnothing,i}$:   Gemittelter Radius der Klassengrenzen.
n_i: Anzahl der Poren einer Klasse.

Aus dem Quotienten der eben ermittelten Gesamtfläche der Poren einer Klasse und der summierten Flächen der mittleren und großen Poren kann der relative Flächenanteil der jeweiligen Klasse am an der Gesamtporosität errechnet werden (Formel 5.17).

$$A_{rel,i} = \frac{A_i}{\sum\limits_{i,mi}^{i,gr} A_i} \tag{5.17}$$

$A_{rel,i}$:   Relativer Flächenanteil einer Klasse.
A_i: Fläche der Poren einer Klasse.

Nachdem die rechnerische prozentuale Verteilung im dreidimensionalen nicht derjenigen im zweidimensionalen Raum entspricht, wird ein zweiter Korrekturfaktor κ_2 eingeführt. Da infolge der vorangegangenen Berechnungen die Porosität $\phi_{mi/gr}$ verursacht durch die mittleren und großen Poren im Dreidimensionalen bekannt ist, kann mit Formel 5.18 ein theoretischer Abstand t zwischen den einzelnen Poren errechnet werden (Abb. 88). Dazu wird, um die Rechnung einfacher zu halten, von nur einer einzigen Porengröße ausgegangen.

$$\varphi_{mi/gr} = \frac{4/3\pi \cdot r^3}{(2 \cdot r + t)^3} = \frac{4\pi}{3 \cdot (2+k)^3}, \text{ wobei } t = k \cdot r \tag{5.18}$$

$\phi_{mi/gr}$:   Porosität aus mittleren und großen Poren (dreidimensionale Sichtweise).
r: Einheitsradius der mittleren und großen Poren.
k: Größenmultiplikator zwischen t und r.

Dass ein Abstand t vorhanden ist und die Poren sich nicht überlappen ist bekannt, weil die Porosität der mittleren und großen Poren unterhalb eines sogenannten kubisch primitiven Gitters von ca. 52 % liegt. Der Abstand t ist wie der Radius r in der zwei- sowie dreidimensionalen Betrachtung konstant.

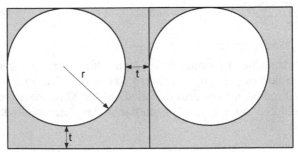

Abb. 88:   Modellhafte Vorstellung der Abstände der Poren untereinander

Mit Kenntnis des Abstandes t, kann unabhängig vom Radius die Porosität im zweidimensionalen Raum errechnet werden (Formel 5.19). Setzt man beide Porositäten ins Verhältnis, erhält man den Korrekturfaktor κ_2, der auf die einzelnen Porenanteile angewendet werden kann. Dieser ist aufgrund des vorhandenen Abstandes t im vorliegenden Fall immer kleiner 1.

$$\varphi_{mi/gr,2D} = \frac{\pi}{(2+k)^2}, \text{ wobei } t = k \cdot r \tag{5.19}$$

$\phi_{mi/gr,2D}$: Porosität aus mittleren und großen Poren (zweidimensionale Sichtweise).
r: Einheitsradius der mittleren und großen Poren.
k: Größenmultiplikator zwischen t und r.

$$\kappa_2 = \frac{\varphi_{mi/gr}}{\varphi_{mi/gr,2D}} \tag{5.20}$$

$\phi_{mi/gr}$: Porosität aus mittleren und großen Poren (dreidimensionale Sichtweise).
$\phi_{mi/gr,2D}$: Porosität aus mittleren und großen Poren (zweidimensionale Sichtweise).
κ_2: Korrekturfaktor zwischen zwei- und dreidimensionaler Betrachtungsweise der Porosität.

Zu Bestimmung des relativen Volumenanteils der einzelnen Klassen der mittleren und großen Poren wird davon ausgegangen, dass die mittleren und großen Poren in der Fläche und im Volumen gleich verteilt sind.

Unter Verwendung von κ_2 können die relativen Volumenanteile der einzelnen Klassen der mittleren und großen Poren aus dem Produkt der relativen Flächenanteile mit dem Volumenanteil der mittleren und großen Poren errechnet werden (Formel 5.21).

$$V_{rel,i,mi/gr} = \cdot \kappa_2 A_{rel,i} \tag{5.21}$$

$V_{rel,i,mi/gr}$: Volumenanteil einer Porenklasse der mittleren und großen Poren.
$A_{rel,i}$ Flächenanteil einer Porenklasse im Bereich der mittleren und großen Poren.
κ_2: Korrekturfaktor zwischen zwei- und dreidimensionaler Betrachtungsweise der Porosität.

b) Porenverteilung

In Tabelle 15 und 16 sind die Ergebnisse aus Kapitel 5.3.1.3.1 a für das Material w/z = 0,65 dargestellt.

Durch die entworfene Methode ist es möglich, die Verteilung der unter unterschiedlichen Bedingungen ermittelten Porengrößen zusammengefasst darzustellen. Für die ersten vier Klassen A bis D (Abb. 79 bis 82) ergibt sich so das in Abbildung 89 ausgewertete Gesamtbild. Die 89 dargestellten Ergebnisse bewertend kann festgestellt werden, dass in jeder der vier Porositätsklassen die kleinsten Poren ein Viertel, für Klasse A und B bis ein Drittel des Porenraumes für Klasse C und D ausmachen. Nimmt man alle Mikroporen bis ca. 50 µm zusammen, kann von einem nahezu konstanten Anteil dieser Durchmesser von ca. 50 % ausgegangen werden. Es handelt sich dabei vermutlich um für diese Konsistenzbereiche quasi unzerstörbaren Poren, die von Anfang an bereits im wässrigen bzw. frühen mineralischen Schaum in dieser Weise vorliegen. Die dem entgegen folgerichtig ebenfalls konstant bleibende Anteile von mittleren und großen Poren verschieben sich in ihren dominierenden Durchmessern von Klasse A zu Klasse C in einen immer gröberen Bereich. Darüber hinaus fällt auf, dass die Homogenität der Klassen C und D stark gegenüber den Klassen A und B abfällt. Die bereits in der visuellen Beurteilung positiv bewertete Klasse B (Abb. 79) fällt durch eine besonders fein verteilte Porenstruktur auf.

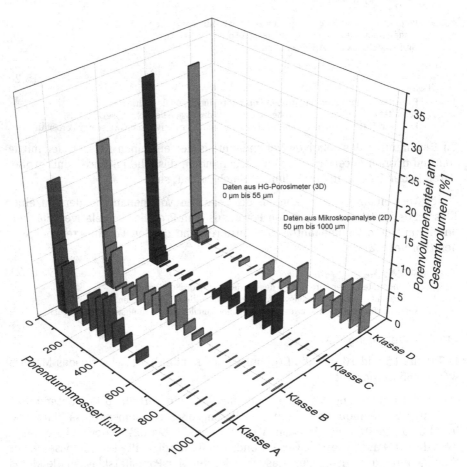

Abb. 89: Prozentuale Porenverteilung der Porositätsklassen A bis D (Abb. 79 bis 82) für den Bereich von 0 bis 1000 µm.

Vergleicht man die Ergebnisse aus Abbildung 89 sowie die visuelle Klassifizierung der Porenstrukturen in Abbildungen 79 bis 87 (S. 132) mit den dynamischen Zerfallsprozess von wässrigem Schaum (Abb. 15, S. 27) bzw. von mineralischem Schaum (Abb. 95 bis 106, S. 148) fällt auf, dass der mineralische und mineralisierte Schaum über kleinste Schaumporen zwischen den größeren Blasen verfügt. Dieses Phänomen findet im vorliegenden Zusammenhang insbesondere in Kapitel 6.2 (S. 167) weitere Beachtung.

Jede der wiedergegebenen Schaumstrukturen (Abb. 79 bis 87, S. 132) ist eine Momentaufnahme des Zustandes des mineralischen Schaumes zu einem bestimmten Zeitpunkt während seines Zerfallsprozesses. Gleiche Umgebungsbedingungen und insbesondere Abbindegeschwindigkeiten vorausgesetzt, sind die abgebildeten Schaumstrukturen ein Hinweis auf unterschiedlich schnell ablaufende Zerfallsprozesse der verschiedenen mineralischen Schäume. Entsprechend werden der Einfluss der Bindemittelleimrheologie und Bindemittelleimerhärtung auf den Zerfallsprozess von mineralischem Schaum in den beiden folgenden Kapiteln 5.3.2 und 5.3.3 untersucht.

Tab. 15: Beispielhaft tabellierte Ergebnisse der Porenverteilung für die großen Poren (w/z = 0,65).

Klasse		Anzahl	Fläche	Relativer Flächenanteil	Volumenanteil
[µm]		–	[mm²]	[%]	[%]
250	– 290	1	0,23	0,75	0,29
300	– 340	2	0,64	2,12	0,82
350	– 390		0,00	0,00	0,00
400	– 440		0,00	0,00	0,00
450	– 490	3	2,08	6,85	2,64
500	– 540		0,00	0,00	0,00
500	– 590	1	1,02	3,36	1,29
600	– 640	1	1,21	3,98	1,53
650	– 690	3	4,23	13,93	5,37
700	– 740		0,00	0,00	0,00
750	– 790	1	1,86	6,13	2,36
800	– 840	1	2,11	6,96	2,68
850	– 890	1	2,38	7,83	3,02
900	– 940	2	5,32	17,51	6,75
950	– 990	2	5,91	19,47	7,50
1000	– 1040	1	3,27	10,76	4,15
Σ		19	30,26	9,73	3,75

Tab. 16: Beispielhaft tabellierte Ergebnisse der Porenverteilung für die mittleren Poren (w/z = 0,65).

Klasse	Anzahl	Fläche	Relativer Flächenanteil	Volumenanteil
[µm]	–	[mm²]	[%]	[%]
< 50				
50 - 90	4	0,06	0,20	0,08
100 - 140	1	0,05	0,15	0,06
150 - 190	0	0,00	0,00	0,00
200 - 240	0	0,00	0,00	0,00
≥ 250				
Σ	5	0,11	0,35	0,14

5.3.2 Wirkung der Rheologie der kontinuierlichen Phase

Insbesondere die in Kapitel 2.2 (S.17) dargelegten Sachverhalte legen nahe, dass es zwischen Schaumqualität bzw. Schaumhaltbarkeit und den rheologischen Eigenschaften der kontinuierlichen, flüssigen Phase des Schaums enge Zusammenhänge gibt. Um die Wechselwirkungen zwischen der Leimrheologie und den Eigenschaften des festen Schaumes nachverfolgen zu können, wurden wie in Kapitel 4.3.2.2 (S. 76) beschrieben selbige unter Variierung des Wasserzementwertes mithilfe zweier unterschiedlicher Hochleistungsmischsysteme hergestellt (Kap. 4.2.5.1, S. 67). Da die Zementqualität sowie die Umgebungsbedingungen stets konstant gehalten wurden, ist der auch vorhandene Einfluss der Abbindegeschwindigkeit des Leimes auf die Porenstrukturbildung hier zunächst ausgeschlossen (dazu gesondert in Kap. 5.3.3, S. 147).

5.3.2.1 Einfache Konsistenzmessungen

Durch die im vorangegangenen Kapitel beschriebenen Versuche konnte indikativ beobachtet werden, dass bei normalen Abbindegeschwindigkeiten unter Normklimabedingungen höhere Viskositäten feinere Porenverteilungen erzeugen. Im Verlauf der Untersuchungen an 84 Proben mit dem Marshtrichter (vgl. Kap. 4.3.2.2.1 b, S. 77) hat sich diese Versuchsmethode jedoch für die oben genannten Konsistenzbereiche und deren charakteristischen Wasserzementwerte als nicht geeignet erwiesen. Daher wird hier auf eine ausführliche Darstellung der erzielten Ergebnisse verzichtet. Darüber hinaus ist bereits Mezger (2010) zufolge, wie auch allgemein bekannt, das Ausbreitmaß und Trichterverfahren für genaue Ergebnisse des Fließverhaltens wenig aussagekräftig und stark subjektiv, da keine physikalisch verwertbaren Kenngrößen erlangt werden (Tab. 17) [100].

Tab. 17: Variation des Wasserzementwerts unter Verwendung von CEM I 42,5R im Hochleistungsmischer. Mittlere Ergebniswerte der Auslaufzeiten des Marshtrichters ⌀ 12 mm (4.3.2.2.1 b, S. 77).

w/z	-	0,35	0,40	0,45	0,50	0,55	0,60	0,65	0,70
T	[s]	–	–	14	8	6	6	5	4

5.3.2.2 Fließgrenze

Zur Ermittlung der Fließgrenze der unterschiedlichen Bindemittelleimmischungen wurden die Fließkurven nach der Theorie von Bingham ausgewertet (Kap. 4.3.2.2, S. 76 und 2.4.6.1.1 a, S. 47). Aufgetragen nach Wasserzementwert ergeben sich global gesehen keine Besonderheiten (Abb. 90, infolge Messprofil I, Anhang A, S. 219). Die Werte der Fließgrenzen fallen nach exponentieller Näherung mit einer Steigerung des Wasserzementwertes. Die Anpassungsgüte der linearen Regressionsfunktion nach Bingham nimmt mit steigendem Wasserzementwert ab. Wie in Kapitel 4.3.2.2 (S. 76) erläutert ist die Theorie für Substanzen mit ausgeprägter Fließgrenze besser geeignet.

Die Streuung der Einzelwerte ist für die Leime, die mit dem Kolloidalmischer hergestellt wurden geringer. Dies ist zum einen auf eine insgesamt homogenere Mischung zurückzuführen, zum anderen auf ein zuverlässigeres Erreichen der immer selben Mischqualität (Abb. 90).

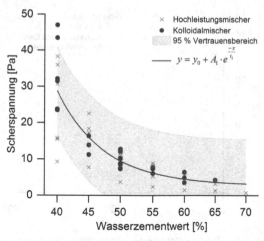

Abb. 90: Fließgrenzen [Pas] nach Bingham verschiedener Wasserzementwerte [%] in Abhängigkeit des genutzten Mischsystems. Exponentielle Anpassungsfunktion und 95 % Vertrauensbereich über alle Werte.

Sind bei höheren Wasserzementwerten die Unterschiede zwischen den beiden Mischsystemen kaum feststellbar, lassen sich bei niedrigeren Wasseranteilen relativ graduell niedrigere Fließgrenzen bei Nutzung des Hochleistungsmischers im Vergleich zum Kolloidalmischer ausmachen. Insgesamt scheint die Ermittlung der Fließgrenze nicht ausreichend genau und geeignet, um Aussagen über die spätere Porenverteilung in frischem sowie festem mineralischem Schaum zu sein.

5.3.2.3 Viskosität

Die Viskositätskurven zeigen grundsätzlich den typischen Verlauf einer struktur-viskosen Substanz mit Fließgrenze: Mit steigenden Scherraten sinken die Viskositätswerte zunächst stark, um dann im weiteren Verlauf mit steigender Scherrate sich einem bestimmten Wert anzunähern (Abb. 91, infolge Messprofil I, Anhang A, S. 219).

Die Ergebniskurven der Viskositätsmessungen abhängig der Scherrate können mit guter Genauigkeit mit der Theorie nach CROSS [181, 198] angepasst werden. Ungeachtet der in Kapitel 2.4.6.1.1 b (S. 48) aufgezeigten Schwächen dieses Modells ist seine Anwendbarkeit im vorliegenden Fall gegeben: Weder geringste Scherraten noch das Phänomen elastischer Rückverformung nach Entlastung sind im Fokus der Betrachtungen (vgl. Abb. 91 und 92).

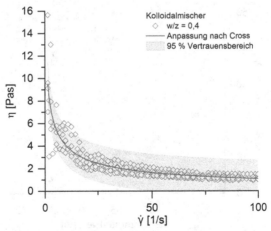

Abb. 91: Viskosität η [Pas] gegen Scherrate ẏ [1/s], Einzelwerte von 6 Messkurven, infolge Messprofil I (Anhang A), Anpassungskurve nach CROSS [198] mit 95 %-Vertrauensbereich, Wasserzementwert 0,4, Kolloidalmischer.

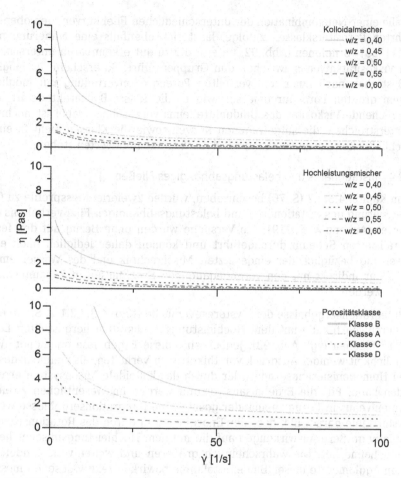

Abb. 92: Viskosität ẏ gegen Scherrate η, Anpassungskurven nach CROSS [198], aufgegliedert nach Mischsystem und Wasserzementwert sowie Porositätsklasse, infolge Messprofil I (Anhang A).

Werden die Fließkurven getrennt nach Wasserzementwert und Mischsystem aufgetragen, fällt zunächst das mit steigendem Wasserzementwert erwartbare sinkende Viskositätsniveau auf (Abb. 92, oben und Mitte). Zudem ist im Bereich niedriger Scherraten für die kolloidal gemischten Suspensionen, in Bezug auf jene mit dem Hochleistungsmischer gemischten Leime, ein stärkerer Gradient der Viskosität zu beobachten. Dies deckt sich auch mit den Ergebnissen der Versuche zur Fließgrenze (Kap. 5.3.2.2) und ist ein Hinweis auf eine höhere Elastizität und größere strukturelle Stabilität des kolloidal gemischten Leimes.

Im Falle einer Neukombination der unterschiedlichen Fließkurven, den oben eingeführten Porositätsklassen zufolge, lässt sich ebenfalls eine Näherung nach
CROSS [198] vornehmen (Abb. 92, unten), die zu gut erkennbaren unterschiedlichen Viskositätsniveaus zwischen den Gruppen führt. So erscheint es möglich,
im Bestreben nach einer fein verteilten Porengrößenverteilung mit möglichst
kleinem größten Porendurchmesser, wie es die Klasse B charakterisiert, eine
entsprechende Viskosität des Bindemittelleims vorzusehen. Dabei ist nochmals
zu unterstreichen, die aufgetragenen Kurven sowie die Klassen nicht in einem
ausschließlichen Zusammenhang mit den Wasserzementwerten stehen.

5.3.2.4 Instationäres und belastungsabhängiges Fließen

Wie in Kapitel 4.3.2.2 (S. 76) beschrieben, wurden zweierlei Messprofile zu Charakterisierung des instationären und belastungsabhängigen Fließverhaltens ausgewertet (Anhang A, S. 219). Die Versuche wurden ohne Bezug auf den festen
mineralisierten Schaum durchgeführt und können daher lediglich nach einer
Auswertung bezüglich der eingesetzten Mischtechnik und des Wasserzementwertes nur indirekt mit den vorangegangenen Ergebnissen in Zusammenhang
gesetzt werden.

Die Integrationsergebnisse der Hystereseversuche (Kap. 4.3.2.2.1 e, S. 79) ergaben durchweg für die mit dem Hochleistungsmischsystem hergestellten Leime
größere Flächen (vgl. Abb. 93). Jedoch sind diese Ergebnisse mit hoher Wahrscheinlichkeit weniger Ausdruck von thixotropen Verhalten, als vielmehr des höheren Homogenisierungsgrades, der durch das kolloidale Mischsystem erreicht
werden kann. Für die Ergebnisauswertung werden im Wesentlichen zweierlei
Energieniveaus in Bezug zueinander gesetzt. Die Integrationsergebnisse weisen
in erster Linie darauf hin, dass der Energieeintrag durch das Rotationsrheometer relativ größere Auswirkungen auf die mit dem Hochleistungsmischer hergestellten Leime hat. Die wahrscheinlich größeren und weiter voneinander ent-
fernten Agglomerate dieser Bindemittelleime bewirken relativ gesehen messbar
größere Strukturänderungen infolge der aufgebrachten Scherkräfte. Die innere
Struktur dieser Leime führt dazu, dass Wechselwirkungen zwischen den Partikeln leichter gestört werden können. Das homogenere, kolloidal gemischte Material bietet dieses Störpotential weniger. Abbildung 93 zeigt ein typisches Ergebnisdiagramm (infolge Messprofil II, Anhang A, S. 219). Da die absoluten Ergebnisse der Kurvenintegration aufgrund der oben angeführten Überlegungen
hier keinen Mehrwert darstellen, wird auf ihre Wiedergabe verzichtet.

Wie in Kapitel 4.3.2.2 angedeutet werden in DIN SPEC 91143-2 verschiedene
Auswertungsvorschläge für den Schersprungversuch gemacht. Jedoch ist dort
auch vermerkt, dass für jedes Material eigene Messprofile und Auswertungsfor-
men gemacht und v. a. festgelegt werden müssen. So ist z. B. die dort vorgeschlagene Indexberechnung im vorliegenden Zusammenhang nicht sinnvoll, da

sie eine Einordnung in einen globalen Rahmen voraussetzt, wie er nur für Öle oder Lacke vorliegt.

Dahingegen scheint ein Rotationsversuch mit Schersprung und Erholung bei Vorgabe der Scherrate in Anlehnung an DIN SPEC 91143-2 sinnvoll (Messprofil III, Anhang A, S. 219). Hierzu kann der prozentuale Strukturwiederaufbau durch in Bezug Setzen des Viskositätswertes am Ende des dritten Messabschnitts $\eta_{3,fin}$ mit dem Wert am Ende des ersten Messabschnitts $\eta_{1,fin}$ ermittelt werden. Ein weiteres Maß für den charakteristischen Strukturaufbau gilt die Kurvensteigung $\eta^{*'}$ der linearen Regression des dritten Messabschnittes η^{*}_3 (Abb. 94) [100, 173].

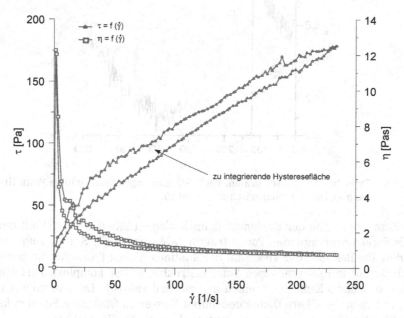

Abb. 93: Typische Messwertausgabe für den Hystereseversuch (infolge Profil II, Anhang A, Hochleistungsmischer, w/z =0,40).

Die Steigung im Abschnitt 3 ist Ausdruck der Geschwindigkeit des Wiederaufbaus der Struktur nach der Belastung in Abschnitt 2 mit der Einheit 1/s. Die beobachtete Tendenz der Ergebniswerte ist theoriekohärent und deutete auf einen schnelleren Strukturaufbau bei niedrigen Wasserzementwerten hin. Dieses Verhalten ist, bei den mit dem Hochleistungsmischer hergestellten Leimen, wie erwartet stärker ausgeprägt. Vor allem zeichnen sich hier die höheren Wasserzementwerte durch eine langsamere Wiederherstellung der Struktur aus. Insbesondere bei den niedrigen Wasserzementwerten ist jedoch kein großer Unterschied in Bezug auf die Geschwindigkeit des Strukturaufbaus zu erkennen. Der Kurvenverlauf in Abbildung 94 deutet darauf hin, dass weder am Ende des ersten noch am Ende des dritten Abschnittes das Maximum der Viskosität gemessen worden ist. Dies wird durch die Beobachtung gestützt, dass jeder Bindemittelleim das vor der Störung im zweiten Abschnitt vorherrschende Viskositätsniveau wieder erreichen konnte.

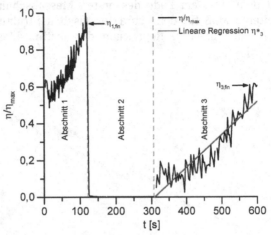

Abb. 94:   Typisches Ergebnisdiagramm nach Schersprungversuch, infolge Profil III (Anhang A), Hochleistungsmischer, w/z =0,45.

Die Zusammenschau der Bindemittelleimrheologie (Abb. 92, S. 143) mit der jeweils daraus resultierenden Porenstruktur (Abb. 79 bis 87, S. 132) zeigt insbesondere die Relevanz der Viskosität der kontinuierlichen Phase für die zeitliche Veränderung von mineralischen Schaumstrukturen. Der komplexe Zerfallsprozess von Schaum kann durch einen ausreichend viskosen Leim verzögert werden, sodass seine höhere Dichte gegenüber Wasser im wässrigen Schaum keine signifikant größere Drainage hervorruft (vgl. auch Abb. 76, S. 123).

Die in Abbildung 92 dargestellten Viskositätsverläufe können Teil einer Grundlage für eine früher Vorhersage einer bestimmten Schaumstruktur sein und lassen allgemeine Aussagen hinsichtlich der Robustheit einer Produktionsmethode für mineralisierten Schaum zu. Sie zeigen, dass bis zu einem gewissen Grad höhere Viskositäten im Bindemittelleim, hervorgerufen etwa durch niedrige Wasseranteile oder energiereiche Mischverfahren, zu einer feineren Porenverteilung im mineralisierten Schaum führen können.

5.3.3 Wirkung des Abbindeverhaltens der kontinuierlichen Phase

Die im folgenden Kapitel beschriebenen Untersuchungen sollen die Auswirkungen des Einsatzes von Schaumbildnern, Beschleunigern und Fließmitteln auf das Abbindeverhalten des Bindemittelleims sowie die indirekten Konsequenzen dieser Effekte auf den mineralischen und mineralisierten Schaum erkennen helfen. Die den Hydratationsverlauf verzögernde bzw. beschleunigende Wirkung der genannten Zusatzmittel wurde entsprechend kalorimetrisch quantitativ und qualitativ erfasst.

5.3.3.1 Referenzzerfallsprozess

Zur Charakterisierung des Zerfallsprozesses von mineralischem Schaum und für eine später darauf abgestimmte Erhärtung des Bindemittelleims wurden zunächst Versuche mit einer nicht erhärtenden Suspension aus Kalksteinmehl in Wasser als kontinuierliche Schaumphase durchgeführt (Kapitel 4.3.3.3, S. 84). Die gesuchte Zeitspanne für die Erhärtung des Bindemittelleims sollte für einen „guten" mineralisierten Schaum durch anfangs sehr feine und gleichmäßig verteilte Poren und gegen deren Ende durch gröbere, aber weiterhin gleichmäßig verteilte und stabile Poren im mineralischen Schaum gekennzeichnet sein. Die Abbildungen 95 bis 106 zeigen die fotografischen Detailaufnahmen der Porenstruktur des Schaumes auf Basis der Kalksteinsuspension. Gekennzeichnet sind einige markante Strukturen, die den Schaumzerfallsprozess und die damit im Zusammenhang stehenden Bewegungen verdeutlichen sollen. Die eingetragenen Pfeile markieren die Bewegungsrichtung des mineralischen Schaumes.

Zu Versuchsbeginn ähnelt die Porenstruktur des mineralischen Schaumes noch der des wässrigen Schaumes. Nach 10 Minuten bis 20 Minuten kann bereits ein Zusammenschluss von Blasen und ein leichtes Abfließen beobachtete werden. Zudem bilden sich vereinzelt größere Blasen. Insbesondere nach 50 Minuten bis 60 Minuten ist der Zusammenschluss von kleineren zu größeren Blasen signifikant. In Bezug auf die Ausgangsstruktur ist eine deutliche Porenwanderung nach unten zu erkennen. Ab ca. 70 Minuten zeigen sich größere strukturelle Schädigungen durch Abrutschen und Rissbildung. Ab 140 Minuten bis 150 Minuten sind stark vergrößerte Poren und eine deutliche Störung des Gesamtgefüges zu erkennen. Im Übrigen konnte erst nach über 6 Stunden eine signifikante Einfalltiefe an der Oberseite der Probe gemessen werden. Die inneren Zerstörungsvorgänge haben wie erwartet eine stark verzögerte Wirkung auf die äußere Dimension des Schaumkörpers.

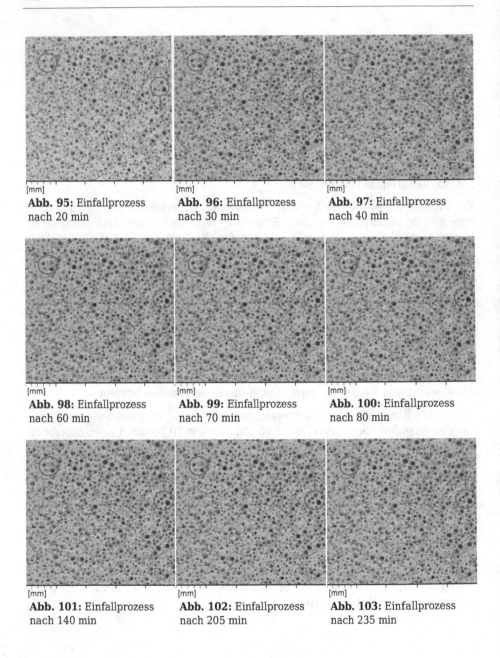

[mm]
Abb. 95: Einfallprozess
nach 20 min

[mm]
Abb. 96: Einfallprozess
nach 30 min

[mm]
Abb. 97: Einfallprozess
nach 40 min

[mm]
Abb. 98: Einfallprozess
nach 60 min

[mm]
Abb. 99: Einfallprozess
nach 70 min

[mm]
Abb. 100: Einfallprozess
nach 80 min

[mm]
Abb. 101: Einfallprozess
nach 140 min

[mm]
Abb. 102: Einfallprozess
nach 205 min

[mm]
Abb. 103: Einfallprozess
nach 235 min

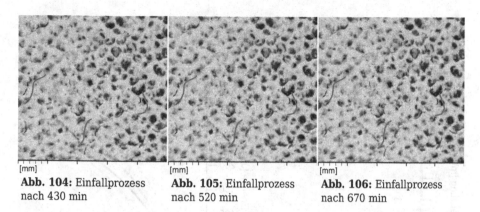

Abb. 104: Einfallprozess nach 430 min   **Abb. 105:** Einfallprozess nach 520 min   **Abb. 106:** Einfallprozess nach 670 min

Zwar ist zu bedenken, dass der Schaumzerfallsprozess bei Verwendung von Bindemitteln aufgrund des Einsetzens der Verfestigung trotz ähnlicher Konsistenz (vgl. Abb. Anhang C.2, S. 227) tendenziell langsamer verläuft, als in den Abbildungen 95 bis 106 zu sehen. Jedoch ist die, für den vorliegenden Zusammenhang vorrangige, Erkenntnis aus dem durchgeführten Versuch gültig: Die Erhärtungsentwicklung des Bindemittels der ersten 2 Stunden bis 4 Stunden nach Wasserzugabe ist für die Strukturmerkmale mineralisierter Schäume entscheidend. Alle späteren Erhärtungsentwicklungen haben diesbezüglich mit großer Wahrscheinlichkeit einen weitaus geringeren Einfluss.

5.3.3.2 Kalorimetrie des Leimes

Zur Untersuchung des Einflusses des Erhärtungsverlaufes der kontinuierlichen Phase des Schaumes auf die Charakteristiken der diskontinuierlichen wurde Selbiges durch Einsatz von Beschleunigern modifiziert. Zur Charakterisierung des grundlegenden Verlaufes sowie dessen Modifikationen wurden zunächst Versuche am nicht aufgeschäumten Bindemittelleim, wie in Kapitel 4.3.2.3 (S. 80) beschrieben, durchgeführt. Dabei wurden pro Mischungszusammensetzung mindestens drei Versuche ausgeführt und aufgrund der festgestellten geringen relativen Abweichungen ein Verlauf auf Grundlage der Mittelwerte berechnet.

Die für den vorliegenden Zusammenhang zentralen Ergebnisse sind in Abbildung 107 dargestellt. Die Kurven zeigen den Leistungs- bzw. Energieumsatz bezogen auf ein Gramm Zement als reaktiver Bestandteil in der kontinuierlichen Schaumphase. Die in Kapitel 5.3.3.3 (unten) diskutierten Verläufe der gleichen Zusammensetzungen weichen in Bezug auf die hier dargestellten absoluten Werte ab, da das verwendete Kalorimeter eine Untersuchung von Materialien mit so geringen Dichten bzw. Wärmekapazitäten nicht vorsieht. Jedoch bleibt die relative Aussagekraft der Kurven bei direktem Vergleich erhalten.

Abbildung 107 zeigt den Beginn der Accelerationsperiode des verwendeten Zements nach zwei bis drei Stunden, nach dem Abfall während der dormanenten Periode.

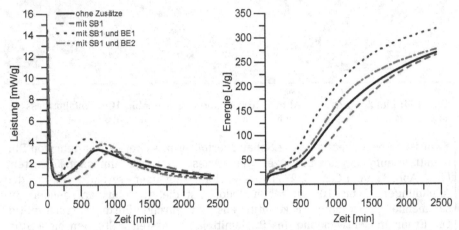

Abb. 107: Verlauf der exothermen Hydratationsreaktion des als kontinuierliche Schaumphase verwendeten Bindemittelleims bei 20 °C und dessen Beeinflussung durch Anwesenheit des Schaumbildners sowie unterschiedlicher Beschleuniger (Tab 5 und 6, Kapitel 4.2.4, S. 64).

Die Anwesenheit des verwendeten Schaumbildners bedingt eine signifikante Verlangsamung des Reaktionsablaufs in der dormanenten Reaktionsperiode, was hier zu einer Verzögerung Zementhydratation im Bereich der Accelerationsperiode führt (Kap. 2.3.1, S. 31). Dies ist auf die ebenfalls in diesem Kapitel (S. 33) beschriebenen Effekte zurückzuführen. So benetzen oberflächenaktive Stoffe wie Tenside und Proteine Oberflächen, wie die der Zementpartikel [8, 283]. Infolgedessen kommt es u. a. zu einer Filmbildung und einer Verstärkung der Gelhaut um die Partikel (Abb. 108). Dadurch kann es zu einer verlangsamten Diffusion der umgebenden Wasserpartikel kommen, was zu einer Behinderung der Hydratationsreaktion führt. Dieser Effekt kann durch die zusätzliche Ausbildung von Wasserstoffbrückenbindungen der Schaumbildner auf Proteinbasis verstärkt werden (Kap. 2.2.4, S. 29). Dies ist ein Erklärungsmuster der stärker verzögernden Eigenschaften von Schaumbildner auf Basis Proteinen im Gegensatz zu synthetischen Tensiden [284]. Daneben kann es zu einer Ausfällung des Schaumbildners durch Bindung von Ca^{2+}-Ionen kommen [283]. Dadurch wird deren notwendige Sättigungskonzentration, die den Beginn der Accelerationsperiode kennzeichnet und Voraussetzung für das Kristallisieren der CSH-Phasen ist, nur verzögert erreicht.

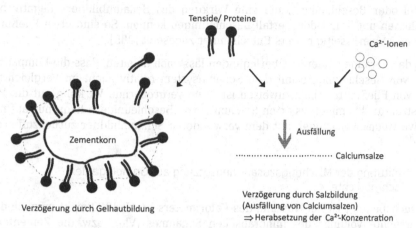

Abb. 108: Schematische Darstellung verschiedener hydratationsverzögernder Effekte [235].

Auch andere Schaumbildner wurden im Zuge der hier beschriebenen Forschungsarbeit untersucht. Alle wirkten, wenn auch meist in geringerem Maße, verzögernd. Die untersuchten Fließmittel führten zu einer nachweisbaren aber nicht relevant starken Verzögerung [284]. Nahezu alle untersuchten Beschleuniger sind dazu geeignet, die verzögernde Wirkung von Schaumbildner auszugleichen oder überzukompensieren. Eine Ausnahme bildet der Beschleuniger Nr. 3 auf Formiatbasis (Tab. 6, S. 64).

5.3.3.3 Kalorimetrie der kontinuierlichen Phase

Der Logik der vorangegangenen Kapitel folgend ist es von Vorteil, etwaigen Verzögerungen der Hydratationsentwicklung oder einem beschleunigten Zerfall des mineralischen Schaums entgegen zu wirken. Im folgenden Kapitel soll u. a. durch die in Kapitel 4.3.3.2 (S. 83) beschriebenen kalorimetrischen Untersuchungen die grundsätzliche Eignung von Beschleunigern zu diesem Zweck und ihr möglicher gezielter Einsatz zur Herstellung ganz bestimmter Schaumstruktur untersucht werden.

Eine Verzögerung der Hydratation kann nicht nur durch den Schaumbildner selbst hervorgerufen werden, sondern u. a. auch durch den Einsatz weiterer Zusatzmittel wie Fließmittel oder durch niedrige Umgebungstemperaturen. Ein beschleunigter Zerfall des mineralischen Schaums kann durch die allgemeinen, für flüssige Schäume geltenden, in Kapitel 2.2.3 (S. 23) ausgeführten Gründe verursacht werden. Hervorzuheben ist hier insbesondere eine die Thixotropie herabzusetzende Wirkung von Fließmitteln [134]. Hinzu kommt im Falle von zementgebundenen Systemen auch der Einsatz von weiteren Zusatzmitteln wie Fließmittel oder Beschleuniger, die eine Wirkung des Schaumbildners negativ beeinflussen und somit den Zerfall beschleunigen können. So sind etwa Fließmitteln meist werksseitig bereits Entschäumer zugesetzt [285].

Aus den vorangegangenen Überlegungen lässt sich ableiten, dass die Kompatibilität von Beschleunigern mit dem Schaumsystem relativ leicht im Vergleich zu der von Fließmitteln nachzuweisen ist. Eine vergröbernde Wirkung auf die Porenstruktur des mineralisierten Schaumes von Beschleunigern kann nur auf negative Wechselwirkungen mit dem verwendeten Schaumbildner zurückzuführen sein[161].

a) Ermittlung der Mischungszusammensetzung auf Grundlage der Frischrohdichte

Versuchsbedingt ist bei Nutzung des Kalorimeters I-CAL 4000 nicht möglich das untersuchte Volumen des mineralischen Schaumes (V'_{MS}) bzw. die Zementeinwaage (g'_z) mit ausreichender Genauigkeit vor dem Versuch zu bestimmen. Daher wird auf Grundlage des festen Mischungsverhältnisses des Bindemittelleimes und ausgehend von den gravimetrisch ermittelten Frisch- und Festrohdichten (ρ_{fr}, ρ_{dry}) des mineralischen bzw. mineralisierten Schaumes sowie der Einwaage des mineralischen Schaumes der tatsächliche Bindemittelleimanteil berechnet[162] (Formel 5.22 bis 5.25).

Der Zementsteinanteil des mineralisierten Schaumes weicht vom Leimgehalt im mineralischen Schaum ab. Die Gründe liegen in den unterschiedlichen Vorgängen während des Schaumzerstörungsprozesses (Kap. 2.2.3, S. 23). Im aktuellen Kapitel diskutierten Themenbereich liegt der Schwerpunkt im Gegensatz zu den sonst im Vordergrund stehenden Feststoffeigenschaften auf dem Zementanteil – als exotherm reaktives Bindemittel – im mineralischen Schaum. Daher erfolgt die Rückrechnung der genauen Zusammensetzung der im Kalorimeter untersuchten Probe auf Grundlage der Frischrohdichte.

Abweichungen der Frischrohdichte von der zuvor errechneten Zielfrischrohdichte sind aufgrund der höheren Dichte des Leimes gegenüber der des wässrigen Schaumes wahrscheinlich auf Schwankungen bei der Leimeinwaage zurückzu-

---

161 Dies ist auch der Grund dafür, dass die im Rahmen der vorliegenden Forschung durchgeführten Versuche mit Fließmitteln in diesem Text nur am Rande erwähnt werden. Die hier u. a. mit „negativen Wechselwirkungen" umschriebenen Effekte können sehr vielseitig sein und sind aufgrund der nur als „Black-Box-Systeme" erhältlichen Fließmittelmischungen nur sehr schwer genau zu ergründen [213]. Die erlangten Ergebnisse sind stark empirischer Natur und haben dadurch zwar einen technologischen aber nur geringen wissenschaftlichen Wert.

162 Die grundsätzlichen Zusammenhänge zwischen der Frisch- und Festrohdichte sowie Ausführungen bezüglich der Mischungszusammensetzung von mineralischem und mineralisiertem Schaum finden sich in Kapitel 5.2.2 (S. 124).

führen[162]. Signifikante gravimetrische Unterschiede, verursacht durch eine abweichende Schaumzugabe, würden sich hingegen durch relativ große, leicht bemerkbare Volumenschwankungen bemerkbar machen.

$$m_{Leim} = \rho_{fr} \cdot 1\,m^3 - g_{F,Ziel} \qquad (5.22)$$

$$m_z = \frac{m_{Leim}}{1 + w/z} \qquad (5.23)$$

$$V'_{MS} = \frac{m'_{MS}}{\rho_{MS}} \qquad (5.24)$$

$$m'_z = m_z \cdot \frac{V'_{MS}}{1\,m^3} \qquad (5.25)$$

ρ_{fr}:   Frischrohdichte.
V'_{MS}:   Probenvolumen.
m'_{MS}:   Probenmasse.
m_{Leim}:   Leimmasse im mineralischen Schaum.
$m_{F,Ziel}$: Im Mischungsentwurf errechnete Schaummasse.
m_z: Zementmasse im mineralischen Schaum.
m'_z: Zementeinwaage.
w/z: Chemisch umsetzbarer Wasserzementwert (0,4).

Der der tatsächliche Schaumanteil im mineralischen Schaum kann nicht zuverlässig über die Porosität (Formel 4.7, S. 89) des mineralisierten Schaumes ermittelt werden, da sich hier feststellbare Volumenschwankungen auch auf Zerfallsprozesse zurückgeführt werden können. Im Umkehrschluss bedeutet dies, dass sich Ungenauigkeiten bei der Schaumzugabe und frühe Zerfallsprozesse etwa beim Untermischen nur sehr schwer durch Messwerte allein ermitteln lassen. Daher und aufgrund der angewandten relativ genauen volumetrischen Zugabetechnik (Kap. 4.2.5.2), wird in den Berechnungen das zugegebene Schaumvolumen bzw. dessen Gewicht ($g_{F,Ziel}$) als konstant und den Zielvorgaben entsprechend angenommen.

b) Hydratationsverlauf

Der Fortschritt der Erhärtung ist in erster Linie durch den Hydratationsgrad des vorliegenden Bindemittels bestimmt. Das exotherme Energiepotential basiert auf dem reaktiven Anteil der Mischung. Da das Mischungsverhältnis zwischen Zement, Wasser und den restlichen Zusätzen während der dargestellten Versuche konstant blieb, wird der Wärmeentwicklung im Laufe der Zeit als Indikator des Hydratationsgrades auf das Zementgewicht g'_z bezogen (Einheiten: mW/g und J/g).

Die kalorimetrischen Messungen wurden bei Zugabe des Zements zum Wasser während des ersten Mischvorgangs gestartet (Kap. 4.2.5, S. 67). Der gesamte Herstellungsprozess des mineralischen Schaumes konnte nicht immer im exakt gleichen Zeitraum erfolgen. Daher wurde der Zeitpunkt der ersten Leistungsaufnahme des Kalorimeters in den Abbildungen Anhang C.7 und C.8 dargestellten Messkurven als Nullpunkt definiert (Zuordnung Abb. Anhang C.1). Die Verzögerungen im Herstellungsverlauf betrugen maximal 2,5 Minuten.

Die beobachteten Hydratationsverzögerungen, etwa durch den Einsatz von Schaumbildnern (Abb. 107, S. 150), führen zu einer Verlängerung des Vorgangs der Schaumzerstörung vor der Erhärtung. Die verlängerte Frischephase hat eine Vergröberung der Schaumstruktur zur Folge (siehe auch Kapitel 5.3.3.3, oben) und die Gefahr eines strukturellen Zusammenbruchs des Schaums erhöht sich.

Generell stimmen die erlangten Messergebnisse (Abbildungen Anhang C.7 und C.8) mit den in Kapitel 5.3.3.2 (S. 150) dargestellten Kurven überein. Das Zusatzmittel BE1[163] bewirkt nicht nur eine Beschleunigung der Hydratation, sondern hat auch aufgrund seiner Zusammensetzung eine Erhöhung des Gesamtenergieumsatzes zur Folge. Die Korrelation der Diagramme mit den Abbildungen Anhang C.3 bis C.6 zeigt, dass nur bestimmte Beschleunige positive Auswirkungen auf die Porenstruktur des mineralisierten Schaumes haben. So wirkt der Beschleuniger BE1 negativ auf die Stabilität des mineralischen Schaumes.

Der Beschleuniger BE3 hingegen hat keine kalorimetrisch nachweisbare beschleunigende Wirkung, führt aber trotzdem zu einer feineren Porenstruktur (Abb. Anhang C.6). Da es sich um einen Feststoff handelt, kann ein stabilisierender Einfluss durch eine erhöhte Viskosität ein Grund dafür sein. Ein Vergleich der nach CROSS [198] ausgewerteten Viskositätskurven der kolloidal gemischten Leime mit einem Wasserzementwert von 0,4 mit und ohne Zusatz des BE3 zeigt, dass der mit dem Beschleuniger versetzte Bindemittelleim insbesondere unter geringer Scherbelastung höhere Viskositäten aufweist (Abb. 109).

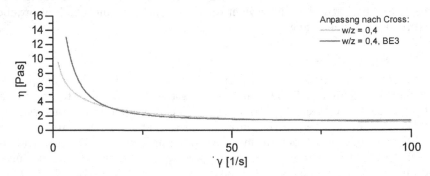

Abb. 109: Verlauf der Viskosität in Abhängigkeit des Schergefälles von Bindemittelleimen mit und ohne Zugabe von BE3, w/z = 0,4, kolloidale Mischtechnik.

---

163 Übersicht der eingesetzten Beschleuniger in Tabelle 6 (S. 64).

Die Beobachtungen lassen auf strukturbildende Effekte des Beschleunigers rückschließen. Darüber hinaus können die Beobachtungen hinsichtlich der viskositätssteigernden Wirkung des Beschleunigers, im annähernd ruhenden Zustand, im Zusammenhang mit der Ausbildung feinerer Schaumstrukturen, als Hinweis auf eine relative Unbewegtheit des Bindemittelleimes im Schaum gewertet werden. Die Summe der im Schaum wirkenden Kräfte muss dieser Überlegung zufolge unterhalb der im Versuch eingebrachten Scherkäfte liegen.

Zu Anfang des Kapitels 5.3.3 konnte auf Grundlage eines Versuches für einen Referenzeinfallsprozess mit mineralischem Schaum auf Basis einer Kalksteinsuspension festgestellt werden, dass die im vorliegenden Zusammenhang untersuchten Schaumstrukturen Ausdruck des instationären Zerfallsprozesses zementöser Schäume zwischen der zweiten und vierten Stunde nach Wasserzugabe sind (Abb. 95 bis 106, S. 148). Im Anschluss daran wurde insbesondere für den vornehmlich verwendeten Schaumbildner auf Keratin-Hydrolysat-Basis eine hydratationsverzögernde Wirkung innerhalb des genannten Zeitraumes festgestellt, welcher zu einer Verzögerung der Zementhydratation im Bereich der Accelerationsperiode führt (Abb. 107, S. 150). Dieser Effekt kann unter Einsatz von Beschleunigern ausgeglichen und überkompensiert werden. Diese Erkenntnisse wurden daraufhin, durch eine kalorimetrische Untersuchung des Bindemittelleims als kontinuierliche Schaumphase (Abb. Anhang C.7 und C.8, S. 229), in Zusammenhang mit den sich jeweils bildenden Porenstrukturen gestellt (Abb. Anhang C.3 bis C.6, S. 228). Das daraus erlangte Bild zeigt die Notwendigkeit einer individuellen Prüfung der Anwendbarkeit von Beschleunigern in mineralischen Schaumsystemen. Mehrheitlich führte ihr Einsatz zu feineren Schaumstrukturen, jedoch konnte bei einem der untersuchten Zusatzmittel auch eine relative Vergröberung der Strukturen beobachtete werden. Angesichts des schnelleren Abbindens ist dies ein Hinweis auf negative Wechselwirkungen des Zusatzmittels mit dem mineralischen Schaum, die zu einer Beschleunigung des Zerfallsprozesses geführt haben. Ein Sonderfall stellt, der Beschleuniger BE3 dar, der keine kalorimetrisch messbare Beeinflussung der Hydratationsentwicklung bewirkte, jedoch aufgrund seiner strukturbildenden Eigenschaften im nahezu ungestörten Leim eine stabilisierende Wirkung auf die nicht erhärtete kontinuierliche Schaumphase hatte (Abb. 109), mit der Ausbildung einer feinen Porenstruktur als Folge (Abb. Anhang C.6, S. 228). Die dafür durchgeführten rheologischen Messungen lassen Rückschlüsse auf die Summe der im Schaum wirkenden Kräfte zu.

5.3.3.4 Wirkung der Hydratationswärme

Nicht unmittelbar in Zusammenhang mit dem in diesem Kapitel diskutieren Themenkomplex steht die Problematik von Rissbildungen infolge von wärmeinduzierten Spannungen im abbindenden mineralisierten Schaum. Jedoch wurden im

Rahmen des Forschungsprojektes „ETA-Fabrik" Schäden in der aufgebrachten Dämmung aus mineralisiertem Schaum beobachtet, deren Beginn in ebendiesen Spannungsfeldern sowie in mangelnder Nachbehandlung liegen können[164]. So war nach einer Standzeit von ca. 2 Monaten nach der Montage eine signifikante Rissbildung an den noch ungeschützten Dämmschichtoberflächen der Wandbauteile erkennbar. Diese war zwar in ihrer anfänglichen Struktur in dieser Charakteristik auch erwartet worden (Kap. 5.1.1.3, S. 113), jedoch bildeten sich zusätzlich zu den orthogonal zur Bauteiloberfläche stehenden Rissen auch schollenartige Ablösungen (Abb. 110).

Die Ablösungen waren vermutlich Folge der zyklischen Belastung durch Saug- und Trocknungsprozesse durch die freie Exposition gegenüber Witterung und Sonneneinstrahlung. Ein Erklärungsmodell, warum einige Wandbauteile stärker von den Schadensbildern betroffen waren als andere, kann eine Bildung von Initialrissen im frühen Stadium der Erhärtung durch temperaturbedingte Spannungen im mineralisierten Schaum sein.

Abb. 110: Schollenartige Ablösungen an exponierter Dämmschicht aus mineralisiertem Schaum der „ETA-Fabrik" auf dem Campus der TU Darmstadt (ρ_d = 180 kg/m³, Bauteildimensionen ca. 0,4 m ·3 m · 9 m: Risstiefe im Bild ca. 2 cm).

Jones und Mc Cathy (2006) haben bei einer Umgebungstemperatur von 20 ± 2 °C in mineralischem Schaum bzw. Schaumbeton mit Rohdichten zwischen 300 kg/m³ bis 600 kg/m³ sowie mit und ohne Sandzugabe, mithilfe eines adiabatischen Kalorimeter Temperatursteigerungen von 9 K bis 42 K bei Steigerungsraten von 20 K/h beobachtet. An den festen Probekörper wurden verstärkt Risse festgestellt. Die Autoren leiten daraus die Möglichkeit einer Bildung von Temperaturspannungen ab, die über der Belastbarkeitsgrenze des Materials

---

164 So wird vielfach auf einen erhöhten Nachbehandlungsbedarf hingewiesen und aber auch gleichzeitig schnell abbindende Leimsysteme empfohlen [27, 31, 56].

liegen und so Risse entstehen lassen. Anzumerken ist, dass im Rahmen der genannten Versuche der verwendete Zementanteil mehr als doppelt so hoch war, als jener der in der vorliegenden Arbeit beschriebenen Mischungen [215]. Jedoch wurde auch im Rahmen der eigenen Versuche, insbesondere an feinporigen Proben aus mineralisiertem Schaum, die unter Verwendung des Beschleunigers BE2 hergestellt wurden, relativ früh eine ausgeprägte Rissbildung beobachtet (Abb. 111).

Die festgestellte verstärkte Rissbildung kann auf eine erhöhte Wärmeentwicklung infolge der Nutzung von Beschleunigern in Kombination mit einer niedrigen Wärmeleitfähigkeit der aus dem beschleunigten Abbinden resultierenden, feinen Porenstruktur zurückgeführt werden [286, 287]. Die Rissbildungsneigung ist gesteigert, da derartige Porenstrukturen relativ dünne Porenwandungen hervorrufen, die neben einer verminderten Wärmeleitung, eine niedrige lokale Widerstandsfähigkeit aufweisen (Abb. 79 bis 87, S. 132).

Abb. 111: Verstärkte Temperaturrissbildung in feinporigem Probekörper aus mineralisiertem Schaum (SB1, BE2, 15er Würfel, $\rho \approx 200$ kg/m³).

6 Schematisierung

Die bis hier aufgezeigten Zusammenhänge als Ergebnis der durchgeführten Forschungsarbeiten sind der Versuch, im Sinne der in Kapitel 3 (S. 51) formulierten Hypothesen, die grundlegenden Zusammenhänge zwischen den Eigenschaften des mineralischen und des mineralisierten Schaumes zu ergründen. Es liegt in der Natur der Sache, dass ein derart vielschichtiges Problem nicht abschließend behandelt werden konnte. Auch wurden, wie bei wissenschaftlichen Arbeiten üblich, neue Fragen aufgeworfen. Um zu ermöglichen, dass auch Erkenntnisse zukünftiger Forschungen adäquat integrieren werden können, wird im folgenden Kapitel eine Schematisierung der Struktur von mineralischem und später mineralisiertem Schaum vorgeschlagen. So soll versucht werden die erlangten Ergebnisse in geeigneter Weise zusammenzuführen und für den Leser transparent zu gestalten.

Einleitend wird auf ein mathematisches Modell für wässrigen Schaum bzw. einer sogenannten. „elementaren Zelle" [85] eingegangen (Kap. 6.1). Die in diesem Kontext angestellten Überlegungen basieren in erster Linie auf einer geometrischen Idealisierung der Struktur von Schäumen (siehe auch Kapitel 2.2, S. 17).

Bei mineralischem bzw. mineralisiertem Schaum handelt es sich jedoch, um ein Material mit einer vom wässrigen Schaum teilweise abweichenden eigenen charakteristischen Struktur, die u. a. aus einem ebenso charakteristischen Zerfallsprozess resultiert (vgl. insb. Kap. 5.3, S. 129 und 5.3.3.1, S. 147). Aus diesem Grund wurde für diesen speziellen Werkstoff in einem zweiten Schritt ein zwar einfaches, aber realitätsnahes Strukturmodell entwickelt (Kap. 6.2). Im Vordergrund stehen dabei die Porenform und -verteilung sowie die Verortung der Masse des mineralisierten Schaums (siehe auch Kapitel 5.3.1, S. 129). Letzterer Punkt hat besonderes Gewicht, da die Beschaffenheit der kontinuierlichen Phase die Eigenschaften eines festen Schaums wie bereits diskutiert maßgeblich beeinflusst (Kap. 2.3, S 31).

Abschließend wird zudem basierend auf dem für die Hochleistungsbetontechnologie klassischen Partikelpackungsdichtemodell eine Struktursimulation des Schaumes versucht (Kap. 6.3).

Besonderes Augenmerk wird in der folgenden Schematisierung auf eine wertungsfreie Erfassung der Materialkennwerte gelegt, um verkürzte bzw. verengte Forschungsansätze, wie etwa der Versuch der Herstellung einer möglichst fein verteilten Porenstruktur oder eines möglichst leichten mineralisierten Schaumes, zu vermeiden. Es soll insbesondere der Vielseitigkeit des Materials Rech

nung getragen werden und ein Ansatz dargestellt werde, je nach Anforderungs-
profil, eine optimierte Schaumstruktur zu entwerfen.

6.1 Dodekaeder-Modell

Die verschiedenen möglichen Strukturen eines Schaumes wurden bereits zu Anfang dieser Arbeit in Kapitel 2.2.1 (S. 18) dargestellt. Ausgehend von den geometrischen Zusammenhängen für monodisperse Schäume und aufbauend auf
den Erkenntnissen von PLATEAU[165] sowie den von ihm aus empirischen Versuchen
1861 entwickelten Gesetzen für zwei- und dreidimensionale Blasensysteme diskutieren EXEROWA und KRUGLJAKOV 1998 das häufiger genutzte Dodekaeder-Modell, um einen Zusammenhang zu den physiochemischen Eigenschaften von
Schaum herzustellen [85].

Formelübersicht: Relevante geom. Abhängigkeiten in einem Pentagondodekaeder [288].

Seitenlänge $\qquad$ a

Umkugelradius $\qquad$ $r_{D,c} = \frac{a}{4} \cdot \sqrt{3} \left(1 + \sqrt{5} \right)$ $\qquad$ (6.1)

Kantenkugelradius $\qquad$ $r_{D,m} = \frac{a}{4} \cdot \left(3 + \sqrt{5} \right)$ $\qquad$ (6.2)

Innkugelradius $\qquad$ $r_{D,i} = \frac{a}{2} \cdot \sqrt{\frac{25 + 11\sqrt{5}}{10}}$ $\qquad$ (6.3)

Flächenwinkel $\qquad$ $\tau_{D,f} = \arccos\left(-\frac{1}{5} \cdot \sqrt{(5)} \right)$ $\qquad$ (6.4)

Flächeninhalt eines Pentagons $\qquad$ $A_P = \frac{a^2}{4} \sqrt{25 + 10\sqrt{5}}$ $\qquad$ (6.5)

Kantenwinkel eines Pentagons $\qquad$ $\tau_{P,k} = \arccos\left(\frac{1}{4} \cdot \left(1 - \sqrt{(5)} \right) \right)$ $\qquad$ (6.6)

PLATEAU definiert in einem zweidimensionalen Modell dreier sich in einem stabilen System berührender Blasen zwei Zonen. Im Bereich, in dem sich zwei dieser
Blasen berühren, beginnt ein gekrümmter Bereich, der dann in eine Kreisform
übergeht. Im mittleren Bereich zwischen den drei Blasen formt sich das sogenannte Plateau-Dreieck, zwischen den Blasen die Plateu-Grenze (Abb. 112,
links). Im Falle eines stabilen Gleichgewichtes der Oberflächenkräfte zwischen

---

165 Belgischer Physiker Joseph Antoine Ferdinand Plateau (1801-1883).

drei sich berührenden Blasen sind, nach dem ersten Gesetz von PLATEAU, auch die sich bildenden Winkel mit τ_1 = 120 ° gleich (Abb. 112, rechts).

In einem dreidimensionalen, monodispersen, polyedrischen, sich im Gleichgewicht befindenden Schaum treffen sich nach PLATEAU in einem Knoten (Abb. 112, Mitte, schraffierte Fläche) zwischen den Blasen sechs Flächen (Filme) und vier Plateau-Grenzen, die sich nach seinem zweiten Gesetz in einem Winkel von τ_2 = 109,47 ° (Formel 6.7) berühren [85, 106, 289].

$$\tau_2 = \arccos\left(-\frac{1}{3}\right) \tag{6.7}$$

τ_2:   Winkel zwischen den Plateau-Grenzen in einem dreidimensionalen Schaumsystem.

Die Flächen eines polyedrischen Schaumes sind flach oder in einem Radius r leicht gekrümmte Filme mit einer Dicke h. Die Kanten dieser Flächen sind die Plateau-Grenzen, in deren Schnittpunkt sich ein Knoten befindet. Die Länge der Kanten a wird von Schnittpunkt zu Schnittpunkt gemessen, damit beinhalten sie Teile des Knotens, die wiederum Teile der Grenzen umfassen (Abb. 112, rechts). Diese Überschneidungsbereiche sind normalerweise klein, sollten aber ab einem gewissen Volumenanteil berücksichtigt werden.

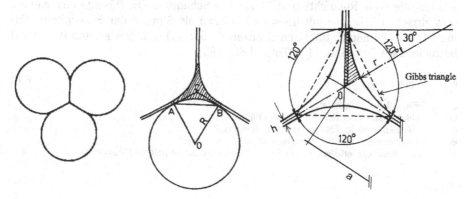

Abb. 112: Links: Geometrie dreier sich berührender Schaumblasen. Mitte und rechts: Schnitte durch die zweidimensionale Plateau-Grenze und den Knoten (R: Theoretischer Kreisradius, r: Innenradius der Blase) [85].

EXEROWA und KRUGLJAKOV (1998) stützen ihren Vorschlag zudem auf Versuchsergebnisse von DESCH (1923), der das Zusammentreffen dreier Blasen als häufigste strukturbildende Form u. a. in Schäumen beobachtete [290]. Das geometrische Modell eines regelmäßigen Pentagondodekaeders nähert sich am ehesten an die von PLATEAU geforderten Kontaktwinkel an[166]. Die Winkel zwischen den sich berührenden Flächen betragen $\tau_{D,f}$ = 116,57 ° (Formel 6.4) und diejenigen in den Schnittpunkten der Kanten τ_{Pk} = 108 ° (Formel 6.6) [85, 290].

Das Volumen und die Form der mit Flüssigkeit gefüllten Plateau-Grenzen, bzw. deren Dicke h und Krümmung r, hängen von dem Verhältnis zwischen Schaum-, Poren- und Flüssigkeitsvolumen[167] ab. Am einfachsten zu berechnen ist dieses Volumen natürlich für einen monodispersen Kugelschaum aus der Differenz des Dodekaeders mit der darin eingeschriebenen Kugel. Im Falle eines vollständig polyedrischen Schaumes (R/r >> 1, Abb. 112, Mitte und rechts), in dem der Anteil des Flüssigkeitsvolumens im Knoten vernachlässigt werden kann, hat die Plateau-Grenze entlang eines Knotens nur eine einzige Krümmung r und die gleiche Fläche wie die Schnittfläche durch den Knoten (Abb. 112, rechts, schraffierte und gekreuzt schraffierte Fläche). Falls es sich um keinen der beiden oben angeführten Schäume handelt, ändert sich die Krümmung der Plateau-Grenze entlang ihrer selbst. Ein analytischer Zusammenhang zwischen Schaumrohdichte und der Krümmungsänderung existiert nicht [85].

Wichtige Parameter des Modells sind, wie mehrfach auch in dieser Arbeit diskutiert, die Volumina der Schaumphasen, deren Verhältnis zueinander und die daraus resultierende Rohdichte bzw. Masse des Schaumes. Die flüssige Phase eines polyedrischen Schaums mit h << r << a kann als Summe der Flüssigkeitsvolumina in den Filmen (f: film) den Grenzen (b: border) und den Knoten (v: vertex) betrachtet werden (Abb. 113) (Formel 6.8) [85].

$$\phi_L = \frac{1}{\upsilon} = \phi_f + \phi_b + \phi_v \tag{6.8}$$

φ_L: Flüssigkeitsvolumenanteil.
φ_f: Volumenanteil der Flüssigkeit in den Filmen.
φ_b: Volumenanteil der Flüssigkeit in den Grenzen.
φ_v: Volumenanteil der Flüssigkeit im Knoten.
υ: Ausdehnungskoeffizient (des Schaums in Bezug auf die enthaltene Flüssigkeit).

$$\upsilon = \frac{V_F}{V_L} \tag{6.9}$$

$$V_G = \left(V_F - \frac{1}{\upsilon}\right) \tag{6.10}$$

V_G: Gasvolumen im Schaum.
V_F: Schaumvolumen.
V_L: Flüssigkeitsvolumen (entspricht im mineralisierten Schaum V_M, Volumen der Bindemittelmatrix).
υ: Ausdehnungskoeffizient.

---

166 Auch mit einem Dodekaedersystem lässt sich ein Volumen nicht vollständig füllen, es bleibt ein ungefüllter Raum von 3 %.
167 Im vorliegenden Zusammenhang als Schaumrohdichte bezeichnet.

Wenn $h \ll r \ll a$ erfüllt ist, bleibt der Flüssigkeitsvolumenanteil der Knoten im Vergleich zu denen der Filme und Grenzen klein. In Schäumen mit dünnen (sogenannten schwarzen) Filmen, die den Normalfall darstellen, ist der Anteil der Grenzen am Flüssigkeitsvolumen größer als der der Flächen. Die einzelnen Flüssigkeitsvolumenanteile lassen sich mit Formel 6.11 ermitteln [85].

$$\phi_{f,b,v} = \frac{1}{n_{f,b,v}} = \frac{V_{f,b,v} \cdot f_{f,b,v}}{V_{f,b,v}} = C_{f,b,v} \frac{(h, r^2, r^2)}{a^2} \tag{6.11}$$

Unter Berücksichtigung des Flächeninhalts eines Pentagons (Formel 6.5) ist der Volumenanteil des Films:

$$\phi_f = f_f \frac{1,725 \cdot a^2 \cdot h}{7,66 \cdot a^3} = 1,35 \frac{h}{a}, \text{ wobei } f_f = 6 \tag{6.12}$$

Das Volumen einer Grenze mit der Länge a ist:

$$V_b = 0,161 \cdot r^2 \cdot a \tag{6.13}$$

Der Volumenanteil der Grenze ist:

$$\phi_b = f_b \frac{0,16 \cdot r^2 a}{7,66 \cdot a^3} = 0,209 \frac{r^2}{a^2}, \text{ wobei } f_b = 10 \tag{6.14}$$

Damit ist der Ausdehnungskoeffizient des Schaums in Bezug auf die enthaltene Flüssigkeit:

$$\nu = \frac{7,66 \cdot a^2}{10,5 \cdot a \cdot h + 1,6 \cdot r^2} \tag{6.15}$$

$\varphi_{f,b,v}$: Volumenanteil der Flüssigkeit in den Filmen, Grenzen und Knoten.
$n_{f,b,v}$: Volumenverhältnis von Schaum zu Film, Grenze und Knoten.
ν: Ausdehnungskoeffizient.
$V_{f,b,v}$: Flüssigkeitsvolumen in den Filmen, Grenzen und Knoten.
$f_{f,b,v}$: Anzahl der Filme, Grenzen und Knoten.
$C_{f,b,v}$: Dimensionsloser Geometriekoeffizient.
A: Fläche eines Dodekaeders.
h: Dicke des Films.
a: Kanten- oder Grenzlänge.
r: Krümmung der Grenze.

Im Falle, dass die Bedingung $h \ll r$ nicht erfüllt ist, muss der Volumenanteil der Plateau-Grenze bzw. der Filme hingegen mit den Formeln 6.16 und 6.17 errechnet werden, ohne dass der Einfluss der Knotengeometrie berücksichtigt wird [85].

$$\phi_b = C_b \frac{r^2}{a^2} + C'_b \frac{r \cdot h}{a^2} \quad \text{(vgl. Formel 6.14)} \tag{6.16}$$

$$\phi_f = C_f \frac{h}{a} \left(1 + C'_f \frac{r}{a}\right)^2 \tag{6.17}$$

$\varphi_{f,b}$:   Volumenanteil der Flüssigkeit in den Filmen und Grenzen.

C_b, C'_b: Dimensionslose Geometriekoeffizienten abh. von der Blasenform, für einen Dodekaeder
         C'_b = 2,26 und C_b = 0,209.

C_f, C'_f: Dimensionslose Geometriekoeffizienten abh. von der Blasenform, für einen Dodekaeder
         C'_f = 0,726 und C_f = 1,35.

h: Dicke des Films.

a: Kanten- oder Grenzlänge.

r: Krümmung der Grenze.

Mit diesem Modell kann jedoch für Gasanteile von ca. 90 % nur eine Übereinstimmung zu experimentell ermittelten Werten (Abb. 113) von ca. 80 % erreicht werden. Erst ab Gasanteilen von über 99,8 % kann bei nicht linearem Zusammenhang eine Übereinstimmung der Krümmungsradien von über 90 % erreicht werden [85, 291].

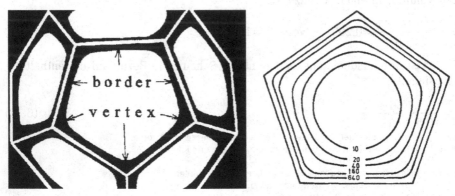

Abb. 113: Links: Bild eines mit einem Luftballon gefüllten Glasdodekaeders zur experimentellen Messung der Geometrie der Plateau-Grenzen bei unterschiedlichen Gasanteilen (hier 98,75 %). Rechts: Umrisse der Plateau-Grenzen bei unterschiedlichen Gasanteilen V_g (in der Zeichnung der Ausdehnungskoeffizient v, Formel 6.9) [85, 291].

Überträgt man das diskutierte Dodekaeder-Modell auf den mineralisierten Schaum, so errechnet sich die Rohdichte des festen Schaums nach Formel 6.18 als Quotient der Reindichte der Bindemittelmatrix und dem Ausdehnungskoeffizienten.

$$\rho_F = \frac{\rho_M \cdot V_M}{V_F} = \frac{\rho_M}{v} \text{ oder } \rho_{foam} = \rho_M \cdot \phi_{s,b,v} \tag{6.18}$$

ρ_F: Schaumrohdichte.

ρ_M: Angenommene Zementleimrohdichte ohne Berücksichtigung des zusätzlichen Wassers aus dem wässrigen Schaum (1950 kg/m³).

V_M: Volumen des Bindemittelleims.

V_F: Volumen des Schaums.

v: Ausdehnungskoeffizient.

Als mittlerer Porendurchmesser wird der Durchmesser der Kantenkugel[168] D_m des Dodekaeders angenommen [288].

$$D_m = \frac{3+\sqrt{5}}{2} \cdot a \tag{6.19}$$

a: Kanten- oder Grenzlänge.

D_m: Durchmesser der Kantenkugel.

Die relativen Anteile der Plateau-Grenzen und der Filmflächen an der Rohdichte bzw. deren räumliche Ausprägung hängen von den kapillaren Saugkräften und den diesen entgegengesetzten zerfallsbeschleunigenden Kräften in der kontinuierlichen Schaumphase ab (Kap. 2.2.3, S. 23). Der Einfluss der Krümmung der Plateau-Grenzen bzw. deren Volumen auf die Rohdichte eines hypothetischen monodispersen mineralisierten Schaumes ist unter Berücksichtigung unterschiedlicher Filmdicken der Abbildung 114 zu entnehmen.

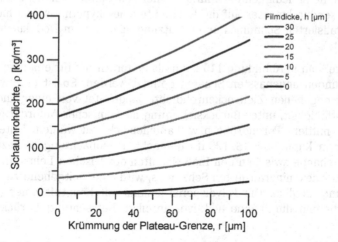

Abb. 114: Dodekaeder-Modell, Einfluss der Krümmung der Plateau-Grenze auf die Rohdichte von mineralisiertem Schaum auf Basis von Zementleim für unterschiedliche Filmdicken, für den Fall h << r und D_m = 1 mm (Formeln 6.16, 6.17 und 6.18, vgl. auch Abb. 113, rechts).

---

168 Die Kantenkugel berührt alle Kanten eines Dodekaeders.

Die Konzentration der Betrachtungsweise auf die Frisch- und Festrohdichte von mineralischem bzw. mineralisiertem Schaum bietet sich an, da diese einfach zu ermitteln ist und eine besonders robuste Datenbasis darstellt. So können auch andererseits publizierte Forschungsarbeiten mit großer Zuverlässigkeit ausgewertet werden. Zudem ist es möglich, wie etwa in Kapitel 5.3.3.3 (S. 151) gezeigt, auf Grundlage der Rohdichte Rückschlüsse auf die tatsächliche Mischungszusammensetzung anzustellen. Etwaige Ungenauigkeiten bei der Herstellung, die in der Praxis nie vollständig auszuschließen sind, fallen bei dieser Vorgehensweise nicht ins Gewicht.

Im oben beschriebenen Modell gehen die Plateau-Grenzen in die Knotenbereiche über, sodass deren Dimensionen voneinander abhängig sind. In wässrigen Schäumen ist das Volumen dieser Bereiche gegenüber dem Film klein. Falls sich jedoch diese Bereiche, wie wohl im vorliegenden Fall, volumetrisch an den Anteil der Filme annähern, sollten diese berücksichtigt werden.

Nachdem es sich jedoch bei dem hier diskutierten Material um ein polydisperses Mischsystem eines Polyeder- sowie Kugelschaumes handelt (Kap. 2.2.1, S. 18), ist die wahre Form der Knoten und Grenzen nicht eindeutig festzustellen. Gar die Lamellen oder Filmdicke kann nicht direkt etwa einer REM-Aufnahme entnommen werden, da sie, wie diskutiert, nicht konstant ist (Abb. 50, rechts S. 93 oder Abb. 116, links S. 168). In Abbildung 115 ist daher, ohne Berücksichtigung dieser Parameter, lediglich der Einfluss einer konstanten Filmdicke für verschiedenen Blasendurchmesser auf die Rohdichte eines hypothetischen monodispersen mineralisierten Schaumes unter Nutzung eines reinen Dodekaeder-Modells dargestellt.

Die Darstellung in Abbildung 115 kann als erster Ansatz für einen an dezidierte Anforderungen angepassten Schaum genutzt werden. So ist es etwa möglich bei einer gegebenen Zieltrockenrohdichte, abgeleitet von einer angestrebten Wärmeleitfähigkeit, unter Berücksichtigung mechanischer Anforderungen, eine passende mittlere Porengröße bzw. Lamellendicke zu wählen. Unter Verwendung der in Kapitel 5.3 (S. 129 ff.) gemachten Beobachtungen, bezüglich der Zusammenhänge zwischen den Eigenschaften des frischen Leims und der Phasenstruktur des mineralisierten Schaumes, wird eine weitgehend zielgerichtete Herstellung möglich. Die Polydispersität kann mit Kenntnis einer (typischen) Porenverteilung durch eine additive, anteilige Betrachtung Berücksichtigung finden.

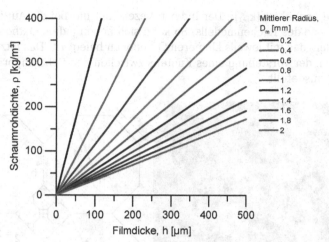

Abb. 115: Dodekaeder-Modell, Einfluss der Filmdicke auf die Rohdichte von mineralisiertem Schaum auf Basis von Zementleim, für unterschiedliche mittlere Porenradien ohne Berücksichtigung der Plateau-Grenzen (Formel 6.17 und 6.18).

6.2 Oktogon-Quadrat-Modell

Wie in Kapiteln 2.2.1 (S. 18) und 5.3.1 (S. 129) dargestellt, befindet sich ein realer Schaum weder im Gleichgewicht, noch ist er vollständig monodispers, polyedrisch oder sphärisch. Um sich der Realität des mineralischen bzw. mineralisierten Schaumes anzunähern, wird hier der Vorschlag gemacht, die Struktur mit einem Oktogon-Quadrat-Modell zu beschreiben (Abb. 116, rechts). Diese Überlegungen resultieren nicht nur aus der Motivation, die Schaumkugeln geometrisch in Form und Verteilung möglichst realitätsnah wiederzugeben, sondern vor allem auch die Masse zwischen Kugeloberfläche und Knoten wirklichkeitsgetreu zu verorten. Dies ist wichtig, da die mechanischen aber auch bauphysikalischen Eigenschaften mineralisierter Schäume ungleich stärker durch deren kontinuierliche als durch ihre diskontinuierliche Phase beeinflusst werden (vgl. Kapitel 2.3, S. 31). Im Gegensatz zu den modellhaften Überlegungen im vorangegangenen Kapitel stehen in diesem Abschnitt nicht die metastabilen flüssigen Schäume im Vordergrund, sondern – als Endprodukt eines Herstellungsverfahrens – der mineralisierte feste Schaum und dessen Eigenschaften.

Das Modell wird mathematisch zunächst zweidimensional entwickelt (Abb. 116, rechts). Es ist dabei ausreichend, ein Oktogon und ein Quadrat zu berücksichtigen. In das Quadrat eingeschrieben sind entlang der Kante des ersten Oktogons ($n = 1$) weitere Oktogone ($n = i + 1$) mit Teilungsfaktor k_{i+1} und Kantenlänge a_{i+1}; ihre Anzahl ist $(k_{i+1})^2$. Der Index n bezeichnet hierbei die Auflösungstiefe bzw. die Ebene des Rechenmodells. So kann sich neben jedem Oktogon ein Quadrat befinden, das mit jeweils kleineren Oktogonen belegt ist. Das letzte Quadrat ist hingegen, der Vorstellung eines Knotens zwischen den Schaumporen folgend, vollständig ausgefüllt.

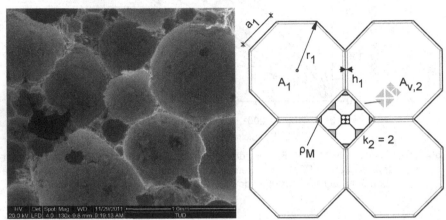

Abb. 116: Links: REM-Aufnahme eines mineralisierten Schaumes. Rechts: Zweidimensionales Oktogon-Quadrat-Modell.

Formelübersicht: Relevante geometrische Abhängigkeiten in einem Oktogon [288].

Seitenlänge	a_n	
Umkreisradius	$r_n = \dfrac{a_n}{\sqrt{2-\sqrt{2}}}$	(6.20)
Umkreisdurchmesser	$D_n = 2 \cdot r_n$	(6.21)
Eingeschriebene Fläche	$A_n = a_n^2 \cdot (2 + 2 \cdot \sqrt{2})$	(6.22)
Gesamtkantenlänge	$U_n = 8 \cdot a_n$	(6.23)

Die Porenverteilung kann demgemäß als Funktion von k_i dargestellt werden. Auf die Kantenlänge a_1 kann von dem gewählten größten Porenradius bzw. Durchmesser (Formel 6.21) geschlossen werden (Formel 6.20). Alle weiteren Ebenen sind von a_{i+1} bzw. D_{i+1} im gleichen Verhältnis von der jeweils höheren abhängig (Formel 6.24). Die Indizes sind im hier diskutierten Zusammenhang positiv und ganzzahlig.

$$(D, a)_{i+1} = \frac{(D, a)_i}{k_{i+1} \cdot (1+\sqrt{2})}, \text{ wobei } k_1 = 1 \tag{6.24}$$

D_i: Umkreisdurchmesser des Oktogons.
a_i: Kantenlänge des Oktogons.
k_i: Teilungsfaktor oder Anzahl der Oktogone i.

Die Masse der kontinuierlichen Phase ist jeweils in der Kante mit der Stärke h_i, in den Restflächen an den Außenkanten der Oktogone (i+1) sowie im letzten nicht gefüllten Quadrat in der Mitte der Oktogone (i = n) verortet. Die Überschneidung der Kanten an ihren Enden wird dabei vernachlässigt (Abb. 116, rechts). Zur Reduzierung der Eingangsparameter wird die Kantenstärke h_i zum jeweiligen Radius r_i in mit dem Faktor t in Beziehung gesetzt (Formel 6.25).

$$h_i = \frac{r_i}{t}, \text{ wobei } t \geq 1 \tag{6.25}$$

Somit ist die Kantenfläche eines Oktogons (Formel 6.26):

$$A_{b,i} = U_i \cdot h_i = \frac{8\, a_i^2}{t \sqrt{2-\sqrt{2}}} \tag{6.26}$$

Die massegefüllten Knotenquadrate haben eine Fläche von (Formel 6.27):

$$A_{v,i+1} = a_{i+1}^2 \tag{6.27}$$

h_i: Kantenstärke eines Oktogons.
r_i: Außenradius eines Oktogons (Porenradius).
a_i: Kontenlänge eines Oktogons.
$A_{b,i}$:   Kantenfläche eines Oktogons.
$A_{v,i}$:   Massegefüllter Knoten zwischen den Oktogonen.
t: Teilungsfaktor zwischen Außenradius und Kantenstärke.

Mit diesem Formelwerk ist es möglich, die Flächen für die einzelnen massebelegten Teile des Modells und somit die Rohdichte des modellierten Schaumes zu errechnen (Formel 6.28).

$$\rho = \rho_M \cdot \frac{\sum_{i=1}^{n} \left[k_i^2 \cdot A_{b,i} \right] + \sum_{i=2}^{n-1} \left[(2 \cdot k_i - 1) \cdot A_{v,i} \right] + k_n^2 \cdot A_{v,n}}{A_0 + a_1^2} \tag{6.28}$$

ρ_M: Rohdichte der Bindemittelmatrix.
$A_{b,i}$:   Kantenfläche eines Oktogons.
$A_{v,i}$:   Massegefüllter Knoten an den Außenecken bzw. zwischen den kleinsten Oktogonen.
a_i: Kantenlänge eines Oktogons.
k_i: Teilungsfaktor oder Anzahl der Oktogone i.

Die Dreidimensionalität wird lediglich durch das Hinzufügen einer Höhe und eines Deckels erreicht, da aus einem Oktogon kein regelmäßiger Polyeder entwickelt werden kann [288]. Aus Gründen der geometrischen Kohärenz muss die Zylinderhöhe gleich dem Durchmesser der Pore sein (Formel 6.21). Damit steht die Anzahl g_{i+1} der Elementarzellen (i+1) in der dritten Dimension in einem nicht ganzzahligen Zusammenhang mit dem Porendurchmesser des Oktogons i (Formeln 6.29 und 6.20).

$$g_{i+1} = \prod_{i=1}^{n} \frac{r_i}{a_i} \qquad (6.29)$$

Demnach kann analog zu Formel 6.28 das dreidimensionale Oktogon-Quadrat-Modell zur Formel 6.30 entwickelt werden.

$$\rho = \rho_M \cdot \frac{A_{b,1} \cdot r_1 + A_{O,1} + \sum_{i=2}^{n} \left[\left(k_i^2 \cdot A_{b,i} \cdot r_i + A_{O,i} \right) \cdot g_i \right]}{A_O + a_1^2} +$$

$$+ \rho_M \cdot \frac{\sum_{i=2}^{n-1} \left[\left(2 \cdot k_i - 1 \right) \cdot A_{v,i} \cdot a_i \cdot g_i \right] + k_n^2 \cdot A_{v,n} \cdot a_n \cdot g_n}{A_O + a_1^2} \qquad (6.30)$$

ρ_M:	Rohdichte der Bindemittelmatrix.
$A_{b,i}$:	Kantenfläche eines Oktogons.
$A_{O,i}$:	Fläche eines Oktogons.
$A_{v,i}$:	Massegefüllter Knoten an den Außenecken bzw. zwischen den kleinsten Oktogonen.
a_i:	Kantenlänge eines Oktogons.
r_i:	Umkreisradius.
g_{i+1}:	Anzahl der Elementarzellen ab Ebene 2.
k_i:	Teilungsfaktor oder Anzahl der Oktogone i.

Je nachdem, von welchem Größtporendurchmesser ausgegangen wird und inwieweit Mikroporen über k bzw. n berücksichtigt sind, kann die Rohdichte der Matrix ρ_M angepasst werden (Abb. 117).

In Abbildung 118 ist auf Grundlage des dargestellten Formelwerkes für das zwei-dimensionale Oktogon-Quadrat-Modell die Rohdichte eines polydispersen, mineralisierten Schaumes in Abhängigkeit des Teilungsfaktors zwischen Außenradius h_i und Kantenstärke t_i für verschiedene Teilungsfaktoren k dargestellt. Die Formeln 6.28 und 6.25 wurden dabei bis zu einer Rechenebene n = 7 aufgelöst.

Der Kurvenverlauf in Abbildung 118 ist unabhängig vom Umkreisradius D_1 des ersten Oktogons dargestellt, der über den Zusammenhang in Formel 6.24 mittelbar die gesamte Porenverteilung beeinflusst. Die Kantenstärke nimmt hier proportional zur Porengröße ab. Bei höheren Teilungsfaktoren k dominieren früh kleinere Poren. Proportional ergeben sich dazu im Modell niedrigere Rohdichten (Abb. 118).

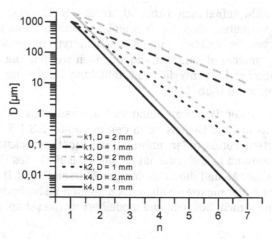

Abb. 117: Porendurchmesser im Oktogon-Quadrat-Modell abhängig der Rechenebene n für konstante k = 1, 2 und 4 sowie D_1 =1 mm und 2 mm.

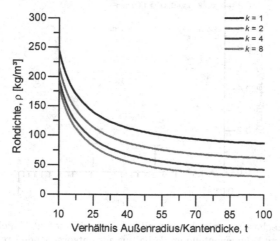

Abb. 118: Oktogon-Quadrat-Modell, Rohdichte von mineralisiertem Schaum (Formel 6.28) in Abhängigkeit des Teilungsfaktors zwischen Außenradius und Kantenstärke (Formel 6.25), für verschiedene Teilungsfaktoren k, aufgelöst bis zu einer Rechenebene von n = 7, ρ_M = 1950 kg/m³.

Abbildung 119 zeigt die zusammengesetzten, messtechnisch ermittelten, kumulierten Volumenanteile im Zusammenhang mit deren relativer Porengrößenverteilung (Kap. 5.3.1.3.1 b, S. 137) sowie den gleichen Zusammenhang modelliert mit dem zweidimensionalen Ansatz des Oktogon-Quadrat-Modells für verschiedene Teilungsfaktoren k (Anzahl der Oktogone). Auch vor dem Hintergrund der ausgewerteten REM-Aufnahmen (Abb. 50, rechts S. 93 oder Abb. 116, links S. 168) steht zu vermuten, dass der Quotient aus Außenradius und Kantenstärke t unabhängig von der Rohdichte und des Schaumtyps für verschiedene Porendurchmesser als annähernd konstant angenommen werden kann. Entsprechend und auf Grundlage der Kurvenverläufe in Abbildung 118 ist der Teilungsfaktor t konstant mit 40 gewählt (Abb. 119).

In der Auswertung der Porenverteilung der untersuchten Schäume in Abbildung 119 und 120 sind, im Gegensatz zu den in Kapitel 5.3.1.3.1 b (S. 137) wiedergegeben Werten, Porengrößen unter 10 µm nicht berücksichtigt. Der hier einbezogene Porenraum beläuft sich auf ca. 60 % bis 65 % des Gesamtporenraumes. Zwar bildet das Modell die Schäume der Klassen C und D schon in seiner einfachsten Form näherungsweise ab, jedoch können insbesondere die feinporigen Klassen A und B nicht befriedigend modelliert werden (Kap. 5.3.1.2, S. 130).

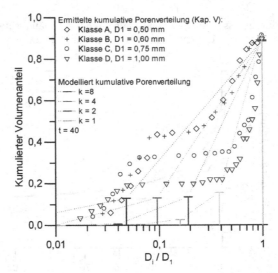

Abb. 119: Messtechnisch ermittelte und mittels Oktogon-Quadrat-Modell errechnete, kumulierte Volumenanteile im Verhältnis zur entsprechenden relativen Porengrößenverteilung, Modell zweidimensional für verschiedene Teilungsfaktoren k, Teilungsfaktor t = 40.

Die experimentellen Daten in Abbildung 119 lassen einen deutlichen Sprung zwischen einem die relativ größeren Poren umfassenden Schaumblasenbereich und einem durch Kapillarporen dominierten Mikroporenbereich erkennen. Beide Porenbereiche liegen vermischt im Schaum vor. Diese Tatsache legt in Hinblick auf eine verbesserte Modellierung die Lösung nahe, die vorliegende Mischsituation durch einen zweifachen Ansatz abzubilden.

In Abbildung 120 sind, der obigen Überlegung entsprechend, jeweils zwei Modellschäume mit unterschiedlichen Größtporen, in verschiedenen Verhältnissen gemischt dargestellt. Ebenfalls wiedergegeben sind analog zu Abbildung 119 die messtechnisch ermittelten Werte. Der Mikroporenbereich umfasst Kapillarporen und kleinste Schaumporen. Dieser Porengrößenbereich ist weitgehend stabil und wurde im Modell als konstant angenommen, wobei der Größtporendurchmesser mit 0,05 mm festgelegt wurde (vgl. 5.3.3.1, S. 147).

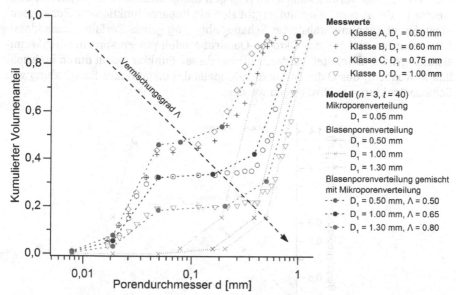

Abb. 120: Messtechnisch ermittelte und mittels Oktogon-Quadrat-Modell errechnete kumulierte Volumenanteile in Bezug auf die entsprechenden Porengrößen, Modell zweidimensional bis zur Ebene n = 3, für Teilungsfaktoren k = 1 und t = 40, jeweils bestehend aus einem Gemisch aus einer Blasenporenverteilung mit unterschiedlichen Größtporendurchmessern und einer Mikroporenverteilung in verschiedenen Mischungsverhältnissen.

Die Wahl des jeweiligen Größtblasendurchmessers sowie des Mischungsverhältnisses erfolgte abhängig von der jeweiligen Porenklasse iterativ. Für den Schaumporenbereich der unterschiedlichen Klassen wurden Durchmesser D_1 von 0,5 mm, 1 mm und 1,3 mm zum Ansatz gebracht. Für die Klassen A und B wurde aufgrund der sehr ähnlichen Größtdurchmesser nur ein Verlauf modelliert. Bei den gestrichelten Verbindungslinien zwischen den modellierten Punkten handelt es sich, wie auch in Abbildung 119, um keine Funktionskurven; sie sind lediglich zu einer besseren Orientierung dargestellt (Abb. 120).

Der Blasenporenbereich ist im Gegensatz zum Mikroporenbereich stärker zeitlich veränderlich, abhängig von der Rheologie (Kap. 5.3.2, S. 140) und dem Abbindeverhalten (Kap. 5.3.3, S. 147) der kontinuierlichen Schaumphase. Daraus resultieren die hier klassifizierten unterschiedlichen Porenstrukturtypen für mineralisierten Schaum. Der in Abbildung 120 eingetragene Vermischungsgrad Λ ist proportional zur Porenklasse der Schäume und somit auch zum Zerfallsgrad des mineralischen Schaumes (vgl. Kap. 2.2.3, S. 23). Trägt man den lediglich iterativ ermittelten Vermischungsgrad Λ gegen die gemessenen Größtporendurchmesser D_1 der Porenklassen auf, ergibt sich ein linearer funktionaler Zusammenhang. Somit kann mineralisierter Schaum abhängig seines Zerfallsgrades klassifiziert werden und für das Oktogon-Quadrat-Modell ein entsprechender Vermischungsgrad Λ abgeleitet werden. Entlang dieser Funktion kann durch mehrmalige Anwendung des Oktogon-Quadrat-Modells die instationäre Entwicklung von Schaumstrukturen nachvollzogen werden.

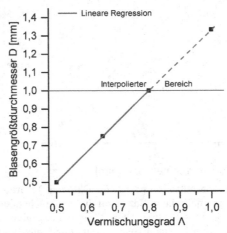

Abb. 121: Gemessene Blasengrößtdurchmesser aufgetragen gegen den Vermischungsgrad Λ für das Oktogon-Quadrat-Modell.

Das vorgeschlagene Oktogon-Quadrat-Modell stellt eine einfache Möglichkeit zur Abbildung polydisperser Schaumstrukturen dar. Zwar basiert es im Vergleich zu dem vorher diskutierten Dodekaeder-Modell auf einer geometrisch stark vereinfachten Porenvorstellung, jedoch bietet es die Möglichkeit, die Polydispersität von mineralisiertem Schaum zu berücksichtigen. Insbesondere kann die für den mineralisierten Schaum charakteristische Teilung in größere Schaumblasen und Mikroporen durch mehrfache sich überlagernde Ansätze wiedergegeben werden. Die eingeführten Teilungsfaktoren (k, n und t) stellen Freiheitsgrade dar, die eine Modellierung ganz unterschiedlicher Porenstrukturtypen ermöglicht. Einschränkungen bestehen bezüglich kleinster Matrixporen, deren Verteilung und Form eine Modellierung mit dem Oktogon-Quadrat-Modell nicht sinnvoll erscheinen lassen (vgl. Abb. 89, S. 138). Die erstellten Porenverteilungsmodelle können in Verbindung mit den Erkenntnissen aus den rheologischen und kalorimetrischen Untersuchungen Grundlage für eine gezielte, anforderungsgerechte Herstellung mineralisierter Schäume sein. Die errechneten Verteilungen können als Ausgangsbasis für mechanische oder bauphysikalische Simulationen dienen. Der hergestellte Zusammenhang zwischen dem Vermischungsgrad Λ und dem Porengrößtdurchmesser bietet die Möglichkeit, die thermodynamisch bedingten Strukturänderungen von Schaum durch wiederholtes Anwenden des Oktogon-Quadrat-Modells abzubilden.

6.3 Anwendung des Partikelpackungsdichtemodells

Ähnlich der Simulation der Wärmeleitung in porösen Stoffen kann auch deren Porenverteilung durch Modelle von Haufwerken beschrieben werden [292]. Für den vorliegenden Zusammenhang soll dies mithilfe des für Hochleistungsbeton entwickelten „Verdichtung-Interaktion-Packung-Modells" (eng.: compaction-interaction packing model) von FENNIS ET AL. (2013) geschehen, die ihren Vorschlag auf dem bekannten Modell von DE LARRARD (1999) basieren lassen [293, 294]. Es berücksichtigt über komplexe mathematische Interaktionsgleichungen neben interpartikulären Kräften wie van der Waals Kräfte, elektrische Doppelschichtkräfte und sterische Kräfte auch Partikelagglomeration sowie den Wand und Auflockerungseffekte [293, 295]. Dieser so physikalisch begründete Aufbau sowie die Möglichkeit der Selbstorganisation unterscheidet das Partikelpackungsdichtemodell maßgeblich vom im Kapitel 6.1 vorgestellten Oktogon-Quadrat-Modell.

Im Partikelpackungsdichtemodell wird zwischen der virtuelle Packungsdichte β und der realen Packungsdichte α unterschieden. Letztere ist geringer als erstere und von der eingebrachten Verdichtungsenergie abhängig, die durch einen Verdichtungsindex K in die Berechnungen mit eingeht (Formel 6.32). Die virtuelle Packungsdichte β ist die theoretisch dichteste Packung[169] einer gegebenen Verteilung (Formel 6.31 [294]).

---

169 Wie in Kapitel 2.2.1 (S. 18) beschrieben, wäre β für eine monodisperse Kugelpackung 0,74.

$$\beta = \cfrac{\beta_i}{1 - \sum\limits_{j=1}^{i-1}\left[1 - \beta_i + b_{ij} \cdot \beta_i \cdot \left(1 - \cfrac{1}{\beta_j}\right)\right] \cdot \phi_j - \sum\limits_{j=i+1}^{n}\left[1 - a_{ij} \cdot \cfrac{\beta_i}{\beta_j}\right] \cdot \phi_j} \tag{6.31}$$

$$\beta = \left(1 + \frac{1}{K}\right) \cdot \alpha \tag{6.32}$$

α: Reale Packungsdichte.
β: Theoretisch dichteste Packung einer Partikelverteilung, virtuelle Packungsdichte.
β_i: Theoretisch dichteste Packung einer Partikelklasse i.
β_j: Theoretisch dichteste Packung der Partikelklasse j, die für die Partikelklasse i bestimmend ist.
a_{ij}:   Faktor zur Beschreibung Auflockerung der Partikelklasse i durch die Partikelklasse j.
b_{ij}:   Faktor zur Beschreibung des Wandeinflusses in der Partikelklasse i durch die Partikelklasse j.
φ_j: Volumenanteil einer Partikelklasse j.

Im vorliegenden Fall wird aufgrund der Natur des Schaumes nur in sehr begrenztem Maße Verdichtungsenergie im eigentlichen Sinne eingebracht (Kap. 4.2.5.3, S. 71), jedoch könnten die selbstorganisierenden Eigenschaften durch einen charakteristischen Wert für den Index K abgebildete werden[170]. Darüber hinaus scheint es möglich, über den Index K auch die in den Bindemittelleim selbst eingebrachte Mischenergie zu berücksichtigen, die wie bereits festgestellt einen signifikanten Einfluss auf die Porenverteilung des mineralisierten Schaumes hat (Kap. 5.3.2, S. 140) [293].

Da die in einem Haufwerk herrschenden Oberflächenkräfte stark von der Größe der Partikel und ihrem Verhältnis zueinander abhängen, schlagen FENNIS ET AL. (2013) vor, die Wechselwirkungen jeweils für zwei diskrete Größenklassen über die Faktoren a und b zu berücksichtigen[171] (Formel 6.31, oben). Die Funktion oder auch Konstante w_0, im Nenner der Formel 2.4, drückt dabei die unterschiedlichen Wechselwirkungen auslösenden Effekte aus. Dies geschieht unter Einbeziehung der Durchmesser sowie des Größenverhältnisses der beiden in Relation gesetzten Partikel- bzw. Porenklassen im Zähler des Quotienten [293].

Grundsätzliche Unterschiede des Partikelpackungsdichtemodells zum Oktogon-Quadrat-Modell bestehen hinsichtlich der Masseverteilung im modellierten Schaum. Da im Partikelpackungsdichtemodell nur runde Poren abgebildet werden können und selbigen keine Lamellendicke zugewiesen werden kann, muss die Masse in den Zwickeln zwischen den Poren verortet werden. Daneben ist beim Partikelpackungsdichtemodell die Porenverteilung eine Eingangsgröße und nicht wie im Oktogon-Quadrat-Modell ein Ergebnis der Berechnungen. Andererer-

---

170 Bei wässrigem Schaum fällt der Unterschied zwischen α und β äußerst gering aus. Für monodisperse reale Partikel kann bei zufälliger Verteilung und geringer Verdichtungsenergie die Packungsdichte zwischen 0,60 und 0,64 liegen [293].
171 Die Faktoren a und b für die Auflockerung bzw. den Wandeffekt wurden von de Larrard für diskrete Packungen experimentell ermittelt [294].

seits bietet diese Art der Simulation den Vorteil, dass unbekannte Parameter nicht bestimmt werden müssen, wie insbesondere die Lamellendicken und deren Verhältnis zum jeweiligen Porendurchmesser.

$$\langle a_{ij}, b_{ij} \rangle = \begin{cases} 1 - \dfrac{\log_{10}(d_i/d_j)}{\langle w_{0,a}, w_{0,b} \rangle} & \text{für: } \log_{10}(d_i/d_j) < \langle w_{0,a}, w_{0,b} \rangle \\[2ex] 0 & \text{für: } \log_{10}(d_i/d_j) \geq \langle w_{0,a}, w_{0,b} \rangle \end{cases} \tag{6.33}$$

a_{ij}:   Faktor zur Beschreibung Auflockerung der Partikelklasse i verursacht durch die Partikelklasse j.

b_{ij}:   Faktor zur Beschreibung des Wandeinflusses in der Partikelklasse i verursacht durch die Partikelklasse j.

d: Porengröße.

w_0:   Funktion oder Konstante zur Beschreibung unterschiedlicher interpartikulärer Wechselwirkungen.

Auf Grundlage des hier aufgezeigten Rechenweges wurden mit den gemessenen Porenverteilungen als Eingangsgröße d_i (Abb. 89, S. 138) die Porositäten ϕ_F der jeweiligen mineralisierten Schäume berechnet. Diese wurden mit den Packungsdichten P gleichgesetzt und anschließend daraus die Trockenrohdichten ρ_F unter Einbeziehung der Matrixrohdichte ρ_M abgeleitet (Formel 6.34). Der Index K wurde nicht berücksichtigt und α gleich β gesetzt.

$$\rho_{F,rech} = \rho_M \cdot (1 - P) \tag{6.34}$$

$\rho_{F,rech}$:   Schaumrohdichte.

ρ_M: Matrixrohdichte.

P: Packungsdichte.

Für die Berechnungen wurden Poren kleiner ca. 10 µm außer Acht gelassen, da vordringlich der Schaumporenbereich Gegenstand der Schematisierung ist. Damit beläuft sich der einbezogene Porenraum auf ca. 60 % des Gesamtporenraumes (Kap 5.3.1.3.1 b, S. 137). Ausgehend von einer mittleren Reindichte für Zementstein von 2340 kg/m³, ergibt sich eine rechnerische Matrixtrockenrohdichte ρ_M von ca. 1415 kg/m³. Die Ergebnisse sind in Tabelle 18 zusammengefasst.

Der Schaum der Klasse D, mit der höchsten Porosität im Bereich größerer Poren, konnte den Ergebnissen zufolge sehr gut abgebildet werden. Jedoch steigt dem Modell zufolge die Rohdichte bzw. sinkt die Porosität, je kleiner die Größtpore der Schaumklasse ist. Offensichtlich verschiebt sich die reale Porosität in einen Bereich, der außerhalb der Betrachtung liegt. Das Modell reagiert sensibel auf eine Variation der Matrixrohdichte. Es ist somit möglich, dass die einheitliche, zugrunde gelegte Matrixporosität nicht für alle betrachteten Klassen gültig ist, auch wenn die quecksilberporosimetrischen Untersuchungen für den Bereich 0 µm bis 10 µm anderes nahe legen.

Tab. 18: Errechnete und gemessene Trockenrohdichten sowie Packungsdichten bzw. Porositäten für die unterschiedlichen Porenklassen.

Porenklasse	Packungs-dichte, Porosität	Trockenroh-dichte, modelliert	Porosität, gemessen		Trockenroh-dichte, gemessen	Anteil der Porosität an der Gesamtporosität, gemessen	
	-	[kg/m³]	[%]		[kg/m³]	[%]	
			$\phi_{F,real}$			0 µm < D < 10 µm	50 µm < D < 300 µm
	P, $\phi_{F,rech}$	$\rho_{F,rech}$	für ρ_{rein}	für ρ_M	$\rho_{F,real}$		
A	0,7817	425,76	92	86	176	36	19
B	0,8027	384,72	92	87	196	40	12
C	0,8842	225,81	93	86	171	35	1
D	0,8552	205,00	91	87	205	35	< 1

Ein Fehler könnte auch in der unzureichenden Auszählung kleinster Schaumporen liegen. Insbesondere die Porenklassen A und B verfügen über einen hohen Porenanteil im Bereich 50 < D < 300 µm[172], der durch das Quecksilberdruckporosimeter nicht mehr erfasst werden kann und an die Auszählung per Hand hohe Anforderungen stellt.

Darüber hinaus ist ein Fehler bezüglich der Maßgabe, unter der die Umrechnung zweidimensionaler in dreidimensionale Porenverteilungsdaten erfolgte, im genannten Porengrößenbereich möglich. Eine Überschneidung der kleineren, mit dem Mikroskop ausgezählten Poren, ist denkbar, da die gegenteilige Annahme auf Grundlage des durchschnittlichen Porenanteils der mittleren und großen Poren erfolgte (Kap. , S. 135). Dies kann zu einer Unterschätzung der dort vorhandenen Porosität führen, was eine weniger dichte Packung im Modell zur Folge hat.

Angesichts der erreichten Ergebnisse ist eine Ermittlung eines charakteristischen Verdichtungsindex K durch umgekehrte Anwendung des Modells nicht sinnvoll. Die selbstorganisierenden Kräfte des Schaums sowie dessen Fähigkeit, die Porosität durch polyedrisch Strukturen zu erhöhen, werden durch das Modell unterschätzt. Agglomerationen, wie sie bei Partikeln vorkommen, sind für Schaumblasen ausgeschlossen. Darüber hinaus muss die in den Leim eingebrachte Mischenergie hoch sein, um die Schaumlamellenstabilität nicht negativ zu beeinflussen (Kap. 4.2.5.1, S. 67). Daneben wirken nicht zuletzt die hohen realen Wasserzementwerte einer Partikelagglomeration entgegen (Kap. 5.2.3.1, S. 126). Das Partikelpackungsdichtemodell bietet, unter Einbeziehung einer

---

172 Vgl. dazu auch die dynamischen Zerfallsprozesse von Schaum (Abb. 15, S. 27) bzw. von mineralischem Schaum (Abb. 95 bis 106, S. 148).

Vielzahl empirischer Parameter, die Möglichkeiten Haufwerkszusammensetzungen zu simulieren. Die Implementation zur Abbildung dieser Parameter ist für diesen Zweck optimiert. Eine Anpassung des Modells an die Erfordernisse einer flexiblen Schaumstrukturmodellierung erscheint nicht sinnvoll.

Das Packungsdichtemodell ist in jedem Fall bis zu einem gewissen Grad mit den Struktureigenschaften von Schaum inkompatibel, da es nur perfekt runde Poren abbilden kann. In Schäumen werden jedoch höchste Porenanteile nicht nur über eine dichte Packung, sondern auch über eine polyedrische Struktur der einzelnen Poren erreicht (vgl. Kap 2.2.1, S. 18). Diese Porositäten können die von Haufwerken erreichbaren weit überschreiten. Da die Porenverteilung ein Eingangsparameter für das Packungsdichtemodell ist und diese am erhärteten Schaum bestimmt wird, ist darüber hinaus eine Modellierung der thermodynamischen Strukturentwicklung von Schaum nur schwer möglich.

Abbildung 122 bietet eine Übersicht zu den in Kapitel 6 diskutierten Schematisierungsmodellen. Aufgeführt sind die jeweiligen Eingangsgrößen und parametrischen Anpassungsmöglichkeiten. Die erreichbaren Ergebnisse beziehen sich auf eine Anwendung an mineralisierten Schaumstrukturen.

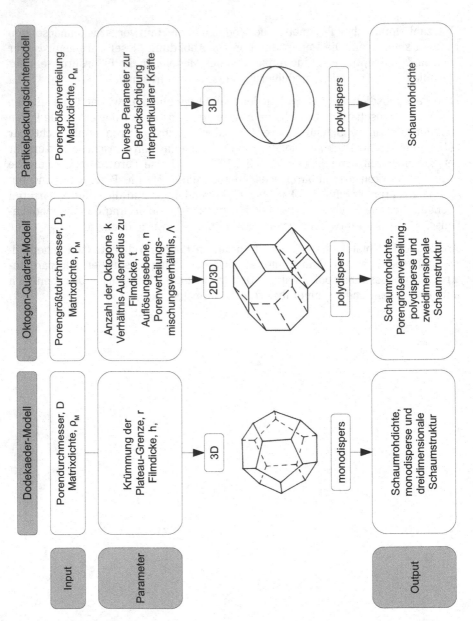

Abb. 122: Überblick der diskutierten Schaumstrukturschematisierungen, Eingangswerte und Anpassungsparameter sowie erreichbare Ergebnisse in Bezug auf mineralisierten Schaum.

7 Zusammenfassung

Zusammenfassend werden im Folgenden die vielschichtigen Erkenntnisse der vorliegenden Arbeit aufgeführt und auf Grundlage der am Anfang des Textes formulierten Problemstellungen und Zielsetzungen miteinander in Bezug gesetzt (Kap. 1, S. 1). Abschließend soll dann ein inhaltlicher Kontext zu den in Kapitel 3 (S. 51) aufgestellten Forschungshypothesen hergestellt werden. Im einzelnen werden folgende Punkte behandelt:

- Entwurfsverfahren für mineralisierten Schaum
- Entstehung der Schaumstruktur, rechnerischer Wasseranteil und Mindestrohdichte
- Porenanalyse und Strukturklassifizierung
- Rheologie der kontinuierlichen Phase und ihr Einfluss auf die Schaumstruktur
- Systemrobustheit, Mischverfahren und notwendiger Wasseranteil
- Abbindeverhalten der kontinuierlichen Phase und ihr Einfluss auf die Schaumstruktur
- Schemata zur Beschreibung von stationären und instationären Schaumstrukturen
- Bezug zur Forschungshypothese

Entwurfsverfahren für mineralisierten Schaum

Es ist Ziel dieser Forschungsarbeit, die Herstellung und Anwendung von mineralisiertem Schaum kontrollierbarer zu machen. Ein erster Schritt in dieser Richtung erfolgte mit der Formulierung eines Mischungsentwurfs (Kap. 4.1, S. 57), der im weiteren Verlauf evaluiert wurde. Daneben wird in Kapitel 5.3.3.3 (S. 152) ein umgekehrter Rechenweg aufgezeigt, um auf Basis der Frischrohdichte von mineralischem Schaum seine reale Zusammensetzung berechnen zu können. Dieser Rechenweg kann auch ausgehend von der Trockenrohdichte von mineralisiertem Schaum nachvollzogen werden, um die Mischungszusammensetzung im Nachhinein abschätzen zu können[173].

Entstehung der Schaumstruktur, rechnerischer Wasseranteil und Mindestrohdichte

Voraussetzung für eine differenzierte wissenschaftliche Betrachtung ist ein grundlegendes Materialverständnis. Insbesondere bezüglich der Entstehung und

---

173 Durch Anwendung dieser Systematik erfolgte die Auswertung und Plausibilitätsprüfung der für Kapitel 2.1.3 (S. 16) im Rahmen einer Metastudie ermittelten Werte.

Zusammensetzung des mineralischen Schaums wurden hierfür Hypothesen formuliert und anschließend durch mikroskopische Untersuchungen bestätigt. Der Zementstein ist im mineralisierten Schaum nachweislich derart fein verteilt, dass eine Vermischung des Bindemittelleims mit dem Wasser des wässrigen Schaums wahrscheinlich erscheint (Abb. 76 und Abb. 77, S. 123).

Auf Grundlage der Vorstellungen zur Verortung des Zementsteins wurde zudem unter Anwendung des Rechenverfahrens zum Mischungsentwurf eine Minimalrohdichte für einen zementgebundenen Schaum auf Basis der Standardmischung mit geschlossenen Poren von ca. 140 kg/m^3 ermittelt. Eine weitere Reduktion der Rohdichte erzeugt zwangsläufig unvollständige Poren (Kap. 5.2.2.1, S. 124), was zwangsläufig eine Beeinträchtigung der mechanischen Eigenschaften von mineralisiertem Schaum zur Folge hat.

Auf Basis der Überlegungen zur Vermischung von Zementleim und Schaumwasser erfolgte mit Hilfe des Mischungsentwurfes (Kap. 4.1, S. 57) eine Berechnung der maximalen Wasserzementwerte unter Einbeziehung des Schaumwassers (Kap. 5.2.3, S. 126). Für die in dieser Arbeit verwendete Standardmischung wurde der genannte Wert zu 0,96 ermittelt. Die im weiteren Verlauf aufgezeigten Messergebnisse bezüglich der im Zementstein vorgefundenen Mikroporen legen jedoch nach POWERS [296] Wasserzementwerte von ca. 0,6 nahe (vgl. Abb. 89, S. 138 und Tab. 18, S. 178). Dies lässt den Schluss zu, dass nur ein Teil des Schaumwassers tatsächlich mit dem Zementleim (w/z = 0,4) vermischt wird. Eine graduelle Verteilung kann daher angenommen werden (Abb. 123). Die lokal hohen Wasseranteile können nicht in die Bindemittelsuspension aufgenommen werden und führen während des fortschreitenden Erhärtungsprozesses an den Innenoberflächen der Poren zu einer Art Mikrobluten[174].

Porenanalyse und Strukturklassifizierung

Neben eine Analyse der Mikroporen (0 > d > 55 µm) mit dem Quecksilberdruckporosimeter wurde eine Untersuchung der durch den wässrigen Schaum hervorgerufenen Makroporen (55 µm > d > 1000 µm) durchgeführt (Kap. 4.3.4.7, S. 90). Da das erstgenannte Verfahren auf einem dreidimensionalen Rechenmodell beruht, die Porenanalyse mit dem Lichtmikroskop jedoch an der Schnittfläche eines Probekörpers erfolgten, mussten die Ergebnisse durch ein Umrechnungsverfahren für eine integrale Betrachtung aufeinander abgestimmt werden (Kap. 5.3.1.3.1 a, S. 133).

Die Porenanalyse zeigt nur leicht variierende Verhältnisse zwischen den Porenanteilen der Mikro- und Makroporen (Abb. 89, S. 138). Dies ist auf einen weitgehend stabilen Anteil der Kapillarporen zurückzuführen (Tab. 2, S. 35). Im Falle

---

174 Der Term Mikrobluten wird in der Betontechnologie häufiger für die lokale Separation von Wasser an der Oberfläche von Gesteinskörnern verwendet [297].

der vorliegenden relativ hohen Wasserzementwerte haben diesbezüglich kleinere Variationen nur geringe Auswirkungen auf den so entstehenden Porenraum [296]. Die Unterschiede zwischen den Porenklassen im genannten Porengrößenbereich können vielmehr mit Anteil kleinster Schaumporen begründet werden (Tab. 18, S. 178). Dies deckt sich mit der Beobachtung, dass die experimentell ermittelten Daten jeweils einen deutlichen Sprung zwischen zwei, relativ größere bzw. kleinere Poren umfassende, Bereichen aufzeigt (Abb. 119, S. 172).

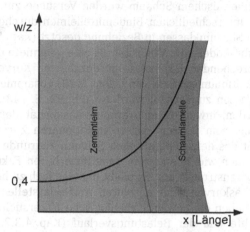

Abb. 123: Auf Grundlage der Mikroporenauswertung angenommener Verlauf des Wasserzementwertes im Kontaktbereich von Zementleim und Lamelle des wässrigen Schaumes.

Für eine wertungsfreie Analyse der instationären Schaumstruktur war es nötig, die heterogenen Ergebnisse von Strukturen mineralisierter Schäume in Gruppen einzuordnen und zu klassifizieren (Kap. 5.3.1.2, S. 130). Dies erfolgte durch eine standardisierte fotografische Dokumentation der Schnittflächen von Probenkörpern (Kap. 4.3.4.5, S. 89), die mit Zementleimen unterschiedlicher Wasserzementwert und gleichen Abbindeverhaltens, unter denselben Randbedingung, jedoch mit zwei unterschiedlich energiereichen Mischverfahren für den Bindemittelleim hergestellt worden waren (Kap. 4.2.5.1, S. 67). Die Proben unterschieden sich nur in der Konsistenz und Homogenität des verwendeten Bindemittelleimes. Diese erste Klassifizierung wurde nach rein visuellen Gesichtspunkten durchgeführt. Die gebildeten Klassen stellen jeweils eine Momentaufnahme unterschiedlich schneller Zerfallsprozess des mineralischen Schaumes innerhalb einer begrenzten Zeitspanne dar.

Rheologie der kontinuierlichen Phase und ihr Einfluss auf die Schaumstruktur

Die Bildung der aus dem beschriebenen Versuch resultierenden Porenklassen hängt zum einen vom unterschiedlichen Homogenisierunggrad der Zementleime und zum anderen von deren damit in Verbindung stehenden variierenden Konsistenten ab. Beide Faktoren induzieren verschiedene instationäre Schaumzerfallsprozesse. Diese grundsätzlichen Zusammenhänge sind für alle flüssigen Schäume gültig (Kap. 2.2.3, S. 23). Zur Untersuchung der charakteristischen Abhängigkeiten in mineralischem Schaum wurden Versuche zur Bestimmung der Rheologie an den unterschiedlichen Bindemittelleimen durchgeführt und diese mit den gebildeten Schaumklassen in Beziehung gesetzt (Kap. 5.3.2, S. 140). Dabei erwies sich insbesondere die Viskosität als eine geeignete Charakteristik. So konnten die entsprechenden Ergebnisse zu dezidierten Kurvenverläufen unter Anwendung der Kontinuumstheorie von CROSS [198] zusammengefasst und den jeweiligen Porenklassen zugeordnet werden (Abb. 92, S. 143). Generell konnte damit gezeigt werden, inwieweit eine erhöhte Viskosität der kontinuierlichen Phase von mineralischem Schaum dessen instationären Zerfallsprozess verzögert. Die Viskosität des dem mineralischen Schaum zugrunde liegenden Bindemittelleims stellt einen wichtigen sowie quantifizierbaren Faktor zur Stabilisierung der Schaumporenstruktur dar. Es bleibt dabei jedoch zu bedenken, dass die ermittelten Viskositäskurven keine absoluten Werte darstellen. Großen Einfluss auf deren Verlauf haben die gewählte rheologische Untersuchungsmethode, die Belastungsgeschichte und der Belastungsverlauf (Kap. 4.3.2.2, S. 76 und Anhang A, S. 219) [100, 185]. Daher wurde Wert darauf gelegt, durch Anwendung standardisierter Methoden und einer transparenten Dokumentation, die Versuche allgemein nachvollziehbar zu gestalten (Kap. 4.3.2.2, S. 76 und Anhang A, S. 219).

Systemrobustheit, Mischverfahren und notwendiger Wasseranteil

Durch erhöhte Viskositäten können in Grenzen schaumzerstörende Prozesse bis zum Einsetzen des Erstarrungsvorgangs verlangsamt werden. Ein Einfluss auf die Gesamtporosität kann hingegen weitgehend ausgeschlossen werden (Kap. 5.3.1.2, S. 130). Als besonders geeignet für die Verlangsamung des Zerstörungsprozesses haben sich Leime erwiesen, die mittels energiereicher Mischverfahren, wie der Kolloidalmischtechnik, hergestellt wurden (Abb. 92, S. 143). Die nahezu optimale Dispergierung der Zementpartikel und die Auflösung von Agglomeraten gewährleistet hohe Viskosität und gleichzeitig eine sehr homogene Mischung (4.2.5.1, S. 67). So werden u. a. zerfallsbeschleunigende Wechselwirkungen zwischen Zementpartikeln, deren Wasserbedarf nicht ausreichende gedeckt ist, und den wassergefüllten Schaumlamellen, unterbunden (Abb. 13, S. 26). Leime mit besonders niedrigen Wasserzementwerten wiesen zwar erwartbare höhere Viskositäten auf, bedingten aber keine feinere Porenverteilung, also verlangsamte Schaumzerfallsprozesse (Kap. 5.3.1.2, S. 130). Dies ist ein wichtiger Hinweis darauf, dass im Rahmen des eingesetzten Verfahrens keine beliebige Senkung des Wasserzementwertes ohne Einsatz von zusätzlichen, möglicherweise andere Wechselwirkung induzierenden, Zusatzmitteln möglich ist. Ein Ansatz des im wässrigen Schaum enthaltenen Wassers als Teil des für die Hydratationsreaktion nötigen Wassers ist nicht unmittelbar möglich. Vielmehr muss auch der Minimalwasseranteil zur Sättigung der Bindemittelpartikel Berücksichtigung finden (Kap. 4.3.1.2, S. 74).

Abbindeverhalten der kontinuierlichen Phase und ihr Einfluss auf die Schaumstruktur

Zur Analyse der instationären Struktur von mineralischen Schäumen wurden nach den rheologischen Untersuchungen an unterschiedlichen kontinuierlichen Schaumphasen mit gleichem Abbindeverhalten, Untersuchungen an Bindemittelleimen mit beschleunigter Hydratation durchgeführt.

Für eine zeitliche Einordnung wurde jedoch zunächst ein Referenzeinfallsprozess mit mineralischem Schaum auf Basis einer Kalksteinsuspension dokumentiert (Kap. 5.3.3, S. 147). Über die Herstellung eines mineralischen Schaums auf Basis dieses, einem Zementleim mit einem Wasserzementwert von 0,4 rheologisch ähnlichen (Abb. Anhang C.2, S. 227), aber nicht erhärtenden Fluids, konnte die zeitlich veränderliche Struktur ohne den Einfluss der Erhärtung fotografisch aufgenommen werden (Abb. 95 bis 106, S. 148). Durch einen Abgleich mit den bereits dokumentierten Porenklassen (Abb. 79 bis 87, S. 132) wurde der für die Strukturbildung des mineralisierten Schaumes relevanten Zeitraum auf ein Intervall zwischen der zweiten und vierten Stunde nach der Wasserzugabe eingegrenzt.

Die kalorimetrischen Versuche an mit unterschiedlich wirkenden Beschleunigern versetzten Bindemittelleimen als kontinuierlich Phase mineralischer Schäume zeigten ein heterogenes Bild. Alle Beschleuniger, bis auf eine Ausnahme, bewirkten unter gleichen Randbedingungen zwar die erwartete stärkere exotherme Reaktion in der frühen Phase der Hydratation (Abb. Anhang C.7 und C.8, S. 229), jedoch war die resultierende Schaumstruktur nicht in jedem Fall feiner als die der Referenzmischung (Abb. Anhang C.3 bis C.6, S. 228). Daraus lässt sich schließen, dass gewisse Beschleuniger durchaus durch eine frühere Erhärtung der instationären Schaumstruktur feiner mineralisierte Schäume erzeugen können, jedoch eine individuelle Prüfung hinsichtlich schaumzerfallsbeschleunigender Effekte erfolgen muss. Eines der untersuchten Zusatzmittel hatte einen eher stabilisierenden als reaktionsbeschleunigenden Effekt, was sich durch nicht erhöhte Energieumsätze in der kalorimetrischen Untersuchung (Abb. Anhang C.7 und C.8, S. 229), jedoch durch eine trotzdem feinere Porenstruktur (Abb. Anhang C.6, S. 228) sowie höhere Viskositäten im Zuge der rheologischen Versuche äußerte (Abb. 109, S. 154). Alle Beschleuniger waren dazu geeignet, die hydratationsverzögernde Wirkung des Schaumbildners auf Basis von Keratin-Hydrolysat-Basis auszugleichen bzw. überzukompensieren (Abb. 107, S. 150).

Schemata zur Beschreibung von stationären und instationären Schaumstrukturen

Auf Grundlage der durchgeführten Porenanalysen wurden zwei Modelle auf den mineralisierten Schaum angewendeten sowie eine eigene Strukturschematisierung vorgeschlagen. Zuerst fand das dreidimensionale Dodekaeder-Modell von EXEROWA ET KRUGLJAKOV (1998) Anwendung (Kap. 6.1, S. 160), das sie auf Basis der von PLATEAU (1861) von formulierten geometrischen Zusammenhängen für monodisperse Schäume entwickelt haben [85]. PLATEAU (1861) arbeitete sein Modell im Zweidimensionalen für drei sich berührende Blasen aus. EXEROWA ET KRUGLJAKOV (1998) näherten ihr dreidimensionales Modell mithilfe eines regelmäßigen Pentagondodekaeders den von PLATEAU geforderten Kontaktwinkeln zwischen den Blasen an [85]. Die wichtigsten Eingangsparameter für das Modell sind, neben den geometrischen Parametern zur Beschreibung der einzelnen Blasen, die Volumenanteile der beiden Schaumphasen. Wird das Modell auf den mineralisierten Schaum angewendet, kann seine Rohdichte über den Quotienten der Reindichte der Bindemittelmatrix und dem Ausdehnungskoeffizienten errechnet werden (Formel 6.18, S. 165). Zwar beschreibt das Modell die Struktur eines monodispersen Schaumes sehr detailliert, so ergeben sich jedoch bestimmte Probleme, sofern es auf mineralisierten Schaum angewendet wird. So können im polydispersen System des mineralisierten Schaumes nur sehr schwer die mittleren geometrischen Eigenschaften als Eingangsparameter für das Modell bestimmt werden, zumal es sich um ein Mischsystem aus polyedrischen und kugelförmigen Poren handelt (Kap. 2.2.1, S. 18). Demnach konnte lediglich der Einfluss einer konstanten Filmdicke für verschiedenen Blasendurchmesser auf die Rohdichte verschiedener monodisperser mineralisierter Schäume ermittelt werden (Abb. 115, S. 167). Das Dodekaeder-Modell versucht, einen monodispersen wässrigen Schaum mit seinen geometrischen Eigenheiten abzubilden. Dabei können die sich fast vollständig berührende Blasen eines perfekten Polyederschaums mit höchsten Volumenanteilen der diskontinuierlichen Phase sehr gut beschrieben werden (Abb. 113, S. 164).

Steigt der Volumenanteil insbesondere der Plateau-Grenzen am gesamten Schaum, geht das Dodekaeder-Modell in eine Abbildung eines Kugelschaumes über und bildet somit die Struktur, wie sie dem Partikelpackungsdichtemodell mit monodisperser Verteilung als Vorstellung zugrunde liegt. Im vorliegenden Zusammenhang fand u. a. aus diesem Grund das „Verdichtung-Interaktion-Packung-Modell" Anwendung auf die Porenverteilung von mineralisiertem Schaum (Kap. 6.3, S. 175) [293, 294]. Der physikalische Ansatz des Modells liegt in der Beschreibung perfekter sich selbst organisierender Packungen vorgegebener Partikelverteilungen, die durch Berücksichtigung zahlreicher interpartikuläre Kräfte definierte Behinderungen bezüglich der Verdichtung erfahren. Seine Anwendung auf die ermittelten Porenverteilungen (Abb. 89, S. 138) von vier Porenklassen (Abb. 79 bis 82, S. 132) ergab nur bedingt befriedigende Ergebnisse. So konnte die mittlere Rohdichte des Schaumstrukturtyps der Klasse D mit hoher Genauigkeit ermittelt werden (Tab. 18, S. 178). Bei der Modellierung von Strukturen mit größerem Volumenanteil feinerer Poren kam es jedoch zu signifikanten Abweichungen zwischen den errechneten und versuchstechnisch ermittelten Werten hinsichtlich der Porosität und der Packungsdichte bzw. Rohdichte. Zwar können die festgestellten Divergenzen zum Teil in der Qualität der Datenbasis eines begrenzten Porendurchmesserbereiches begründet liegen, jedoch sind wohl die materialspezifischen Unterschiede zwischen mineralischen Schaumstrukturen und Partikelhaufwerken ausschlaggebend[175]. Aufgrund der Konstruktion des Modells sind die, die Partikelverteilung beeinflussenden, Parameter, wie zu Anfang des Absatzes erwähnt, auf einer Auflockerung der Packung ausgerichtet. Im durchgeführten Rechengang wurde lediglich die perfekte Packung simuliert, die normalerweise im Rahmen einer Modellierung erst der Ausgangspunkt für eine spätere Annäherung an die Wirklichkeit, durch Anwendung ebendieser Parameter, ist. Im vorliegenden Fall ergab jedoch die virtuelle perfekte Packung in einigen Fällen bereits niedriger Porositäten, als sie in Wirklichkeit vorlagen (Tab. 18, S. 178). Dies liegt zum einen in den sehr hohen Selbstorganisationskräften von Schäumen und zum anderen in den in flüssigen Schäumen wirkenden sehr geringen interpartikulären Kräften begründet (Kap. 2.2, S. 17). Da das Modell weder in Struktur noch in Bezug auf die wirkenden thermodynamischen Kräfte den Verhältnissen entspricht, wie sie in mineralischen und mineralisierten Schäumen vorliegen, scheint eine Adaption nicht sinnvoll. Darüber hinaus ist keine wirkliche Strukturmodellierung möglich, vielmehr ist in Bezug auf die vorliegende Anwendung die Porenverteilung eine Eingangsgröße des Partikelpackungsdichtemodells.

Über die reine Anwendung der beiden vorgenannten Modelle hinaus wurde mit dem Oktogon-Quadrat-Modell ein eigener Ansatz zur Beschreibung von Schaumstrukturen entwickelt (Kap. 6.2, S. 167). Nachdem sich ein mineralischer Schaum nie vollständig im Gleichgewicht befindet und er weder monodispers noch rein polyedrisch oder sphärisch vorliegt, sollte mit einem eigenen Modell die spezielle hier vorliegende Situation beschrieben werden. Wichtiger Bestandteil des Schemas ist die realitätsnahe Verteilung der im System befindlichen Massen, die für zahlreiche mechanische sowie bauphysikalische Eigenschaften von mineralisiertem Schaum entscheidend sind (vgl. Kapitel 2.3, S. 31). Darüber hinaus wurde darauf Wert gelegt, dass die Porenstruktur ein Resultat und nicht eine Eingangsgröße der Berechnungen ist. Das zunächst zweidimensionale Mo-

---

175 Vgl. Diskussion zum Ende des Kapitels 6.3 (S. 175).

dell basiert auf der geometrischen Kombination eines Oktogons und eines Quadrats (Abb. 116, rechts, S. 168). Das Oktogon verfügt über einen massebelegten Rand. In das Quadrat, dessen Seitenlänge einer Kante des Oktogons entspricht, sind weitere, in ihrer Anzahl variierbare Oktogone eingeschrieben. Zwischen diesen Oktogonen bilden sich neue Quadrate, die entweder massebelegt sind oder weitere Oktogone enthalten. So kann eine Porenverteilung über mehrere Ebenen hinweg beschrieben werden. Da aus einem Oktogon kein regelmäßiger Polyeder entwickelt werden kann, wird die Dreidimensionalität des Modells durch eine dem Durchmesser des Oktogons entsprechender Höhe und einem Deckel hergestellt [288]. Die Porenklassen mit höheren Anteilen größerer Poren können mit dem zweidimensionalen Modell in seiner einfachsten Form befriedigend wiedergegeben werden (Abb. 119, S. 172), jedoch macht die für den untersuchten mineralisierten Schaum typische Teilung in zwei Bereiche größerer und kleinerer Poren eine Kombination von zwei mit dem Modell berechneten Verläufen notwendig (Abb. 120, S. 173). Hierzu werden in verschiedenen Mischungsverhältnissen ein konstanter Verlauf für die stabileren kleineren Poren und ein, an den aus den experimentellen Daten entnommenen jeweiligen Größtdurchmesser angepassten, Verlauf zum Ansatz gebracht. Auf diese Weise bietet das Oktogon-Quadrat-Modell eine einfache Möglichkeit zur Abbildung polydisperser Schaumstrukturen, das durch die im Formelwerk implementierten Faktoren über Freiheitsgrade zur Anpassung verfügt. Darüber hinaus konnte eine lineare Beziehung zwischen dem erwähnten iterativ ermittelten Vermischungsgrades und der jeweiligen versuchstechnisch festgestellten Porengrößtdurchmesser der unterschiedlichen Porenklassen hergestellt werden. Über dieses Verhältnis kann der notwendige Vermischungsgrad für die Strukturmodellierung mit dem Oktogon-Quadrat-Modell ermittelt werden.

Bezug zur Forschungshypothese

Die grundsätzlichen Zusammenhänge, wie sie in Abbildung 27 (S. 56) hypothetisiert sind, konnten zu einem Großteil messbar nachvollzogen werden. So war es möglich für das „Stadium I", durch eine Charakterisierung der Rheologie des Bindemittelleims als kontinuierliche Phase von mineralischem Schaum (u. a. Kap. 5.3.2, S. 140) und einer Dokumentation der zeitlichen Stabilität des Schaums (vgl. Kap. 5.3.3, S. 147), die Wechselwirkungen dieser Faktoren zu verdeutlichen und zu quantifizieren. Diese Erkenntnisse wurden darüber hinaus mit Merkmalen von mineralisierten Schäumen im „Stadium II" in Beziehung gesetzt (u. a. Kap. 5.3.1.2, S. 130). Entsprechend erfolgte eine Untersuchung der instationären Strukturmerkmale von mineralisiertem Schaum (u. a. Kap 5.3.1.3, S. 133), die eine Beschreibung von Verteilung, Volumenanteil und Form der diskontinuierlichen Phase zum Ziel hatte. Diese Ergebnisse wurden wiederum auf die genannten Faktoren des „Stadium I" bezogen. Die resultierenden mechanischen und bauphysikalischen Eigenschaften wurden bis zu einem gewissen Grad für die im vorliegenden Zusammenhang untersuchte Standardmischung ermittelt (Kap. 5.1, S. 109). Da aber beispielsweise keine quantitative Bezugnahme zwischen der Form der diskontinuierlichen Phase des mineralisierten Schaums und dessen Wärmeübertragungseigenschaften erfolgte, wurde eine Strukturschematisierung durchgeführt (Kap. 6, S. 159), auf deren Grundlage ein entsprechender simulativer, differenzierender Zusammenhang hergestellt werden könnte.

Wie zu erwarten, konnte für die hier besprochene Standardmischung von mineralisiertem Schaum, in einem definierten Rohdichtebereich der in Abbildung 23 (S. 53) vermutete Zusammenhang zwischen Rohdichte und Wärmeleitfähigkeit bzw. Druckfestigkeit nachvollzogen werden (Abb. 72, S. 118, Abb. 65, S. 111 und Abb. 73, S. 119). Die in Abbildung 24 (S. 53) hypothetisierte lineare Abhängigkeit der Systemrobustheit von der Rohdichte sowie der Abbindegeschwindigkeit ist hingegen, aufgrund der nicht zahlenmäßig fassbaren Natur der Robustheit, nicht mathematisch beschreibbar. Die Ergebnisse der Untersuchungen in Kapitel 5.3.2 (S. 140) und 5.3.3 (S. 147) legen jedoch eine Gültigkeit nahe. Darüber hinaus konnte auf Grundlage der Strukturschematisierung durch das Oktogon-Quadrat-Modell ein linearer Zusammenhang für zwischen dem Mischungsverhältnis von großen und kleinen Porenanteilen und dem Größtporendurchmesser hergestellt werden (Abb. 120, S. 173). Diese Abhängigkeit ist Ausdruck der, durch unterschiedlich schnelle Zerfallsprozesse beeinflussten, instationären Strukturänderung von mineralischem Schaum und damit indirekt auch für die Systemrobustheit. Zwar erfolgte in Kapitel 5.3.2 (S. 140) die Auswertung der Viskositäten des Bindemittelleims auf Grundlage eines exponentiellen Ansatzes (Kap. 2.4.6.1.1 b, S. 48), jedoch nicht, wie für den Zusammenhang zwischen Viskosität-Systemrobustheit angenommen, zur Basis der eulerschen Zahl (Abb. 25, S. 54). Auch wenn man die Systemrobustheit vereinfacht als Schaumzerfallsrate versteht, ist deren monoexponentieller Verlauf nicht nachgewiesen [298]. Die realen Abhängigkeiten sind aufgrund der thermodynamischen Prozesse vermutlich weitaus komplexer. Die aus den Abbildungen 23 bis 25 (S. 53 ff.) abgeleitete Funktion zur Abhängigkeit der Wärmeleitfähigkeit bzw. Druckfestigkeit von der Viskosität des Bindemittelleims muss im Lichte dieser Erkenntnisse modellhaft verstanden werden (Abb. 26, S. 55). Im Zusammenhang mit der erfolgten Schematisierung der instationären Schaumstruktur und notwendigen weiteren Untersuchungen bzgl. der Feststoffeigenschaften von mineralisiertem Schaum kann sie jedoch, wie für diese Arbeit erfolgt, als Anhaltspunkt dienen.

8 Ausblick

Die in der vorliegenden Arbeit dargestellten Erkenntnisse tragen hoffentlich zu einem besseren Verständnis und leichteren Beherrschbarkeit von mineralisierten Schäumen im Bauwesen bei. Leider konnten nicht alle anfangs aufgeworfenen Fragestellungen des bearbeitenden vielschichtigen Problemfeldes umfassend beantwortet werden, auch sind naturgemäß aus den erlangten Ergebnissen neue Forschungsfragen entstanden. Im Folgenden sollen daher zunächst konkrete Anwendungsmöglichkeiten der erreichten Resultate und infolgedessen weiterer Forschungsbedarf aufgezeigt werden. Im Einzelnen werden folgende Aspekte diskutiert:

Anwendungsmöglichkeiten:
- Rheologie und Abbindeverhalten
- Mischungsentwurf und Schematisierung

Forschungsbedarf:
- Kontaktreaktionen
- Grenzflächenrheologie und Mikrofluidik
- Schwindreduzierung
- Wissenschaftlicher Ansatz zum Einfluss von Zusatzmitteln
- Optimierung der Wärmeleitfähigkeit
- Mechanische Versagensmodelle unter Berücksichtigung der Schaumstruktur
- Instationäre thermodynamische Blasenbewegung

8.1 Anwendungsmöglichkeiten

Die folgenden Inhalte beziehen sich explizit auf die erreichten Ergebnisse. Die zahlreichen Anwendungsmöglichkeiten von mineralisiertem Schaum sind nicht Gegenstand der Ausführungen. Das Potential dieses nichtbrennbaren Materials, das wie jedes rein mineralische Produkt auf einfache Art wieder in den Stoffkreislauf zurückgeführt werden kann, liegt jedoch auf der Hand. So sind etwa hybride Bauteile aus modernen Hochleistungswerkstoffen, wie Kombinationen aus tragendem Hochleistungsbeton und dämmenden mineralisierten Schaum, hinsichtlich ihres Verhältnisses aus Bauteildicke, Tragfähigkeit und Dämmwirkungen klassischen Lösungen aus konstruktivem oder haufwerksporigem Leichtbeton stark überlegen.

Rheologie und Abbindeverhalten

Die in dieser Arbeit dokumentierten Versuche und deren Ergebnisse, bezüglich der Auswirkungen der Rheologie und des Abbindeverhaltens auf die Stabilität von mineralischem Schaum und die Struktur von mineralisiertem Schaum, können direkte Anwendung im Bereich des Mischungsentwurfs und der Mischtechnikentwicklung finden (Kap. 5.3.2, S. 140 und Kap. 5.3.3, S. 147). So wurden die Ergebnisse bereits im Rahmen der Entwicklung einer semikontinuierlichen Schaumherstellungsmethode zur Herstellung der Dämmschicht für das Gebäude der „ETA-Fabrik" auf dem Campus Lichtwiese der TU Darmstadt genutzt (Abb. Anhang D.1). Die in dieser Arbeit dargestellten quantitativ fassbaren Ergebnisse stellten in diesem Zusammenhang einen Baustein zur Vorhersagemöglichkeit bestimmter Schaumstrukturen dar. Messungen, wie sie auch für die vorliegende Arbeit durchgeführt wurden, ließen in einem frühen Entwicklungsstadium allgemeine Aussagen hinsichtlich der Robustheit einer Produktionsmethode für mineralisierten Schaum zu. Die Erkenntnisse, bezüglich der Notwendigkeit einer gewissen Viskosität der kontinuierlichen Schaumphase in einem langsam abbindenden mineralischen Schaum, waren bei der Auswahl des verwendeten energiereichen Mischsystems hilfreich.

Darüber hinaus liefern die kalorimetrischen Untersuchungen, unabhängig individueller Wechselwirkungen zwischen verschiedenen Zusatzmitteln, allgemeingültige Ansätze für die Entwicklung schnell abbindender Systeme.

Mischungsentwurf und Schematisierung

Die Gebrauchstauglichkeit des in Kapitel 4.1 (S. 57) vorgeschlagenen Mischungsentwurfes wurde neben der labortechnischen Evaluation auch durch dessen Anwendung im Projekt „ETA-Fabrik" unter Beweis gestellt. Unter anderem basierte die Stoffstromrechnung zur Entwicklung des im diesem Rahmen gebauten semikontinuierlichen Mischers auf dem Entwurf. Er stellt entsprechend auch ein Hilfsmittel für den Anwender eines Mischsystems dar, um mineralisierte Schäume auf Basis korrekter Mischungen herstellen zu können. Aufgrund seiner Funktionalität und Einfachheit ist der Mischungsentwurf seit Jahren Teil des Lehrstoffes im Rahmen der Vorlesung zum Thema Leichtbeton.

Die aus den Strukturanalysen abgeleiteten Schematisierungen der instationären Struktur bieten jeweils unterschiedliche Anwendungsmöglichkeiten. Eine allgemeingültige Dimension können die diskutierten Schemata bezüglich einer Integration neuer Forschungsergebnisse im behandelten Themenbereich einnehmen. Die bereits zum Großteil umgesetzte programmiertechnische Implementation der Modelle bietet für das Design eines anforderungsgerechten Schaumentwurfs viele Freiheitsgrade und erlaubt eine niederschwellige Einbeziehung neuer Erkenntnisse.

Des weiteren können die Modellrechnungen Ausgangspunkt eines wissenschaftlichen Materialentwurfes sein, der weit über den vorgeschlagenen Mischungsentwurf hinaus weist und gleichzeitig hilft, aufwendige Porenverteilungsuntersuchungen zu vermeiden. Die auf dieser Grundlage errechneten Porenstrukturmodelle können als Ausgangsbasis für mechanische oder bauphysikalische Simulationen dienen. Insbesondere der in Abbildung 121 (S. 174) hergestellte Zusammenhang zwischen dem virtuellen Vermischungsgrad und dem Porengrößtdurchmesser bietet die Möglichkeit, die thermodynamisch bedingten Strukturänderungen im Sinne eines Zerfallsgrades von Schaum durch wiederholtes Anwenden des Oktogon-Quadrat-Modells abzubilden.

Im Speziellen kann etwa die, auf dem Dodekaeder-Modell basierende, Abbildung 115 (S. 167) einen ersten Ansatz für einen, an dezidierte Anforderungen angepassten, Schaum darstellen. Denkbar ist beispielsweise die Wahl einer passenden Porengröße auf Grundlage einer gegebenen Zielrohdichte, unter Berücksichtigung der in Kapitel 5.3 (S. 129 ff.) gemachten Beobachtungen, bezüglich der Zusammenhänge zwischen den Eigenschaften des frischen Leims und der Phasenstruktur des mineralisierten Schaumes. Die Anforderungen können mechanischen Berechnungen entspringen, die eine Optimierung von Porengröße und Lamellendicke zum Ziel hatten. Die Polydispersität von mineralisiertem Schaum kann im Rahmen einer solchen Rechnung durch eine additive, anteilige Betrachtung Berücksichtigung finden. Gleiches gilt in ähnlicher Weise für Strukturmodelle, die mit dem Oktogon-Quadrat-Modell erstellt wurden. Diese mechanischen oder auch bauphysikalischen Optimierungsmöglichkeiten bereiten einen berechenbaren Weg zur anwendungsbezogenen Adaption von mineralisiertem Schaum. Konkret könnte etwa das Problem eines bereits diskutierten haufwerksporigen Leichtbetons mit modifizierter Bindemittelmatrix, der über ein homogenes Lastabtragverhalten verfügt, auf gezielte Art und Weise gelöst werden [51].

8.2 Forschungsbedarf

Kontaktreaktionen

Die vorliegende Arbeit zeigt Methoden zur Erhöhung der Robustheit von mineralischem Schaum auf (Kap. 5.3.2, S. 140 und Kap. 5.3.3, S. 147). Jedoch muss darüber hinaus für die praktische Anwendbarkeit des Materials die Widerstandsfähigkeit gegenüber Kontaktmaterialien erforscht werden. So ist beispielsweise die Verwendung von mineralisiertem Schaum in werksmäßig hergestellten Sandwichbauteilen von dem Einfluss des als Tragschicht verwendeten Materials auf die Struktur des mineralischen Schaums ausschlaggebend. Schaumzerstörende Effekte an den Randbereichen des mineralischen Schaumkörpers können durch

anfängliche lokale Bildung größerer Poren das metastabile Gefüge des nicht erhärteten Materials aus dem Gleichgewicht bringen und eine völlige Zerstörung
provozieren.

Grenzflächenrheologie und Mikrofluidik

Die durchgeführten rheologischen Versuche erfolgten mit dem Ziel, nicht nur
wissenschaftliche Erkenntnisse zu erlangen, sondern auch eine weitgehend direkte Übertragbarkeit auf praktische Anwendungen zu ermöglichen. Entsprechend wurden die entsprechenden Untersuchungen mittels standardisierter Verfahren am Bindemittelleim durchgeführt. Dieser Umstand hat zur Folge, dass
der Einfluss des oberflächenaktiven Stoffes nicht in realistischer Weise in die
Untersuchungen mit einfließen konnte. Jedoch ist eine Untersuchung des Bindemittelleims im Schaum als dessen kontinuierliche Phase mit Techniken der Mikrofluidik bzw. Grenzflächenrheologie durchaus denkbar [100]. Angesichts der
zahlreichen ungeklärten wissenschaftlichen Fragen wässrige Schäume betreffend[176], bieten grundlegende Forschungen bezüglich der Wirkung von Partikeldispersionen in Schaumlamellen auf die im Schaum stattfindenden thermodynamischen Prozesse ein hohes Erkenntnispotential.

Schwindreduzierung

Wie im Rahmen der Dissertationsschrift dargelegt, beruht das problematische
Schwindverhalten von mineralisiertem Schaum in erster Linie auf seinem verfahrensbedingten hohen Wassergehalt (Kap. 5.1.1.3, S. 113). Je kleiner die Zielrohdichte des mineralisierten Schaumes ausfällt, desto größer ist, bedingt durch
einen immer kleineren Feststoffanteil, der Anteil des Schaumwassers am Gesamtwasser (Kap. 5.2.3, S. 126). Zu dessen Reduktion können verschiedene Ansätze verfolgt werden. Eine Möglichkeit besteht in der verfahrenstechnischen
Anpassung, die ein direktes Aufschäumen des Bindemittelleims möglich macht
(Abb. Anhang D.2). Die hier bestehende Problematik ist, dass ein Aufschäumen
viskoser Fluide nur schwer möglich ist, daher ist hier die Verwendung von Leimen mit wasserähnlichen Konsistenzen zwingend [6]. Eine Lösung könnte der
Einsatz von Fließmitteln sein. Abgesehen von den möglichen ungeklärten Wechselwirkungen zwischen dem oberflächenaktiven Stoff und dem verwendeten
Fließmittel ist jedoch am Ende des Aufschäumprozesses die geringere Robustheit des flüssigen Systems problematisch. Daher muss in diesem Zusammenhang
zusätzlich das Abbinden durch den weiteren Einsatz von Zusatzmitteln beschleunigt werden. Neben den verfahrenstechnologischen Aufgabenstellungen erge

---

176 „A number of essential thermodynamic parameters, such as the film tension, the contact angles between the films and the bulk phase, the difference in the surfactant
amount adsorbed in the thin and thick films, as well as many other directly measurable characteristics of foams (and emulsions) still defy our investigations [85]."

ben sich hier jedoch neue Problemfelder, die die Interaktion der verschiedenen eingesetzten Zusatzmittel betreffen. Ferner gilt es zu berücksichtigen, dass die Schaumbildung aus chemischer und physikalischer Sicht stark durch die Reinheit und die Konzentration des grenzflächenaktiven Stoffes beeinflusst wird [103].

Daneben kann im Rahmen von Forschungs- und Entwicklungsprojekten der Einsatz von Schwindreduzierern und Faserbewehrung zur Begrenzung der Auswirkungen des Schwindverhaltens und zum Erreichen von duktileren Materialeigenschaften untersucht werden. Ein zentraler Punkt in diesem Zusammenhang muss dabei die Untersuchung der Verträglichkeit von Fasern und mineralischem Schaum sein. Ein kombinierter Ansatz mit der oben vorgeschlagenen verfahrenstechnischen Anpassung scheint jedoch technisch nicht möglich.

Wissenschaftlicher Ansatz zum Einfluss von Zusatzmitteln

Viele materialtechnologische Optimierungen von mineralisiertem Schaum bedürfen den Einsatz von Zusatzmitteln, insbesondere von Fließmittel. Zwar ist es durchaus möglich schaumverträgliche Fließmittel empirisch zu ermitteln, jedoch bleiben im Falle des Erfolgs aufgrund des großen Einflusses der Rheologie auf die Schaumstabilität Fragen bezüglich einer Überlagerung mit anderen Wechselwirkungen offen, etwa zwischen Fließmittel und oberflächenaktivem Stoff. Eine trennscharfe Betrachtung verschiedener rheologischer Parameter, wie etwas Viskosität und Thixotropie, ist unter diesen Voraussetzungen nicht möglich. Für eine vollständige Klärung dieses Themenkomplexes bedarf es eines grundlegenden wissenschaftlichen Ansatzes. Ein Ansatzpunkt kann auch hier eine mikrofluidische Untersuchung sein. Allerdings wird dieser, neben den vielfältigen sonstigen Herausforderungen, durch die fast ausschließliche Verfügbarkeit geschlossener Fließmittelsysteme erschwert, deren genaue Zusammensetzung dem Anwender häufig nicht bekannt ist.

Optimierung der Wärmeleitfähigkeit

Die Möglichkeiten und Grenzen für eine Optimierung der Wärmeleitfähigkeit von mineralisiertem Schaum wurden bereits in Kapitel 5.1.2.2 (S. 118) diskutiert. Falls man sich diesbezüglich nicht auf rein empirische Versuche beschränkten möchte, besteht die größte Herausforderung im Verständnis des Zusammenwirkens der unterschiedlichen Wärmeübertragungsarten. Nur auf Grundlage entsprechenden Wissens ist eine gezielte Optimierung möglich. Der Autor ist der Überzeugung, dass diese Aufgabe nur durch einen simulativen Ansatz zufriedenstellend gelöst werden kann. Grundlage solcher Berechnungen können die vorgeschlagenen Strukturschemata sein (Kap. 6, S. 159). In Bezug auf eine Anpassung der Mischungszusammensetzung könnte eine Möglichkeit zur Senkung der Wärmeleitung eine granulometrische Optimierung sein, die gegenläufig zum klassischen Ansatz auf eine Gefügeauflockerung zielt.

Mechanische Versagensmodelle unter Berücksichtigung der Schaumstruktur

Besonderes Interesse gilt bei der Anwendung des mineralisierten Schaumes im Bauwesen den eigenschaftsabhängigen mechanischen Charakteristiken. So sind dieses nicht nur von der Rohdichte, sprich dem Feststoffanteil, abhängig, sondern werden u. a. auch von der Zusammensetzung der Feststoffmatrix sowie die Porenstruktur beeinflusst. Zwar wurden im Rahmen dieser Arbeit neben einer entsprechenden themenbezogenen Metastudie verschiedene mechanische Kennwerte für den hier behandelten Schaum ermittelt (Kap. 2.1.3, S. 16 und Kap. 5.1.1, S. 109), jedoch konnte diesbezüglich, schon aufgrund der Ausrichtung dieser Arbeit, kein ausreichendes Gesamtbild erarbeitet werden. Zum besseren Verständnis der hiermit zusammenhängenden Fragen sind vertiefte werkstoffmechanische Forschungen nötig, mit dem Ziel der Entwicklung eigener Versagensmodelle für den mineralisierten Schaum. Es reicht nicht aus, bestimmte Eigenschaften nur in Relation zur Materialrohdichte zu setzen, da diese in keinem direktem Zusammenhang mit der Porenverteilung steht. Im Speziellen versprechen Untersuchungen hinsichtlich der Zusammenhänge zwischen Schaumstruktur und mechanischem Widerstand, abgestimmt auf die bauphysikalischen Eigenschaften, besonderes Erkenntnispotential. In Zukunft sollte die Porenverteilung unabhängig vom Feststoffanteil im Vordergrund der Untersuchungen stehen, da diese maßgeblich die mechanischen und bauphysikalischen Eigenschaften eines Materials beeinflusst. So verfügen eigenen Beobachtungen zufolge mineralisierte Schäume mit feiner Porenstruktur über eine hohe strukturelle Widerstandsfähigkeit, jedoch bedingt die entsprechende Struktur andererseits sehr feine Porenlamellen, die lokal, etwa infolge von Wärmespannungen während des Abbindevorganges oder Sorptionsspannungen, im Verhältnis leichter versagen. Dies kann zu Mikrorissen führen, die aufgrund zyklischer Belastungsvorgänge bei Feuchtetransportvorgängen im eingebauten Zustand zu Brüchen und Teilablösungen führen können (Kap. 5.3.3.4, S. 155). In engem Zusammenhang stehen hier notwendige Untersuchungen hinsichtlich der Dauerhaftigkeit von mineralisierten Schäumen.

Instationäre thermodynamische Blasenbewegung

Zwar ist die Betrachtung instationärer Schaumstrukturen namentlich Thema dieser Arbeit, jedoch erfolgte sie ausschließlich in Bezug auf die Porengrößenverteilung. Die dynamische Bewegung der Poren innerhalb des mineralischen Schaumes wurde vernachlässigt. Ein Eindruck der Phänomenologie vermittelt der Versuch zum Referenzeinfallsprozess (Abb. 95 bis 106, S. 148). Hierzu kön-

nen auf Grundlage von Populationsbilanzen[177] strömungsmechanische Modellrechnungen zur Beschreibung veränderlichen Blasengrößenverteilungen durchgeführt werden. Dabei müssen für jeden Zeitschritt die jeweilige Häufigkeit der
Blasengröße und die Größenverteilung errechnet werden [299, 300].

---

177 Dafür ist für jede vorhanden Blasenfraktion die Koaleszenz und deren Zerfall zu bilan-
zieren.

Literaturverzeichnis

[1] Weigler, H., Karl, S., Jaegermann, C.: Leichtzuschlag-Beton mit hohem Gehalt an Mörtelporen. In: Dtsch. Aussch. Für Stahlbeton 321 (1981)

[2] Karl, S.: Leichtzuschlag-Schaumbeton als Konstruktionsleichtbeton mit abgeminderter Rohdichte. TU Darmstadt (1979)

[3] Global Construction: Ultimate Concrete Opportunities (2005 : University of Dundee) creator: Use of foamed concrete in construction proceedings of the international conference held at the University of Dundee, Scotland, UK on 5 July 2005. Thomas Telford, London, UK (2005)

[4] Just, A.: Untersuchungen zur Weiterentwicklung von chemisch aufgetriebenen, lufthärtenden, mineralisch gebundenen Schäumen. Universität Dortmund (2008)

[5] Deutsches Institut für Bautechnik: DIBt Mitteilungen Nr. 6:2002-12, Herstellung und Verwendung von Schaumbeton, DIBt

[6] Pott, J.U.: Entwicklungsstrategien für zementgebundene Schäume. Universität Hannover (2006)

[7] Stürmer, S.: Injektionsschaummörtel für die Sanierung historischen Mauerwerks unter besonderer Berücksichtigung bauschädlicher Salze. Bauhaus-Universität Weimar, Weimar (1997)

[8] Eickschen, E.: Wirkungsmechanismen von Luftporen bildenden Zusatzmitteln. Teile 1 und 2. In: Beton 57 (2007)

[9] Baumert, C., Garrecht, H.: Mineralschaum für Anwendungen in der Fertigteilindustrie. In: BWI - Betonw. Int. (2015) pp. 60–66

[10] Jacquemont, F.: Thermolitys: Ein neuer Hochleistungs-Schaumbeton. In: Proceedings (2013)

[11] Benedix, R.: Hightech im Bauwesen: Anwendung der Nanotechnologie in Architektur und Bauwesen. Bauchemie. S. 541–558. Springer Fachmedien Wiesbaden, Wiesbaden (2015)

[12] Yang, K.-H., Lee, K.-H., Song, J.-K., Gong, M.-H.: Properties and sustainability of alkali-activated slag foamed concrete. In: J. Clean. Prod. 68 (2014) pp. 226–233

[13] Panesar, D.K.: Cellular concrete properties and the effect of synthetic and protein foaming agents. In: Constr. Build. Mater. 44 (2013) pp. 575–584

[14] Hulimka, J., Knoppik-Wróbel, A., Krzywoń, R., Rudisin, R.: Possibilities of the structural use of foamed concrete on the example of slab foundation. (2013)

[15] Bernz, W.: Planung, Durchführung und Bewertung einer Versuchsreihe zur Charakterisierung der Wechselwirkung von Bindemittelleim und Schaum mineralisierter Schäume niedrigster Rohdichte. TU Darmstadt (2013)

[16] Brameshuber, W., Steinhoff, J., Mott, R.: Entwicklung eines Wandsystems mit hoher Wärmedämmung aus selbstverdichtendem porosiertem Leichbeton in Kombination mit einer bauteilintegrierten Wandschalung aus textilbewehrtem Beton. Fraunhofer IRB Verlag, Stuttgart (2011)

[17] H. Mathes: Monodisperse Schäume: Herstellung und Verwendung als strukturiertes Medium für chemische Zweiphasenreaktionen. Universität Bremen (2004)

[18] Glazier, J.A., Gross, S.P., Stavans, J.: Dynamics of two-dimensional soap froths. In: Phys. Rev. A 36 (1987) pp. 306–312

[19] Grieb, W., Slemeyer, A.: Schreibtipps für Studium, Promotion und Beruf in Ingenieur- und Naturwissenschaften. Vde-Verlag (2008)

[20] Deutsches Institut für Normung: DIN EN ISO 80000-1:20013-08, Größen und Einheiten – Teil 1: Allgemeines, Beuth Verlag

[21] Lewandowski, R.: Fließfähiger Porenbeton. In: Bauverlag 32 (1978) pp. 1215–1219

[22] Deutsches Institut für Normung: DIN EN 206-1:2001-07, Beton Teil 1: Festlegung, Eigenschaften, Herstellung und Konformität, Beuth Verlag

[23] Deutsches Institut für Normung: DIN 4164:1951-10, Gas- und Schaumbeton - Herstellung, Verwendung und Prüfung, Richtlinien - zurückgezogen, Beuth Verlag

[24] Deutsche Bauchemie e.V. hrsg: Herstellung von Luftporenbeton, (2001)

[25] Deutsches Institut für Normung: DIN EN 206:2014-07, Festlegung, Eigenschaften, Herstellung und Konformität, Beuth Verlag

[26] Stegemann, R.: Das grosse Baustoff-Lexikon. Handwörterbuch der gesamten Baustoffkunde. Deutsche Verlags-Anstalt, Stuttgart (1941)

[27] Grübl, P., Weigler, H., Sieghart, K.: Beton : Arten, Herstellung und Eigenschaften. Ernst, Berlin (2001)

[28] Ramamurthy, K., Kunhanandan Nambiar, E.K., Indu Siva Ranjani, G.: A classification of studies on properties of foam concrete. In: Cem. Concr. Compos. 31 (2009) pp. 388–396

[29] Nambiar, E.K.K., Ramamurthy, K.: Air-void characterisation of foam concrete. In: Cem. Concr. Res. 37 (2007) pp. 221–230

[30] Dhir, R.K., Henderson, N.A.: Specialist techniques and materials for concrete construction. Thomas Telford (1999)

[31] Stark, J.: Dauerhaftigkeit haufwerksporiger Leichtbetone mit Schaummörtelbindung. Fraunhofer IRB-Verlag, Stuttgart (2003)

[32] Kearsley, E., Booysens, P.: Reinforced Foamed Concrete-Can It Be Durable? In: Concr. Beton (1998)

[33] Lee, Y., Hung, Y.: Exploitation of Solid Wastes in Foamed Concrete-Challenges Ahead. Proceedings of International Concrete Congress. S. 15-22 (2005)

[34] Hamidah, M., Azmi, I., Ruslan, M., Kartini, K., Fadhil, N.: Optimisation of foamed concrete mix of different sand-cement ratio and curing conditions. Use of foamed concrete in construction. S. 37-44. , Thomas Telford: London, UK (2005)

[35] Remadnia, A., Dheilly, R.M., Laidoudi, B., Quéneudec, M.: Use of animal proteins as foaming agent in cementitious concrete composites manufactured with recycled PET aggregates. In: Constr. Build. Mater. 23 (2009) pp. 3118-3123

[36] Pedraza, A.R.M., Constantiner, J.L.D.: Mixture Design Optimisation Of Cellular Concrete. In: Spec. Tech. Mater. Concr. Constr. Proc. Int. Conf. Held Univ. Dundee Scotl. UK 8-10 Sept. 1999 (1999) pp. 219

[37] Deutsches Institut für Normung: DIN EN 1520:2011-06, Vorgefertigte Bauteile aus haufwerksporigem Leichtbeton und mit statisch anrechenbarer oder nicht anrechenbarer Bewehrung, Beuth Verlag

[38] Kearsley, E., Mostert, H.: Designing mix composition of foamed concrete with high fly ash contents. Use of foamed concrete in construction. London: Thomas Telford. S. 29-36 (2005)

[39] Jones, M.R., Mc Carthy, A.: Behaviour and assessment of foamed concrete for construction applications. Use of foamed concrete in construction. S. 61-88. Thomas Telford, London, UK (2005)

[40] Cox, L., van Deijk, S.: Foam concrete. In: Concrete 25 (2002) pp. 54-55

[41] Cox, L.: Major Road and Bridge Projects with Foam Concrete. Proceedings: International Conference on the Use of Foamed Concrete in Construction, University of Dundee, Scotland, July. S. 105-112 (2005)

[42] Tikalsky, P.J., Pospisil, J., MacDonald, W.: A method for assessment of the freeze-thaw resistance of preformed foam cellular concrete. In: Cem. Concr. Res. 34 (2004) pp. 889-893

[43] American Concrete Institute: ACI 523.1R:1992, Guide for Cast-in-Place Low Density Cellular Concrete, ACI

[44] Akthar, F.K., Evans, J.R.G.: High porosity (90%) cementitious foams. In: Cem. Concr. Res. 40 (2010) pp. 352-358

[45] Schneider, J., Garrecht, H., Maier, A., Gilka-Bötzow, A.: Ein multifunktionales und energetisch aktives Fassadenelement aus Beton. In: Bautechnik 91 (2014) pp. 167-174

[46] Schlaich, M., Hückler, A.: Infraleichtbeton 2.0. In: Beton- Stahlbetonbau
      107 (2012) pp. 757–766

[47] Just, A., Middendorf, B.: UHPC-Schäume – multifunctional und energieeffi-
      zient. In: 18 Ibausil (2012)

[48] Karlstetter, C.: Verbesserung der Leistungsfähigkeit von Porenbeton durch
      den Einsatz von Fasern. Universität der Bundeswehr München, München
      (2014)

[49] Pawlitschko, R., Bögle, A., Brensing, C., Jäger, F.: DETAIL engineering 1:
      schlaich bergermann und partner: Interdisziplinäres Konstruieren zwi-
      schen Kontinuität und Innovation. Walter de Gruyter (2011)

[50] Lohaus, L.: Anwendbarkeit vorgeschäumter Luftporen im Betonbau.
      Fraunhofer-IRB-Verl., Stuttgart (2000)

[51] Garrecht, H., Gilka-Bötzow, A.: Haufwerksporige Leichtbetone (LAC 2) mit
      minimierter Rohdichte - Gefügeoptimierung mit schaummodifizierten Ze-
      mentleimen. In: BFT Int. (2011) pp. 116–119

[52] Garrecht, H., Gilka-Bötzow, A.: Vorlesung Werkstofftechnologie des Fach-
      gebiets Werkstoffe im Bauwesen, Thema Leichtbetone. , TU Darmstadt
      (2014)

[53] Weber, H., Hullmann, H.: Porenbeton-Handbuch. Bauverl., Wiesbaden
      (2002)

[54] Kroezen, A., Grootwassink, J., Bertlein, E.: Foam generation in a rotor-
      stator mixer. In: Chem. Eng. Process. 24 (1988) pp. 145–156

[55] DIN EN 934-2:2012-08, Zusatzmittel für Beton, Mörtel und Einpressmör-
      tel - Teil 2: Betonzusatzmittel - Definitionen, Anforderungen, Konformität,
      Kennzeichnung und Beschriftung, Beuth Verlag

[56] Nussbaum, G.: Faserbeton, Porenleichtbeton, Dränbeton. Vlg. Bau und
      Technik, Düsseldorf (1999)

[57] Weigler, H., Karl, S.: Konstruktionsleichtbeton mit abgeminderter Rohdich-
      te / Leichtzuschlagschaumbeton - Festbetoneigenschaften. In: Betonw.
      Fert.-Tech. 4 (1980) pp. 230–239

[58] Deutsches Institut für Normung: DIN EN ISO 10456:2010-05, Baustoffe
      und Bauprodukte - Wärme- und feuchtetechnische Eigenschaften - Tabel-
      lierte Bemessungswerte und Verfahren zur Bestimmung der wärmeschutz-
      technischen Nenn- und Bemessungswerte, Beuth Verlag

[59] 3M Deutschland GmbH hrsg: 3M Glass Mikro-Glashohlkugeln, (2007)

[60] Sika Schweiz AG hrsg: Sika-Aer Solid - Vorgefertigte Luftporen, (2011)

[61] Hydroment GmbH hrsg: Hydroment - Therment AD 200, (2013)

[62] Pier, J.: Herstellung und Einsatz von Schaummörteln im Steinkohlenberg-
      bau. Gesamthochschule Paderborn, Paderborn (1992)

[63] Hunaiti, Y.M.: Composite Action of Foamed and Lightweight Aggregate Concrete. In: J. Mater. Civ. Eng. 8 (1996) pp. 111–113

[64] Kearsley, E.P.: The effect of high volumes of ungraded fly ash on the properties of foamed concrete. University of Leeds, Leeds (1999)

[65] Kearsley, E.P., Wainwright, P.J.: The effect of high fly ash content on the compressive strength of foamed concrete. In: Cem. Concr. Res. 31 (2001) pp. 105–112

[66] Bucher, A., Yao, Y.: Einfluss von Kunststofffasern auf die Eigenschaften von Schaumbeton. ETH Zürich, Zürich (2006)

[67] Aldridge, D.: Introduction to foamed concrete: What, why and how? Use of foamed concrete in construction. S. 1–14. Thomas Telford, London, UK (2005)

[68] Kearsley, E.P., Mostert, H.F.: Opportunities For Expanding The Use Of Foamed Concrete In The Construction Industry. Use of foamed concrete in construction. S. 144–154. , Thomas Telford: London, UK (2005)

[69] Awang, H., Mydin, M.A.O., Roslan, A.F.: Effect of additives on mechanical and thermal properties of lightweight foamed concrete. In: Pelagia Res Libr 3 (2012) pp. 3326–3338

[70] Taylor, R.: Foamed Concrete: Composition and Properties. British Cement Association, Crowthorne (1991)

[71] Moorfield, G.: Filling a gap in the market. In: Concrete 28 (1994) pp. 12–14

[72] Kearsley, E.P., Wainwright, P.J.: Ash content for optimum strength of foamed concrete. In: Cem. Concr. Res. 32 (2002) pp. 241–246

[73] Byun, K., Song, H., Park, S.: Development of structural lightweight foamed concrete using polymer foam agent. In: ICPIC-98 9 (1998)

[74] Thiede, H.: Die Druck- und Biegezugfestigkeit von glasfaserverstaärktem Schaumbeton. TU Berlin (1978)

[75] Mittendrein, H., Schneider, R.: Schaumbeton mit Leichtzuschlag als Wandbaustoff: Abschlussbericht zum Forschungsvorhaben Zl. F 981. Bundesministerium für Wirtschaftliche Angelegenheiten, Wohnbauforschung (1989)

[76] Schauerte, M., Trettin, R.: Neue Schaumbetone mit gesteigerten mechanischen und physikalischen Eigenschaften. In: Tagungsbericht IBAUSIL 1 (2012)

[77] Giannakou, A., Jones, M.R.: Potential Of Foamed Concrete To Enhance The Thermal Performance Of Low-Rise Dwellings. Innovations and Developments in Concrete Materials and Construction: Proceedings of the International Conference held at the University of Dundee, Scotland, UK on 9-11 September 2002. S. 533–544. Thomas Telford, London (2002)

[78] Mydin, A.O.: Effective thermal conductivity of foamcrete of different densi-
      ties. In: Concr. Res. Lett. 2 (2011) pp. 181–189
[79] Myers, D.: Surfactant Science and Technology. In: Berichte Bunsenges.
      Für Phys. Chem. 96 (1992) pp. 1898–1898
[80] Bikerman, J.J.: Physical surfaces. Elsevier (1970)
[81] Bikerman, J.: Foams. Springer-Verlag, New York (1973)
[82] Deutsches Institut für Normung: DIN EN ISO 862:1995-10, Grenzflächen-
      aktive Verbindungen - Begriffe, Beuth Verlag
[83] Schilbach, J.: Entwicklung und Optimierung eines biotechnologischen Ver-
      fahrens zur Herstellung von Proteinschaummitteln. Technische Universität
      Hamburg-Harburg (2005)
[84] German, J.: Properties of Stabilizing Components in Foams. In: Chem Eng
      (1990) pp. 62–70
[85] Exerowa, D., Krugljakov, P.M.: Foam and foam films: theory, experiment,
      application. Elsevier, Amsterdam (1998)
[86] Atkins, P.: Physikalische Chemie. In: Verl. Chem. Weinh. (1990)
[87] Tipler, P.: Physik für Wissenschaftler und Ingenieure. Elsevier Spektrum
      Akad. Verl., München ;;Heidelberg (2004)
[88] Loitsch, S.: Untersuchung zu Schaumphänomenen bei alkoholischen und
      alkoholfreien Getränken. Grin (2000)
[89] Ross, S., Prest, H.F.: On the morphology of bubble clusters and polyhedral
      foams. In: Colloids Surf. 21 (1986) pp. 179–192
[90] Aref, H., Sullivan, J., Thoroddsen, S.: Foam Evolution: Experiments and Si-
      mulations. In: Proc. Fifth Microgravity Fluid Phys. Transp. Phenom. Conf.
      (2000) pp. 964–98
[91] Licinio, P., Figueiredo, J.M.: Structure of foams produced by agitation. In:
      Colloids Surf. Physicochem. Eng. Asp. 149 (1999) pp. 19–22
[92] Weaire, D., Fhelan, R.: The structure of monodisperse foam. In: Philos.
      Mag. Lett. 70 (1994) pp. 345–350
[93] Durian, D., Weitz, D., Pine, D.: Scaling behavior in shaving cream. In: Phys.
      Rev. A 44 (1991) pp. R7902
[94] Durian, D.J., Zimmerli, G.A.: Foam Optics and Mechanics. NASA/TM-2002-
      211195. Cleveland: NASA John H. Glenn Research Center (2002)
[95] Barg, A.: Anorganisch-organische Hybridschäume. Universität Paderborn
      (2004)
[96] Goldfarb, I., Orenbakh, Z., Shreiber, I., Vafina, F.: Sound and weak shock
      wave propagation in gas-liquid foams. In: Shock Waves 7 (1997) pp. 77–88
[97] Kern, T.: Neues Verfahren zur experimentellen Untersuchung wässriger
      Schäume. Universität GH Paderborn (2002)

[98] Zehle, F.: Die Entstehung von Schaumstrukturen in Backwaren und deren Vorprodukten, (2009)

[99] Lohaus, L.: Konstruktionsleichtbeton unter Verwendung vorgeschäumter Luftporen. , Hannover (2005)

[100] Mezger, T.G.: Das Rheologie-Handbuch. Vincentz Network, Hannover (2010)

[101] Deutsches Institut für Normung: DIN EN 1568-3:2008-06, Feuerlöschmittel - Schaummittel - Teil 3: Anforderungen an Schaummittel zur Erzeugung von Schwerschaum zum Aufgeben auf nicht-polare (mit Wasser nicht mischbare) Flüssigkeiten, Beuth Verlag

[102] Huang, X.L., Catignani, G.L., Swaisgood, H.E.: Micro-scale Method for Determining Foaming Properties of Protein. In: J. Food Sci. 62 (1997) pp. 1028–1060

[103] Deutsches Institut für Normung: DIN EN 12728:2000-01, Grenzflächenaktive Stoffe - Bestimmung des Schäumvermögens - Lochscheiben-Schlagverfahren, Beuth Verlag

[104] Kosswig, K., Stache, H. hrsg: Die Tenside. C. Hanser, München (1993)

[105] Bals, A.: Verfahrenstechnik und Substratfaktoren beim Aufschäumen mit Membranen. VDI-Verl., Düsseldorf (2002)

[106] Wilson, A.J.: Foams physics, chemistry and structure. Springer, London (1989)

[107] Drogaris, G.: Koaleszenz von Gasblasen in wässrigen Lösungen. Universität Dortmund (1983)

[108] Tscheuschner, H.-D.: Grundzüge der Lebensmitteltechnik. Behr, Hamburg (1999)

[109] Reul, H.: Handbuch Bauchemie. Verl. für Chem. Industrie Ziolkowsky, Augsburg (1991)

[110] Keszei, E.: Chemical thermodynamics: an introduction. Springer, Heidelberg; New York (2012)

[111] Tadros, T.F.: Surfactants. Academic Press (1984)

[112] Kornev, K.G., Neimark, A.V., Rozhkov, A.N.: Foam in porous media: thermodynamic and hydrodynamic peculiarities. In: Adv. Colloid Interface Sci. 82 (1999) pp. 127–187

[113] Adam, G., Läuger, P., Stark, G.: Physikalische Chemie und Biophysik. Springer, Dordrecht [u.a.] (2009)

[114] Caessens, P.W.J.R.: Enzymatic hydrolysis of ß-casein and ß-lactoglobulin. Foam and emulsion properties of peptides in relation to their molecular structure. Wageningen University (1999)

[115] Mollet, H.: Formulierungstechnik - Emulsionen, Suspensionen, Feste Formen. Wiley-VCH (1999)

[116] Patrick Gunning, A., Mackie, A.R., Wilde, P.J., Morris, V.J.: Bursting the bubble; how surfactants destabilize protein foams, revealed by atomic force microscopy. In: Surf. Interface Anal. 27 (1999) pp. 433–436

[117] Pittia, P., Wilde, Peter J., Clark, D.C.: The foaming properties of native and pressure treated β-casein. In: Food Hydrocoll. Food Hydrocoll. 10 (1996) pp. 335–342

[118] Baets, P.: Foam films drawn from dispersions. Technische Universiteit Eindhoven (1993)

[119] DIN EN 14371:2004-11, Grenzflächenaktive Stoffe –Bestimmung der Schäumfähigkeit und des Verschäumungsgrades –Zirkulations-Prüfverfahren, Beuth Verlag

[120] Drawert, F.: Brautechnische Analysenmethoden. Methodensammlung der Mitteleuropäischen Brautechnischen Analysenkommission. Mitteleuropäische Brautechnische Analysenkommission, MEBAK e.V. (1997)

[121] Deutsches Institut für Normung: DIN 53902-2:1977-12, Prüfung von Tensiden; Bestimmung des Schäumvermögens, Modifiziertes Ross-Miles-Verfahren, Beuth Verlag

[122] Deutsches Institut für Normung: DIN 14366:2009-08, Tragbare Schaumstrahlrohre, Beuth Verlag

[123] Deutsches Institut für Normung: DIN 14493:2002-09, Ortsfeste Schaumlöschanlagen - Anforderungen und Prüfung für Schaumlöscheinrichtungen für Schwer- und Mittelschaum, Beuth Verlag

[124] Castagnetti, A.: I calcestruzzi leggeri. I.T.E.C., Milano (1974)

[125] Brüse, F.: Tenside, Polymerbausteine und Polymere aus nachwachsenden Rohstoffen durch Epoxidringöffnungen mit Aminen und enzymatische Polykondensationen. RWTH Aachen (2003)

[126] Frunder, B.: Wörterbuch der Chemie: rund 3500 Begriffe von A bis Z aus allen Gebieten der Chemie. Dt. Taschenbuch-Verl., München (1995)

[127] Fraser, R.D.B., MacRae, T.P., Rogers, G.E.: Keratins: their composition, structure, and biosynthesis,. Thomas, Springfield, Ill. (1972)

[128] Beyer, H., Walter, W.: Lehrbuch der organischen Chemie: mit 20 Tabellen. Hirzel, Stuttgart (1991)

[129] Doenecke, D.: Karlsons Biochemie und Pathobiochemie. Thieme, Stuttgart (2005)

[130] Hoppe, B., Martens, J.: Aminosäuren–Herstellung und Gewinnung. In: Chem. Unserer Zeit 18 (1984) pp. 73–86

[131] Prins, A., Bos, M., Vankalsbeek, H., Boerboom, F.: Relation between surface rheology and foaming behaviour of aqueous protein solutions. Studies in Interface Science Studies in Interface Science. S. 221–265 (1998)

[132] Walstra, P., De Roos, A.L.: Proteins at air-water and oil-water interfaces: Static and dynamic aspects. In: Food Rev. Int. Food Rev. Int. 9 (1993) pp. 503-525

[133] Verein Deutscher Zementwerke e.V. hrsg: Zement Taschenbuch 2002. Verlag Bau+Technik, Düsseldorf (2002)

[134] Benedix, R.: Bauchemie Einführung in die Chemie für Bauingenieure und Architekten. Vieweg+Teubner Verlag / GWV Fachverlage GmbH, Wiesbaden, Wiesbaden (2008)

[135] Locher, F.W.: Zement: Grundlagen der Herstellung und Verwendung. Verlag Bau und Technik, Düsseldorf (2000)

[136] K.-Ch. Thienel: Bauchemie und Werkstoffe des Bauwesens, Chemie und Eigenschaften mineralischer Baustoffe und Bindemittel, (2008)

[137] Mallon, T.: Bauchemie. Vogel Business Media, Würzburg (2005)

[138] Klatt, A.: Mineralisch ummantelte Holzspäne als Leichtzuschlag für Beton: Potentiale und Grenzen modifizierter organischer Materialien. TU Darmstadt, Darmstadt (2012)

[139] Ye, G.: Experimental Study and Numerical Simulation of the Development of the Microstructure and Permeability of Cementitious Materials. TU Delft (2003)

[140] Kickelbick, G.: Chemie für Ingenieure. Pearson, München (2008)

[141] Stark, J., Möser, B., Eckart, A.: Neue Ansätze zur Zementhydratation, Teil 1. In: ZKG Int. 54 (2001) pp. 52-60

[142] Mindess, S., Young, J.F.: Concrete. Prentice-Hall, Englewood Cliffs, N.J. (1981)

[143] Odler, I.: Hydration, setting and hardening of Portland cement. In: Lea's Chem. Cem. Concr. 4 (1998) pp. 241-297

[144] Stark, J., Wicht, B.: Zement und Kalk: der Baustoff als Werkstoff; mit 90 Tabellen. Birkhäuser, Basel [u.a.] (2000)

[145] Merlini, M., Artioli, G., Cerulli, T., Cella, F., Bravo, A.: Tricalcium aluminate hydration in additivated systems. A crystallographic study by SR-XRPD. In: Cem. Concr. Res. 38 (2008) pp. 477-486

[146] Breugel, K. van: Simulation of hydration and formation of structure in hardening cement-based materials. TU Delft, Delft (1991)

[147] Deutsches Institut für Normung: DIN EN 196-3:2009-02, Prüfverfahren für Zement - Teil 3: Bestimmung der Erstarrungszeiten und der Raumbeständigkeit, Beuth Verlag

[148] Zhang, Q., Ye, G.: Dehydration kinetics of Portland cement paste at high temperature. In: J Therm Anal Calorim J. Therm. Anal. Calorim. Int. Forum Therm. Stud. 110 (2012) pp. 153-158

[149] Müller, L.: Verzögerter Beton. In: Beton-Informationen (1999) pp. 11-14

[150] Winter, C.A.J.: Untersuchungen zur Verträglichkeit von Polycarboxylaten mit den Hydratationsverzögerern Citrat und Tartrat und zur Wirkung der Caseinfraktionen α-, β-und κ-Casein im ternären Bindemittelsystem Portlandzement-Tonerdeschmelzzement-Synthetischer Anhydrit. In: TU-Münch. Münch. (2007)

[151] Jörg Rickert: Einfluss von Verzogerern auf die Hydratation von Klinker und Zement. In: Beton. 52 (2002) pp. 159

[152] Hirsch, C., others: Untersuchungen zur Wechselwirkung zwischen polymeren Fliessmitteln und Zementen bzw. Mineralphasen der frühen Zementhydratation. Technische Universität München (2005)

[153] Cody, A.M., Lee, H., Cody, R.D., Spry, P.G.: The effects of chemical environment on the nucleation, growth, and stability of ettringite [Ca3Al(OH)6]2(SO4)3·26H2O. In: Cem. Concr. Res. 34 (2004) pp. 869–881

[154] Brameshuber, W.: Concrete - An Example for Complex Porosity An Example for Complex Porosity. Marie Curie Summer School. , Triesch (2008)

[155] Ukrainczyk, N., Koenders, E.A.B.: Representative elementary volumes for 3D modeling of mass transport in cementitious materials. In: Model. Simul. Mater. Sci. Eng. 22 (2014) pp. 35001

[156] Deutsches Institut für Normung: DIN EN ISO 12570:2013-09, Wärme- und feuchtetechnisches Verhalten von Baustoffen und Bauprodukten – Bestimmung des Feuchtegehaltes durch Trocknen bei erhöhter Temperatur, Beuth Verlag

[157] Meyers, S.L.: Thermal Expansion Characteristics Of Hardened Cement Paste And Of Concrete. In: Highw. Res. Board Proc. 30 (1951)

[158] Dettling, H.: Thermal Expansion Characteristics of Hardened Cement Paste, Aggregates, and Concrete. In: Bulletin (1965) pp. 1–64

[159] Wischers, G.: Einfluss einer Temperaturänderung auf die Festigkeit von Zementstein und Zementmörtel mit Zuschlagstoffen verschiedener Wärmedehnung. Verein Deutscher Zementwerke, Düsseldorf (1961)

[160] Helmuth, R.A.: Dimensional changes of hardened Portland cement pastes caused by temperature changes. Portland Cement Association, Research and Development Laboratories, Skokie, Ill. (1961)

[161] Koenders, E.A.B.: Simulation of volume changes in hardening cementbased materials. TU Delft, Delft University of Technology, Delft (1997)

[162] Sellevold, E., Bjøntegaard, O., Justnes, H., Dahl, P.: High performance concrete: early volume change and cracking tendency. In: RILEM Proc. (1995) pp. 229–229

[163] Lea, F.M.: The chemistry of cement and concrete. Edward Arnold, London (1970)

[164] Mindess, S., Young, J.F.: Concrete. Prentice-Hall, Englewood Cliffs, N.J. (1981)

[165] Powers, T.C.: A discussion of cement hydration in relation to the curing of concrete. Portland Cement Association, Chicago (1948)

[166] Verein Deutscher Zementwerke e.V. hrsg: Zement Taschenbuch 1984. Bauverlag, Wiesbaden (1984)

[167] Walz, K., Wischers, K.: Über Aufgaben und Stand der Betontechnologie. Teil 2: Gefüge und Festigkeit des erhärteten Betons. In: Beton 26 (1976) pp. 442–444

[168] Helmuth, R.A.: The reversible and irreversible drying shrinkage of hardened portland cement and tricalcium silicate pastes. Portland Cement Association. Research and Development Laboratories, Skokie, Ill. (1967)

[169] Feldman, R.F., Verbeck, G.J.: Structures and physical properties of cement paste. National Research Council of Canada, Ottawa (1970)

[170] Deutsches Institut für Normung: DIN 1342-1:2003-11, Viskosität - Teil 1: Rheologische Begriffe, Beuth Verlag

[171] Pflaumbaum, M.: Rheologische Untersuchungen an viskoelastischen Tensidsystemen. Universität Duisburg-Essen (2002)

[172] Gehm, L.: Rheologie: praxisorientierte Grundlagen und Glossar. Vincentz, Hannover (1998)

[173] Deutsches Institut für Normung: DIN SPEC 91143-2:2012-09, Moderne rheologische Prüfverfahren - Teil 2: Thixotropie - Bestimmung der zeitabhängigen Strukturänderung - Grundlagen und Ringversuch, Beuth Verlag

[174] Kulicke, W.-M.: Fließverhalten von Stoffen und Stoffgemischen. Hüthig & Wepf, Basel [u.a.] (1986)

[175] Blask, O.: Zur Rheologie von polymermodifizierten Bindemittelleimen und Mörtelsystemen. Universität Siegen, Siegen (2005)

[176] Schramm, G.: Einführung in Rheologie und Rheometrie. Haake, Karlsruhe (1995)

[177] Greim, M., Teubert, O.: Moderne Messmethoden zur zielgerichteten Entwicklung und Überprüfung der Verarbeitungseigenschaften von Selbstverdichteten Beton, http://www.schleibinger.com/trier1.pdf, (2001)

[178] Kühne, A., Tinnermann, H.: Grundlagen und Anwendungen der Rheologie. , Dortmund (2011)

[179] Bauer, H. hrsg: Rotationsviskosimetrie newtonscher und nicht-newtonscher Flüssigkeiten. Wirtschaftsverl. NW, Bremerhaven (1993)

[180] Beitzel, M.: Frischbetondruck unter Berücksichtigung der rheologischen Eigenschaften. KIT Scientific Publishing, Karlsruhe (2014)

[181] Jenning, R.: Rheologisches Verhalten teilerstarrter Metalllegierungen, Rheological behaviour of semi solid metals. FAU Erlangen-Nürnberg (2009)

[182] Krebs, M.: Rheologische Untersuchungen zur Temperatur- und Druckabhängigkeit von ein- und zweiphasigen Thermoplasten. Universität Kassel, Kassel (2010)

[183] Reiner, M.: Advanced Rheology. HK Lewis and Co Ltd., London (1971)

[184] Barnes, H.A., Hutton, J.F.: An introduction to rheology. Elsevier (1989)

[185] Haist, M.: Zur Rheologie und den physikalischen Wechselwirkungen bei Zementsuspensionen. KIT Scientific Publ., Karlsruhe (2010)

[186] Baumert, C.: Rheometrische Mischprozessführung Intensiv-Konus-Mischer mit integriertem Rheometer zur Herstellung von Hochleistungsbeton mit definierten rheologischen Eigenschaften. TU Darmstadt, Darmstadt (2012)

[187] Barnes, H.A., Walters, K.: The yield stress myth? In: Rheol. Acta 24 (1985) pp. 323–326

[188] Haist, M., Müller, H.S.: Scientific study: Rheometer testing. In: World Cem. (2007)

[189] Edgeworth, R., Dalton, B.J., Parnell, T.: The pitch drop experiment. In: Eur. J. Phys. 5 (1984) pp. 198

[190] Deutsches Institut für Normung: DIN EN 196-1:2005-05, Prüfverfahren für Zement - Teil 1: Bestimmung der Festigkeit, Beuth Verlag

[191] Keck, H.-J.: Untersuchungen des Fließverhaltens von Zementleim anhand rheologischer Messungen / Hans-Joachim Keck. Shaker, Aachen (1999)

[192] Flatten, H.J.: Untersuchungen über das Fliessverhalten von Zementleim. Rheinisch-Westfälischen Technischen Hochschule (1973)

[193] Schwenk Zement KG hrsg: Betontechnische Daten. Eigenverlag (2013)

[194] Arin, S.: Rheologische Untersuchungen mittels Rotationsviskosimeter an Bindemittelleimen zur Bewertung des Einflusses der ermittelten Eigenschaften auf die Qualität der aus diesen Leimen hergestellten mineralisierten Schäumen. TU Darmstadt (2014)

[195] Thermo Scientific hrsg: HAAKE Viscotester 550, Betriebsanleitung, Version 1.9, (2011)

[196] Deutsches Institut für Normung: DIN Fachbericht 143:2005, Moderne rheologische Prüfverfahren – Teil 1: Bestimmung der Fließgrenze - Grundlagen und Ringversuch, Beuth Verlag

[197] Roussel, N., Coussot, P.: "Fifty-cent rheometer" for yield stress measurements: From slump to spreading flow. In: J. Rheol. 49 (2005) pp. 705–718

[198] Cross, M.M.: Rheology of non-Newtonian fluids: A new flow equation for pseudoplastic systems. In: JCOSCI J. Colloid Sci. 20 (1965) pp. 417–437

[199] Papo, A.: Rheological models for cement pastes. In: Mater. Struct. 21 (1988) pp. 41–46

[200] Baumert, C.: Mineralschaum als Alternative zu geschäumten Kunststoffen in der Fertigteilindustrie - Stand der Technik und Potenziale. Betontage, Praxis Workshop. , Neu-Ulm (2015)

[201] Deutsches Institut für Normung: DIN EN 12350-8:2010-12, Prüfung von Frischbeton –Teil 8: Selbstverdichtender Beton –Setzfließversuch, Beuth Verlag

[202] Deutsches Institut für Normung: DIN EN 12350-9:2010-12, Prüfung von Frischbeton –Teil 9: Selbstverdichtender Beton –Auslauftrichterversuch, Beuth Verlag

[203] Knerr, R.: Lexikon der Mathematik. Fischer-Taschenbuch-Verlag, Frankfurt am Main (1978)

[204] Dörfler, H.-D.: Grenzflächen und kolloid-disperse Systeme: Physik und Chemie; mit 579, zum Teil farbigen Abb. und 88 Tabellen. Springer, Berlin (2002)

[205] Doering, E., Schedwill, H., Dehli, M.: Grundlagen der technischen Thermodynamik: Lehrbuch für Studierende der Ingenieurwissenschaften; mit 46 Tabellen, 114 Beispielen sowie 89 Aufgaben mit Lösungen. Springer Vieweg, Wiesbaden (2012)

[206] Deutsches Institut für Normung: DIN EN 197-1:2014-07, Zement - Teil 1: Zusammensetzung, Anforderungen und Konformitätskriterien von Normalzement, Beuth Verlag

[207] HeidelbergCement hrsg: Betontechnische Daten. Eigenverlag (2011)

[208] Deutsches Institut für Normung: DIN EN 450-1:2012-10, Flugasche für Beton - Teil 1: Definition, Anforderungen und Konformitätskriterien, Beuth Verlag

[209] Behrens, L.: Möglichkeiten granulometrischer Anpassungen zur Verbesserung der Wärmedämmeigenschaften mineralisierter Schäume. TU Darmstadt, Darmstadt (2014)

[210] Beaudoin, J.J., Ramachandran, V.S. hrsg: Handbook of analytical techniques in concrete science and technology. Noyes Publications; William Andrew Pub, Park Ridge, NJ: Norwich, NY (2001)

[211] Scholz, W.: Baustoffkenntnis. Werner, Düsseldorf (2003)

[212] Wilhelm Scholz, Wolfram Hiese, Rolf Möhring: Baustoffkenntnis. Werner, Köln (2011)

[213] Schmidt, W Wolfram: Design concepts for the robustness improvement of self-compacting concrete: effects of admixtures and mixture components on the rheology and early hydration at varying temperatures. Technische Universiteit Eindhoven, Eindhoven (2014)

[214] Eickschen, E., Mueller, C.: Zusammenwirken von Luftporenbildnern und Fliessmittel in Beton (Teile 1 und 2). In: Beton 61 (2011)

[215] Jones, M.R., McCarthy, A.: Heat of hydration in foamed concrete: Effect of mix constituents and plastic density. In: Cem. Concr. Res. 36 (2006) pp. 1032–1041

[216] MAT Mischanlagentechnik GmbH hrsg: Chargen-Suspensionsmischer Typ SC-05-K

[217] Daumann, B.: Untersuchungen zum Dispersions-und Transportverhalten von Feststoffmischungen unterschiedlicher Partikelgrö\s sen in diskontinuierlichen Feststoffmischern. Cuvillier (2010)

[218] Arin, S.: Kontaktreaktionen von mineralisiertem Schaum bei der Herstellung von Beton-Mineralschaum Verbundbaustoffen. TU Darmstadt (2012)

[219] Gilka-Bötzow, A.: Mineralisierter Schaum. In: Beitr. Zum 51 DAfStb Forschungskolloquium 2 (2010) pp. 709–720

[220] Trautmann, J., Pott, J.U.: Konstruktionsleichtbeton unter Verwendung von Luftporen. In: Beitr. Zum 44 DAfStb Forschungskolloquium (2004) pp. 9-1-9–14

[221] Deutsches Institut für Normung: DIN 459-1:1995-11, Baustoffmaschinen Mischer für Beton und Mörtel - Begriffe, Leistungsermittlung, Größen, Beuth Verlag

[222] Bauer, K.: Leichtbeton, Gasbeton, Schaumbeton. IAW Bauwesen (1989)

[223] DIN EN 23270:1991-09, Lacke, Anstrichstoffe und deren RohstoffeTemperaturen und Luftfeuchtenfür Konditionierung und Prüfung, Beuth Verlag

[224] Puntke, W.: Wasseranspruch von feinen Kornhaufwerken. In: Beton 52 (2002) pp. 242–249

[225] Hergert, W., Wriedt, T. hrsg: The Mie Theory. Springer Berlin Heidelberg, Berlin, Heidelberg (2012)

[226] Hielscher, K.: Gleichmäßig und fein mit Ultraschall. In: JOT J. Für Oberflächentechnik 50 (2010) pp. 30–33

[227] Deutsches Institut für Normung: DIN EN 1015-3:2007-05, Prüfverfahren für Mörtel und Mauerwerk - Teil 3: Bestimmung der Konsistenz von Frischmörtel (mit Ausbreittisch), Beuth Verlag

[228] American Society for Testing and Materials: ASTM D6910/D6910M-09:2009, Marsh Funnel Viscosity of Clay Construction Slurries, ASTM

[229] Deutsches Institut für Normung: DIN EN 445:2008-01, Einpressmörtel für Spannglieder, Beuth Verlag

[230] Deutsches Institut für Normung: DIN 53019-1:2008-09, Viskosimetrie - Messung von Viskositäten und Fließkurven mit Rotationsviskosimetern - Teil 1: Grundlagen und Messgeometrie, Beuth Verlag

[231] Thermo Scientific hrsg: Software HAAKE RheoWin 4, Betriebsanleitung, Version 1.3, (2010)

[232] C3 Prozess- und Analysetechnik: Handbuch Zementkalorimeter MC-CAL/100P, (2013)

[233] Jansen, D., Götz-Neunhoeffer, F.: Analytik in Forschung und Entwicklung: Wärmeflusskalorimetrie zur Untersuchung von Kinetik und Reaktionswärmen von Baustoffen. In: Aktuelle Wochenschau Zu Bau. Chem. 07/2011 (2011)

[234] European Committee for Standardization: FprCEN/TR 16632:2013-07, Isothermal Conduction Calorimetry (ICC) for the determination of heat of hydration of cement: State of Art Report and Recommendations, CEN

[235] Fink, F.: Auswirkungen von Schaumbildner auf die Zementhydratation. TU Darmstadt, Darmstadt (2014)

[236] Nordtest: NT TR 522:2003-03, An experimental comparison between isothermal calorimetry, semi-adiabatic calorimetry and solution calorimetry for the study of cement hydration, Nordtest

[237] Willson, R.J.: Calorimetry. Calorimetry (2002)

[238] Stahl, M.: Auswirkungen verschiedener Komponenten eines Hochleistungsbetons auf den Verlauf der Zementhydratation. TU Darmstadt, Darmstadt (2014)

[239] Deutsches Institut für Normung: DIN EN 12350-6:2009-08, Prüfung von Frischbeton –Teil 6: Frischbetonrohdichte;, Beuth Verlag

[240] American Society for Testing and Materials: ASTM C 1702:2015, Standard Test Method for Measurement of Heat of Hydration of Hydraulic Cementitious Materials Using Isothermal Conduction Calorimetry, ASTM

[241] Calmetrix: Isothermal Calorimeter for Concrete and Cement, I-Cal 4000, User Manual, (2012)

[242] Bernz, W.: Auswirkungen der Zementhydratation auf die Mesostruktur zementgebundener Schäume unter Berücksichtigung unterschiedlicher Zusatzmittel und Zementtemperaturen. TU Darmstadt, Darmstadt (2015)

[243] Deutsches Institut für Normung: DIN EN 1015-10:2007-05, Prüfverfahren für Mörtel für Mauerwerk - Teil 10: Bestimmung der Trockenrohdichte von Festmörtel, Beuth Verlag

[244] Deutsches Institut für Normung: DIN EN 1015-11:2007-05, Prüfverfahren für Mörtel und Mauerwerk - Teil 11: Bestimmung der Biegezug- und Druckfestigkeit von Festmörtel, Beuth Verlag

[245] Deutsches Institut für Normung: DIN EN 1097-6:2013-09, Prüfverfahren für mechanische und physikalische Eigenschaften von Gesteinskörnungen - Teil 6: Bestimmung der Rohdichte und der Wasseraufnahme, Beuth Verlag

[246] European Organisation for Technical Approvals: ETAG 029 Annex A:2010-06, Guideline for European Technical Approval af Metal Injection Anchors for Use in Masonry – Annex A: Details of Tests, EOTA

[247] Deutsches Institut für Normung: DIN EN 679:2005-09, Bestimmung der Druckfestigkeit von dampfgehärtetem Porenbeton, Beuth Verlag

[248] Deutsches Institut für Normung: DIN EN 12390-5:2009-06, Prüfung von Festbeton –Teil 5: Biegezugfestigkeit von Probekörpern, Beuth Verlag

[249] Österreichisches Normungsinstitut: OENORM B 3329:2009-06, Vergussmörtel - Anforderungen und Prüfmethoden, Austrian Standards plus GmbH

[250] Schleibinger Geräte Teubert u. Greim GmbH: Schleibinger Schwindrinne - Datenblatt, (2011)

[251] Schleibinger Geräte Teubert u. Greim GmbH: Schleibinger Schwindrinne - Handbuch, (2014)

[252] Deutsches Institut für Normung: DIN EN 480-11:2005-12, Zusatzmittel für Beton, Mörtel und Einpressmörtel - Prüfverfahren - Teil 11: Bestimmung von Luftporenkennwerten in Festbeton, Beuth Verlag

[253] Garrecht, H.: Porenstrukturmodelle für den Feuchtehaushalt von Baustoffen mit und ohne Salzbefrachtung und rechnerische Anwendung auf Mauerwerk. TH Karlsruhe, Karlsruhe (1992)

[254] Diamond, S.: Mercury porosimetry: An inappropriate method for the measurement of pore size distributions in cement-based materials. In: Cem. Concr. Res. 30 (2000) pp. 1517–1525

[255] Washburn, E.W.: Note on a Method of Determining the Distribution of Pore Sizes in a Porous Material. In: Proc. Natl. Acad. Sci. 7 (1921) pp. 115–116

[256] Olson, R.A., Neubauer, C.M., Jennings, H.M.: Damage to the Pore Structure of Hardened Portland Cement Paste by Mercury Intrusion. In: J. Am. Ceram. Soc. 80 (1997) pp. 2454–2458

[257] Feldman, R.F.: Pore Structure Damage in Blended Cements Caused by Mercury Intrusion. In: J. Am. Ceram. Soc. 67 (1984) pp. 30–33

[258] Hughes, D.C.: Pore structure and permeability of hardened cement paste. In: Mag. Concr. Res. 37 (1985) pp. 227–233

[259] Liu, Z., Winslow, D.: Sub-distributions of pore size: A new approach to correlate pore structure with permeability. In: Cem. Concr. Res. 25 (1995) pp. 769–778

[260] Cammerer, W.F.: Wärme- und Kälteschutz im Bauwesen und in der Industrie. Springer Verlag (2005)

[261] Gerthsen, C., Meschede, D.: Gerthsen Physik. Springer Berlin Heidelberg, Berlin, Heidelberg (2004)

[262] Krischer, O., Kast, W.: Trocknungstechnik. Springer, Berlin; New York (1978)

[263] Dobrinski, P., Krakau, G., Vogel, A.: Physik für Ingenieure. Vieweg+Teubner Verlag / GWV Fachverlage, Wiesbaden, Wiesbaden (2010)

[264] Fischer, H.-M.: Lehrbuch der Bauphysik Schall - Wärme - Feuchte - Licht - Brand - Klima. Teubner, Wiesbaden (2008)

[265] Deutsches Institut für Normung: ISO 8302:1991-08, Wärmeschutz; Bestimmung des stationären Wärmedurchlaßwiderstandes und verwandter Eigenschaften; Verfahren mit dem Plattengerät, Beuth Verlag

[266] Deutsches Institut für Normung: DIN EN 12667:2001-05, Wärmetechnisches Verhalten von Baustoffen und Bauprodukten - Bestimmung des Wärmedurchlasswiderstandes nach dem Verfahren mit dem Plattengerät und dem Wärmestrommessplatten-Gerät - Produkte mit hohem und mittlerem Wärmedurchlasswiderstand, Beuth Verlag

[267] Deutsches Institut für Normung: DIN 52612-1:1979-09, Wärmeschutztechnische Prüfungen; Bestimmung der Wärmeleitfähigkeit mit dem Plattengerät - zurückgezogen, Beuth Verlag

[268] Lambda Meßtechnik GmbH (Dresden) hrsg: Einplatten-Wärmeleitfähigkeitsmessgerät λ-Meter EP 500

[269] Deutsches Institut für Normung: DIN EN 1946-2:1999-04, Technische Kriterien zur Begutachtung von Laboratorien bei der der Durchfühung der Messungen von Wärmeübertragungseigenschaften - Messungen nach Verfahren mit dem Plattengerät, Beuth Verlag

[270] Deutsches Institut für Normung: DIN EN ISO 15148:2003-03, Wärme- und feuchtetechnisches Verhalten von Baustoffen und Bauprodukten - Bestimmung des Wasseraufnahmekoeffizienten bei teilweisem Eintauchen, Beuth Verlag

[271] Krus, M., Holm, A.: Simple Methods to Approximate the Liquid Transport Coefficient describing the Absorption and Drying. In: Proc. 5th Symp. Build. Phys. Nord. Ctries. (1999) pp. 241-248

[272] Deutsches Institut für Normung: DIN EN 12086:2013-06, Wärmedämmstoffe für das Bauwesen – Bestimmung der Wasserdampfdurchlässigkeit, Beuth Verlag

[273] Deutsches Institut für Normung: DIN EN 1745:2012-07, Mauerwerk und Mauerwerksprodukte - Verfahren zur Bestimmung von wärmeschutztechnischen Eigenschaften, Beuth Verlag

[274] Gilka-Bötzow, A., Koenders, E.A.B.: Rheological behavior of the continuous phase of foams and its effect on the dispersed phase. In: Proc. 24 Workshop Kolloqu. Rheol. Messungen Baustoffen (2015)

[275] Gilka-Bötzow, A.: Influence of the microstructure of low density mineralized foams on their thermal conductivity. In: Proc. 9th Fib Int. PhD Symp. Civ. Eng. Karlsr. Inst. Technol. KIT (2012) pp. 419–423

[276] Schaefer-Brand, V.: Einfluss der Zusammensetzung der Bindemittelmatrix auf die Wärmeenergieübertragung im porigen System „mineralisierter Schaum". TU Darmstadt, Darmstadt (2014)

[277] Nambiar, E.K.K., Ramamurthy, K.: Sorption characteristics of foam concrete. In: Cem. Concr. Res. 37 (2007) pp. 1341–1347

[278] Deutsches Institut für Normung (Mitglied der EOTA): Mineralische Wärmedämmplatte, System Dennert:2009-11, System Dennert Typ - Mineralische Wärmedämmplatte

[279] Narayanan, N., Ramamurthy, K.: Structure and properties of aerated concrete: a review. In: Cem. Concr. Compos. 22 (2000) pp. 321–329

[280] Albrecht Gilka-Bötzow: A new Approach to the Production of Mineralized Foam. In: Darmstadt Concr. Annu. J. Concr. Concr. Struct. (2014)

[281] Visagie, M.: The effect of microstructure on the properties of foamed concrete. University of Pretoria, Pretoria (2000)

[282] Timoshenko, S.: Theory Of Plates & Shells. McGraw-Hill (2010)

[283] Eickschen, E.: Nachaktivierungspotenzial Luftporen bildender Betonzusatzmittel. In: Beton 60 (2010) pp. 407

[284] Gilka-Bötzow, A., Fink, F., Garrecht, H.: Influence of Foaming Agents on the Hydration of Cement. In: Darmstadt Concr. Annu. J. Concr. Concr. Struct. (2014)

[285] Zilch, K., Diederichs, C.J., Katzenbach, R., Beckmann, K.J. hrsg: Grundlagen des Bauingenieurwesens. Springer Berlin Heidelberg, Berlin, Heidelberg (2013)

[286] Makar, J.M., Chan, G.W., Esseghaier, K.Y.: A peak in the hydration reaction at the end of the cement induction period. In: J. Mater. Sci. 42 (2007) pp. 1388–1392

[287] Neubauer, J., Goetz-Neunhoeffer, F., Holland, U., Schmitt, D.: Crystal chemistry and microstructure of hydrated phases occurring during early OPC hydration. In: ICCC 2007 12th Int. Congr. Chem. Cem. (2007)

[288] Barth, F., Krumbacher, G., Matschiner, E., Ossiander, K. hrsg: Anschauliche Geometrie. Ehrenwirth, München (1988)

[289] Ferdinand Plateau, J.A.: Recherches expérimentales et théoriques sur les figures d'équilibre d'une masse liquide sans pesanteur. M. Hayez, impr., Bruxelles (1861)

[290] Desch, C.H.: Surface tension at the boundaries of crystal grains in metals. In: Recl. Trav. Chim. Pays-Bas 42 (1923) pp. 822–825

[291] Kruglyakov, P.M., Kuzmin, N.P., Kachalova, E.I.: Modellierung der Form von Filmen und Plateau-Gibbs-Kanälen. In: Kolloid-J. 10 (1988) pp. 460–466

[292] Spitzner, M.: Untersuchungen zur Wärmeleitfähigkeit geschäumter Massen. Fraunhofer IRB Verlag, Stuttgart (2001)

[293] Fennis, S. a. a. M., Walraven, J.C., Uijl, J.A. den: Compaction-interaction packing model: regarding the effect of fillers in concrete mixture design. In: Mater. Struct. 46 (2012) pp. 463–478

[294] Larrard, F. de: Concrete Mixture Proportioning: A Scientific Approach. CRC Press (1999)

[295] Geisenhanslüke, C.: Einfluss der Granulometrie von Feinstoffen auf die Rheologie von Feinstoffleimen. kassel university press GmbH (2009)

[296] Powers, T.C.: Structure and Physical Properties of Hardened Portland Cement Paste. In: JACE J. Am. Ceram. Soc. 41 (1958) pp. 1–6

[297] Skarendahl, Å., Petersson, Ö.: PRO 7: 1st International RILEM Symposium on Self-Compacting Concrete. RILEM Publications (1999)

[298] Wilhelm, T., Ossau, W.: Bierschaumzerfall - Modelle und Realität im Vergleich. In: Prax. Naturwissenschaften - Phys. Sch. 58 (2009) pp. 19–26

[299] Karimi, M., Marchisio, D.L.: A Baseline Model for the Simulation of Polyurethane Foams via the Population Balance Equation. In: Macromol. Theory Simul. (2015)

[300] Jakobsen, H.A.: The Population Balance Equation. Chemical Reactor Modeling. S. 807–865. Springer Berlin Heidelberg (2009)

Anhang A: Rheologische Messprofile

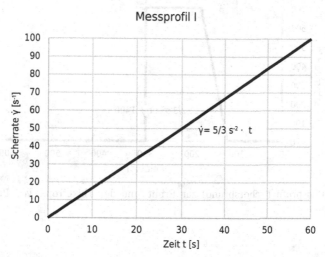

Abb. A1: Messprofil zur Ermittlung der Fließkurve von Bindemittelleimen

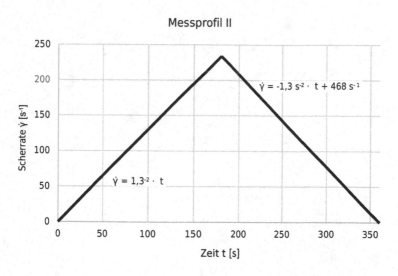

Abb. A2: Messprofil zur Ermittlung der Hysteresekurve von Bindemittelleimen

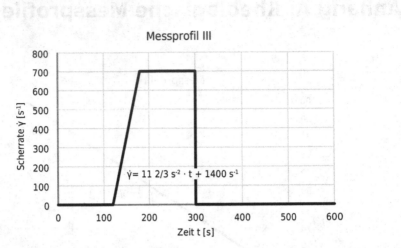

Abb. A3:   Messprofil (Schersprung) zur Ermittlung der Thixotropie von Bindemittelleimen

Anhang B: Materialkennwerte

Tab. B.1: Brechungsindizes der untersuchten Feinststoffe [209].

Material	Brechungsindex
Heidelberger CEM I 42,5 R	1,65-1,30i
Dornburger CEM I 42,5 R	1,78-0,60i
Dornburger CEM II A-LL 42,5 R	1,44-0,30i
Steinkohleflugasche EFA-Füller HP	1,49-0,37i
Metakaolin	1,48-0,05i
Promaxon D	1,30-2,00i
Promaxon B	1,26-0,50i
3M Glass Bubbles K25	1,38-0,01i
Kalksteinmehl SH Easyflow	1,41-0,66i
Kalksteinmehl SH Stoneash	1,41-0,40i
Sika Aer Solid	1,48-0,05i

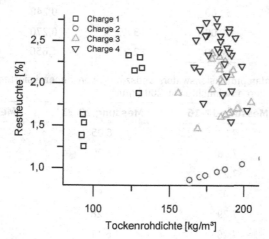

Abb. B.1: Prozentuale Restfeuchtevolumengehalte von mineralisiertem Schaum nach 28 Tagen Erhärtungszeit.

Tab. B.2: Wasseranspruch und Porenanteil ermittelt mit dem Verfahren nach Puntke [209].

Material	Menge Material [g]	Menge Wasserzugabe [g]	Waaseranspruch [g(H_2O)/ g (Feststoff)]	Porenanteil n_w
Heidelberger CEM I 42,5 R	50,00	16,14	0,323	0,500
Dornburger CEM I 42,5 R	50,00	16,63	0,333	0,508
Dornburger CEM II A-LL 42,5 R	50,00	16,10	0,325	0,502
Steinkohleflugasche HP	50,00	11,10	0,222	0,343
Metakaolin	50,00	18,38	0,368	0,498
Promaxon D	50,00	187,94	3,759	0,429
Promaxon B	50,00	93,48	1,870	0,396
3M Glass Bubbles K25	50,00	115,74	2,315	0,395
SH Easyflow	50,00	12,38	0,248	0,396
SH Stoneash	50,00	13,50	0,270	0,417
Sika Aer Solid	50,00	82,82	1,656	0,249

Tab. B.3: Wasserdampfdiffusionswiderstandszahl μ von mineralisiertem Schaum mit einer mittleren Rohdichte von 200 kg/m³.

μ-Wert	Messung 12-16	Messung 29-33	Messung 49-53
Probe 1	7,28	6,05	6,63
Probe 2	7,18	6,00	-
Probe 3	7,22	5,93	6,44
Probe 4	7,02	5,82	6,57
Probe 5	7,29	6,28	-
Mittelwert	7,20	6,11	6,55
Mittelwert gesamt		6,62	

Tab. B.4: Prozentuale Abweichung des Wertes der Wärmeleitfähigkeit bei unterschiedlichen Messtemperaturen von 10 °C und 23 °C. Werte aufsteigend nach ihrer Trockenrohdichte geordnet.

Probe	$\lambda_{10,dry}$ [W/(m · K)]	$\lambda_{23,dry}$ [W/(m · K)]	Rohdichte [kg/m³]	Abweichung [%]
1	0,0539	0,0567	167,61	4,9
2	0,0527	0,0554	169,64	4,9
3	0,0569	0,0598	172,45	4,8
4	0,0519	0,0548	177,56	5,5
5	0,0543	0,0576	178,82	5,7
6	0,0598	0,0629	179,09	4,8
7	0,0563	0,0597	180,95	5,6
8	0,0509	0,0535	185,51	4,8
9	0,0573	0,0601	186,03	4,6
10	0,0568	0,0602	215,42	5,6
11	0,0653	0,0682	271,31	4,2
			Mittelwert	**5,04**

Tab. B.5: Wasserdampfdiffusionswiderstandszahl µ von mineralisiertem Schaum mit einer mittleren Rohdichte von 200 kg/m³ und einem Kalksteingehalt von 10 % des Zementgewichts der Standardmischung.

µ-Wert	Messung 20 -24	Messung 37 - 41
Probe 1	6,59	9,27
Probe 2	5,35	9,21
Probe 3	5,91	8,99
Probe 4	5,21	8,63
Probe 5	5,71	8,48
Mittelwert	5,75	8,92
Mittelwert gesamt	7,33	

Tab. B.6: Rechnerische Frisch- und Trockenrohdichten von labormäßig hergestellten mineralischen bzw. mineralisiertem Schaum.

Nr.	Name	$\rho_{fr,rech}$	$\rho_{fr,real}$	$\Delta_{preal/fr}$	$\rho_{dry,neu}$ ($\rho_{frisch,real}$)	$\Delta_{preal/dry,neu}$
		[kg/m³]	[kg/m³]	[%]	[kg/m³]	[%]
1	AD3035	265,17	257,80	2,8	192,04	6,8
2	AD2035	265,17	265,00	0,1	199,82	9,4
3	AD4035	265,17	250,00	5,7	183,61	8,8
4	B4A035	267,95	267,00	0,4	201,98	7,9
5	B3035	267,95	264,00	1,5	198,74	11,4
6	B2035	267,95	263,00	1,8	197,66	14,5
7	B4B035	267,95	271,00	-1,1	206,30	15,2
8	B1035	267,95	261,00	2,6	195,50	11,0
9	AD3040	271,75	269,40	0,9	197,56	-5,1
10	AD2040	271,75	278,88	-2,6	207,45	2,3
11	AV5040	271,75	268,50	1,2	196,62	7,2
12	AD4040	271,75	277,70	-2,1	206,21	2,8
13	AVe3040	271,75	258,33	4,9	186,01	5,0
14	AVk3040	271,75	255,55	6,0	183,11	6,5
15	B1040	274,62	272,00	1,0	200,27	11,6
16	B2040	274,62	273,00	0,6	201,31	10,6
17	B3040	274,62	277,00	-0,9	205,48	11,9
18	AV5045	278,32	272,11	2,2	193,74	8,5
19	AD4045	278,32	283,80	-1,9	205,53	5,1
20	AD3045	278,32	276,10	0,8	197,77	-2,6
21	AD2045	278,32	283,33	1,8	205,06	0,5
22	AVk3045	278,32	271,11	2,6	192,74	11,5
23	B1045	281,29	274,00	2,6	195,65	13,1
24	B2045	281,29	280,00	0,5	201,70	9,8
25	B4B040	281,29	280,00	0,5	208,61	8,9
26	AV5050	284,89	279,62	1,8	194,86	11,0
27	B1050	287,96	279,00	3,1	194,26	10,4
28	B4A040	287,96	273,00	5,2	188,40	9,2

29	AD4050	287,96	287,70	0,1	202,75	-20,3
30	AD3050	287,96	286,10	0,6	201,19	7,3
31	AD2050	287,96	290,55	-0,9	205,53	8,0
32	AV5055	291,46	283,65	2,7	192,62	11,2
33	AD4055	291,46	302,20	-3,6	210,16	-9,3
34	AD3055	291,46	291,66	-0,1	200,19	-5,9
35	AD2055	291,46	294,44	-1,0	202,82	6,7
36	B1055	294,63	295,00	-0,1	203,35	12,5
37	AV5060	298,03	288,68	3,1	191,43	13,3
38	B1060	298,03	302,00	-1,3	203,64	14,6
39	AD4060	298,03	306,60	-2,8	207,86	-7,5
40	AVk3060	298,03	287,89	3,4	190,70	12,1
41	AD2060	298,03	301,11	-1,0	202,83	-3,6
42	AD3060	298,03	297,20	0,3	199,24	-3,7
43	AV5065	304,60	292,98	3,8	189,65	15,5
44	AD4065	304,60	322,72	-5,6	216,14	1,9
45	AD2065	304,60	313,88	-3,0	208,26	1,1
46	AD3065	304,60	308,33	-1,2	203,32	-12,0
47	AVe3070	311,18	291,66	6,3	183,12	10,7
Mittelwert				**2,1**		**8,8**

Anhang C: Kalorimetrische Untersuchungen

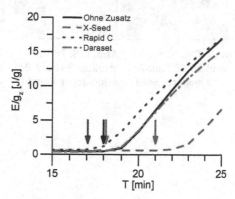

Abb. C.1: Festsetzung der Nullpunkte (Pfeile) für die Auswertung der kalorimetrischen Messungen des mineralischen Schaumes.

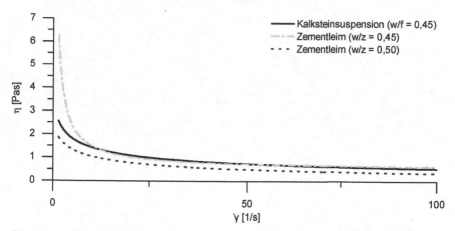

Abb. C.2: Viskosität $\dot{\gamma}$ gegen Scherrate η, Anpassungskurven nach CROSS [198] von reinem Zementleim (w/z = 0,45 bzw. w/z = 0,50) und Kalksteinmehlsuspension (w/f = 0,45), Herstellung unter Nutzung eines kolloidalen Mischsystems.

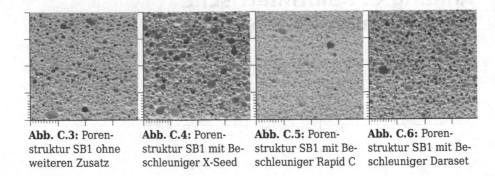

Abb. C.3: Poren- **Abb. C.4:** Poren- **Abb. C.5:** Poren- **Abb. C.6:** Porenstruktur SB1 ohne   struktur SB1 mit Be- struktur SB1 mit Be- struktur SB1 mit Be-
weiteren Zusatz   schleuniger X-Seed   schleuniger Rapid C   schleuniger Daraset

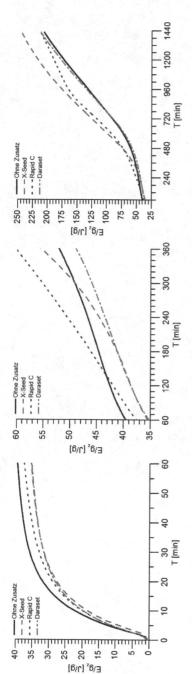

Abb. C.7: Leistungsaufnahme des Kalorimeters pro Gramm Zement während des Hydratationsverlaufes von mineralischem Schaum (SB1) bei 20 °C unter Verwendung unterschiedlicher Beschleuniger (Tab 5 und 6, Kapitel 4.2.4, S. 64).

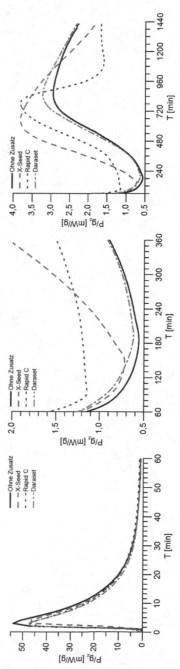

Abb. C.8: Wärmeabgabe pro Gramm Zement während des Hydratationsverlaufes von mineralischem Schaum (SB1) bei 20 °C unter Verwendung unterschiedlicher Beschleuniger (Tab 5 und 6, Kapitel 4.2.4, S. 64).

Anhang D: Verfahrensmodelle

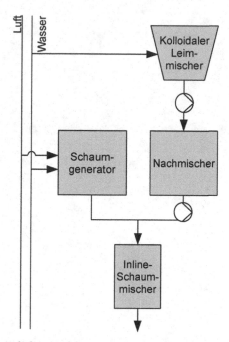

Abb. D.1: Semikontinuierliches Verfahren.

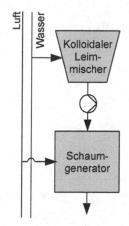

Abb. D.2: Kontinuierliches Verfahren.

Anhang E: Zeichen und Indices

Zeichen		Index	
Geometrisch und mathematisch		**Geometrisch und mathematisch**	
∅	Durchschnitt	∅	Mittelwert, Durchschnitt
A	Fläche	e	außen
a	Kanten- oder Seitenlänge	i	innen
b	Breite oder Länge der kurzen Seite	gr	groß
d, D	Dicke oder Stärke eines Probekörpers,	mi	mittel
	Durchmesser (d < D)	kl	klein
grad	Gradient	korr	korrigiert
h	Dicke, Stärke, Höhe	rech	rechnerisch
l	Abstand, Länge oder Weglänge	rel	relativ
n	Anzahl	max	Maximum
r, R	Radius (r < R)	min	Minimum
t	Dicke, Stärke, Lamellendicke (t << h, l, d)	k	Kugel
V	Volumen	p	Pore
φ	Volumenanteil	f	Lamellenfilm
Faktoren		b	Grenze
k	Multiplikator	v	Knoten
C	Koeffizient	Ziel	Ziel
w/z	Wasserzementwert	Δ	Unterschied, Delta
κ	Korrekturfaktor	n	Anzahl
Physikalisch		i	Klasse, allg. Zähl-Index, Anfangswert von n
E	Elektrisches Feld	j	zweiter Index neben i
G	Schubmodul	m	Endwert von n
υ	Ausdehnungskoeffizient (vgl. ρ)	**Zustand und Bedingungen**	
g	Gewicht	0	Anfangsbedingung, Normalbedingung
φ	Porosität	10, 23, 40	Prüftemperaturen T = 10 °C, 23 °C, 40 °C,
P	Packungsdichte	50, 80	relative Feuchte von 50 % bzw. 80 %
p	Druck	dry	(darr)trocken
q̇	Wärmestrom	fl	flüssig oder Flüssigkeit
f_b	Biegezugfestigkeit	fr	frisch, nicht erhärtet
f_c	Druckfestigkeit	g	gasförmig oder Gas
N	Allg. physikalisch, chemische Beschaffenheit	wet	feucht
		pm	HG-Porosimeter

Zeichen

T	Temperatur
t	Zeit
u	Feuchtegehalt
v	Geschwindigkeit
W	Wasserdampfdiffusionsdurchlasskoeffizient
$\gamma, \dot{\gamma}$	Scherung, Scherrate
η	Viskosität
ρ	Dichte
σ	(Normal)Spannung
τ	Schubspannung
Φ	Wärmestrom
F	Kraft, Last

Konstanten und Materialkennwerte

c_p	Wärmekapazität
g	Erdbeschleunigung
R	Wärmedurchlasswiderstand
R_D	Gaskonstante von Wasserdampf
δ	Wasserdampfdiffusionsleitkoeffizient
λ	Wärmeleitfähigkeit
μ	Wasserdampfdiffusionswiderstandszahl
α	Thermischer Ausdehnungskoeffizient
μ_H	Haftreibungszahl

Index

real	gemessen, wahr
rein	bezogen auf den porenfreie Material
s	bezogen auf das geschütteten unverdichtete Kornhaufwerk
m	massebezogen
v	volumenbezogen

Material

F	Schaum
f	Fein- bzw. Feinststoffe
G	Gesteinskörnung
L	Luft
w	Wasser
z	Zement
Leim	Leim
LZS	Leichtzuschlagbeton
MS	Mineralisierter oder mineralischer Schaum
M	Bindemittel

Printed in the United States
By Bookmasters